Authentische Karriereplanung

Barbara Haag

Authentische Karriereplanung

Mit der Motivanalyse auf Erfolgskurs

 Springer Gabler

Barbara Haag
kopfarbeit, München
Deutschland

ISBN 978-3-658-02512-0   ISBN 978-3-658-02513-7 (eBook)
DOI 10.1007/978-3-658-02513-7

Die Deutsche Nationalbibliothek verzeichnet diese Publikation in der Deutschen Nationalbibliografie;
detaillierte bibliografische Daten sind im Internet über http://dnb.d-nb.de abrufbar.

Springer Gabler
© Springer Fachmedien Wiesbaden 2013

Lektorat: Irene Buttkus, Regine Rompa
Redaktion: Franziska Kast, via polaris

Springer Gabler ist eine Marke von Springer DE. Springer DE ist Teil der Fachverlagsgruppe Springer
Science+Business Media
www.springer-gabler.de

Für Philipp, Gregor, Laura und Sophia

Vorwort

Liebe Leserinnen und Leser,

seit 20 Jahren unterstütze ich als Managementtrainerin und Coach gemeinsam mit meinem Team Fach- und Führungskräfte dabei, ihren beruflichen Anforderungen gerecht zu werden. Häufig geht es bei meiner Arbeit darum, akute Krisen zu überwinden und Herausforderungen aller Art zu meistern. Dabei begleite ich sowohl berufserfahrene Menschen, die bereits auf eine großartige Karriere zurückblicken dürfen, als auch Kandidaten, die noch am Anfang ihrer Laufbahn stehen. Das ist auch Ziel des nun vorliegenden Buches: Menschen in unterschiedlichen Phasen ihres Berufsweges Werkzeuge und Mittel an die Hand zu geben, richtungsweisende Entscheidungen zu treffen und die Gründe für Motivationsprobleme und vermeintliche „tote Punkte" ihrer Karriere zu verstehen.

Bei aller Unterschiedlichkeit der Branchen ähneln sich die Themenbereiche, die an mich herangetragen werden und die es zu bearbeiten gilt.

Häufig steht das Thema Performanceoptimierung im Fokus unserer Arbeit. Glücklicherweise wird inzwischen von einer wachsenden Zahl von Menschen akzeptiert, dass Coaching und Training für eine langfristig erfolgreiche Fach- und Führungsarbeit sowie für eine gezielte Karriereplanung ein Muss sind. Im Vordergrund stehen dabei die Erwartung, eine Standortbestimmung vorzunehmen, Ziele zu justieren, Wege festzulegen und die eigene Leistung zu optimieren.

Wenn Menschen sich professionelle Unterstützung holen, investieren sie Zeit und Geld, um Widerstände zu überwinden und Schwierigkeiten zu meistern – etwa im Umgang mit den ihnen anvertrauten Mitarbeitern, Kollegen im Team oder mit der Aufgabe selbst. Auch scheinbar unerklärliche Motivationstiefs sind häufig ein Grund dafür, dass ich und mein Team hinzugezogen werden.

All diese unterschiedlichen Erwartungen werden also an mich herangetragen. Diese Aufgabe erfüllt mich seit zwei Jahrzehnten mit großer Leidenschaft. In Abhängigkeit vom jeweiligen „Fall" kommt dabei ein breites Spektrum an Methoden und Instrumenten zum Einsatz.

In diesem Zusammenhang entstand aHead, ein Verfahren, das die genaue Erstellung von Motivationsprofilen ermöglicht, die im nächsten Schritt mit den Anforderungen einer bestimmten Aufgabe, einer spezifischen Fach- oder Führungsrolle abgeglichen werden können. Werden dabei Abweichungen offensichtlich, kann bewusst darauf reagiert werden: sei es – wo möglich – durch ein bewusstes Einwirken auf die Rahmenbedingungen, gezielte Persönlichkeitsentwicklung oder einfach die Erkenntnis, ob Fach- oder Führungsrolle besser zum Profil passen und deshalb angestrebt werden sollten. Es ist ein Verfahren aus der Praxis für die Praxis, das sich vielfach bewährt hat: im Coaching, im Assessment und in Seminaren. Es trägt dazu bei, Erfolg und Zufriedenheit im Job zu finden und langfristig zu gewährleisten.

In diesem Buch erhalten Sie Zugang zu diesem Instrument und werden in die Lage versetzt, Ihre beruflichen Geschicke selbst in die Hand zu nehmen und aktiv zu beeinflussen. Im Lauf der Lektüre werden Sie erkennen, dass Sie selbst in von starkem Konkurrenzdruck geprägten Arbeitsumfeldern in Sachen Karriereplanung keinesfalls „nur Passagier" sind und eben auf die nächste Beförderung oder das berühmte Quäntchen Glück warten müssen, sondern dass SIE am Ruder sind.

Mein Team und ich wünschen Ihnen viel Spaß bei der Lektüre – und bei der Erschließung Ihrer noch nicht oder nicht optimal genutzten Potenziale.

München, im Sommer 2013   Barbara Haag

Danksagung

Dieses Buch wäre nicht entstanden ohne die langjährige vertrauensvolle Zusammenarbeit mit zahlreichen Personalleitern und erfahrenen Fach- und Führungskräften namhafter Unternehmen sowie der Unterstützung meines kopfarbeit-Teams.

Inhaltsverzeichnis

Die Autorin

**Barbara Haag** ist Gründerin, Inhaberin und Geschäftsführerin der renommierten Unternehmensberatung kopfarbeit in München und Karlsruhe. Dort betreut sie zusammen mit ihren 30 Trainern und vier Mitarbeitern Fach- und Führungskräfte.

Bereits die Wahl ihrer Studienfächer Betriebswirtschaftslehre, Psychologie und Wirtschaftsmediation zeigt ihre frühe Faszination für das Thema „Der Mensch als Erfolgsfaktor in der Wirtschaft", das für sie zur Lebensaufgabe geworden ist. Bevor sie im Jahr 1993 kopfarbeit gründete, war sie im Bereich Personalentwicklung sowie als Lehrbeauftragte an Hochschulen tätig.

Barbara Haag arbeitet als Managementtrainerin und Businesscoach mit Fach- und Führungskräften über alle Hierarchieebenen. Basierend auf ihrer praktischen Erfahrung in der Automobil- und Mineralölindustrie sowie ihrer profunden Kenntnis der Personalentwicklung entwarf sie innovative Web-based-Trainings zu Führung und Kommunikation und implementierte Personalentwicklungsprojekte von der Potenzialdiagnostik bis hin zu Themen der Mitarbeiterbindung.

Ihr breitgefächertes Wissen floss auch in das von ihr entwickelte onlinebasierte Potenzialtool aHead ein, das seit 2011 mit großem Erfolg in Assessment- und Developmentcentern sowie im Rahmen der Karriereplanung zum Einsatz kommt. Ihre Seminare und Workshops zu den Schwerpunkten Führung, Motivation, Konfliktmanagement und Potenzialentwicklung sind stark nachgefragt und oft lange im Voraus ausgebucht. Barbara Haag lebt mit ihrem Mann und ihren drei Kindern in München.

Mehr Informationen finden Sie unter: www.kopfarbeit-seminare.org.

Abbildungsverzeichnis

Motive als Erfolgsfaktoren

1

Zusammenfassung

Den Motivbegriff kennt die Verhaltenspsychologie seit Jahrzehnten. Das vorliegende Buch macht ihn sich jedoch erstmals für eine aktive Karriereplanung zunutze. Es zeigt, wie ein neu entwickelter und bislang einzigartiger Test zur zuverlässigen Ermittlung von Motiven – also von jenen inneren Antreibern, denen wir uns oft nicht bewusst sind, die aber unser Verhalten, unsere Handlungen und unsere Gefühle bedingen – eingesetzt werden kann. Durch einen anschließenden Abgleich von Motiven und Anforderungen eines Berufes oder einer Laufbahn können Karriereentscheidungen bewusster und gezielter getroffen werden. Die Einführung in diesen neuartigen Ansatz zeigt auf, wie Motive unser Verhalten und Handeln bestimmen, warum es so entscheidend ist, sie zu kennen und warum eine Karriereplanung allein auf Basis von Stärken und Kompetenzen, Ratschlägen Außenstehender oder marktbedingter Gegebenheiten selten zum gewünschten Erfolg führt.

1.1 Was dieses Buch einzigartig macht

Was sind Motive? Der Begriff wurde von dem US-Verhaltenspsychologen David McClelland in die Motivationslehre eingeführt. McClelland führte 1961 aus, dass jeder Mensch im Grunde von Macht, Leistung, Freundschaft oder einer Kombination dieser drei Haupttriebfedern motiviert wird. Dieser Ansatz wird mitunter herangezogen, um zu erklären, wie erfolgreiche Menschen „ticken".

Das vorliegende Buch macht sich die Motivlehre erstmals zunutze, um Ihnen eine Anleitung für Ihren eigenen Erfolg an die Hand zu geben. Es zeigt auf, wie die Kenntnis Ihrer Motive und deren Abgleich mit den Anforderungen eines bestimmten Berufes, einer Laufbahn oder eines Arbeitsumfeldes Ihnen dabei helfen kann, Ihre Karriereziele gezielt und erfolgreich anzusteuern, Untiefen zu umschiffen und unnötige Umwege zu vermeiden. Es richtet sich damit an alle, die vor der Berufswahl oder vor einer wichtigen Richtungsent-

B. Haag, *Authentische Karriereplanung*,
DOI 10.1007/978-3-658-02513-7_1, © Springer Fachmedien Wiesbaden 2013

scheidung stehen und die beispielsweise über einen Arbeitgeberwechsel, eine Führungslaufbahn oder eine Expertenposition nachdenken. Ebenso spricht es aber auch alle Berufstätigen an, die im Rahmen ihrer bestehenden Aufgabe mehr Zufriedenheit, Motivation
und Erfolg erleben möchten.

Als Managementtrainer und Coach begleite ich seit langer Zeit erfolgreiche Menschen.
Dabei bekomme ich immer wieder Gelegenheit zu sehen, was echten Erfolg und langfris-
tige Zufriedenheit ausmacht: Beides wird nur dann erreicht, wenn Menschen von ihrer
Aufgabe ehrlich überzeugt und mit Freude bei der Sache sind, wenn sie für das, was sie
tun, regelrecht „brennen". Es fällt auf, wie oft diese Metapher im Zusammenhang mit unserem Arbeitsleben herangezogen wird. Wir sagen, wir seien „Feuer und Flamme" für eine
Aufgabe; fühlen wir uns erschöpft und leer, sprechen wir von „ausbrennen". Die englische
Sprache rät, das „Feuer am Brennen" zu halten, wenn von der Wahrung eines hohen Mo-
tivationsniveaus die Rede ist, das Schwedische kennt den Begriff der „Feuerseele" um eine
hoch motivierte und tatkräftige Persönlichkeit zu beschreiben.

Es geht also um das Maß an Leidenschaft, mit dem wir unsere Aufgabe ausüben. Immer
wieder kann ich in meiner Praxis beobachten, dass Fachkompetenz allenfalls die Basis für
einen erfolgreichen Start in den Beruf oder die Bewältigung einer neuen Aufgabe bildet.
Energie, Handlungskraft und die Fähigkeit, Hindernisse aus dem Weg zu räumen, anstatt
an Ihnen zu verzweifeln, stellen sich erst dann ein, wenn eine Aufgabe uns mit Begeiste-
rung und Freude erfüllt.

Die Leistungsgesellschaft bereitet uns hingegen von Kindesbeinen an darauf vor, auch
dann zu „funktionieren", wenn wir etwas eben nicht gern machen. Sätze wie „das Leben
ist kein Wunschkonzert", „keine Aufgabe macht immer Spaß" usw. hat wohl jeder von uns
schon gehört, etwa von Eltern und Lehrern, weil wir Mathematik oder Latein nicht mochten. Grundsätzlich ist das auch nicht falsch, denn Situationen, in denen Durchhaltevermö-
gen und ein gewisses Maß an Frustrationstoleranz gefragt ist, wird jeder Mensch erleben.
Die Motivlehre behauptet nicht, dass wir im Sinne eines diffusen hedonistischen Kalküls
sofort die Flinte ins Korn werfen sollen, wenn wir Anlaufschwierigkeiten erleben oder von
uns Arbeiten verlangt werden, die uns nicht zusagen.

Wird das Gefühl der Unlust allerdings zum Dauerzustand, überwiegen Frustration,
Wut, Demotivation oder ein stetig wachsender Knoten im Magen, wenn Sie nur an unsere
Arbeit denken, liegt etwas grundlegend im Argen. Das *kann* an einem zu hohen Pensum
liegen, doch meist liegen die Ursachen woanders. Häufig löst eine zu große Abweichung
zwischen Motiv- und Jobprofil Karriereprobleme aus; scheinbar unerklärliche Konflikte,
Leistungsblockaden und Rückschläge, Unzufriedenheit und mangelnder Antrieb sind die
Folge.

Wie können Sie langfristig garantieren, dass Sie mit Leidenschaft bei der Sache sind?
Was können Sie tun, um dem sinnbildlichen Feuer in sich Nahrung zu geben und es am
Leben zu erhalten? Muss nicht jede Aufgabe mit wachsender Gewöhnung in Langeweile,
Routine und Lustlosigkeit münden? Die Arbeit mit Motiven liefert die Antworten auf diese
Fragen. Die entscheidende Erkenntnis meiner Berufspraxis besteht darin, dass bei erfolg-
reichen Menschen ausnahmslos die Anforderungen ihrer Aufgaben mit ihren Motiven
übereinstimmen.

Dieses Buch trägt der Tatsache Rechnung, dass Motive darüber entscheiden, mit wie viel Leidenschaft wir an unsere Aufgabe herangehen – damit bedingen sie, ob wir Erfolg haben oder nicht. Deshalb zeigt dieser Ratgeber in Erweiterung von McClellands Ansatz Karrierepfade auf Basis von fünf zentralen Motiven auf: Leistung, Freundschaft, Autonomie, Wettbewerb und Vision. Wo einschlägige Standardwerke von Fähigkeiten und Verhaltensmustern ausgehen, wirft es einen Blick hinter die Kulissen unserer Motivation. Neben einer Einführung in die Theorie der Motivanalyse und einem Überblick über Natur und Funktionsweise von Motiven bietet das Buch Ihnen auch die Möglichkeit, den bislang einzigartigen aHead-Motivtest durchzuführen und ein persönliches Motivprofil mit darauf aufbauenden, konkreten Empfehlungen für Ihre Karriereplanung zu erhalten – näher können Sie einem persönlichen Karriere-Coaching kaum kommen.

Bei aHead handelt es sich um einen von mir entwickelten Test, der anhand eines Online-Fragebogens unkompliziert die Erstellung eines qualifizierten Motivationsprofils ermöglicht, das mit einem Anforderungsprofil abgeglichen werden kann. Die Variante aHead Career bietet Ihnen eine professionelle Hilfestellung für berufliche Richtungsentscheidungen.

Dieses Buch wurde aus der Praxis für die Praxis geschrieben. Es basiert auf Coachings und Gesprächen mit Leistungsträgern aus der Unternehmenswelt, deren Ziel darin bestand, diese Menschen in ihrer jeweiligen Führungs- oder Expertenrolle zu unterstützen, aber auch partielle Leistungsblockaden abzubauen, konkrete Konfliktsituationen unterschiedlicher Art zu klären, subjektiv empfundenen Überlastungen auf den Grund zu gehen und gegenzusteuern. Die Erkenntnisse aus dieser langjährigen Arbeit flossen zum einen in die Entwicklung des Testverfahrens aHead, zum anderen in den vorliegenden Ratgeber ein.

Der Motivtest, an dem Sie als Leser teilnehmen können, wird von mir ausgewertet. Auch das Jobprofil erstelle ich zeitnah auf Basis Ihrer Angaben. Die Ergebnisse zeigen Ihnen auf, was Sie antreibt, langfristig motiviert und leistungsfähig bleiben lässt, welche Aufgaben und Arbeitsumfelder zu Ihnen passen und was Sie, wenn Sie bereits mitten im Berufsleben stehen, tun können, um erfolgreicher und zufriedener zu werden. So können Sie den Karriereweg beschreiten, der wirklich zu Ihnen passt und Ihnen damit die Perspektive auf Erfolg und Freude im Beruf eröffnet.Denn auch, wenn das Berufsleben bekanntlich kein Ponyhof ist: Arbeit darf nicht nur Freude machen, sie muss es sogar. Nur dann ist Erfolg möglich.

Hinweis: Bitte beachten Sie, dass im gesamten Buch mit Bezeichnungen wie „der Leistungs-/Freundschafts-/Autonomie-/Wettbewerbs-/Visionsmotivierte" oder „der Motivtyp" selbstverständlich immer beide Geschlechter gemeint sind!

1.2 Scheidewege ohne Wegweiser

„Das Wichtigste im Leben ist die Wahl des Berufes. Der Zufall entscheidet darüber", soll der französische Mathematiker, Physiker und Philosoph Blaise Pascal (1623–1662) gesagt haben. Zu seinen Lebzeiten war das sicher korrekt. Er selbst konnte es nur deshalb so weit bringen, weil er einer amtsadeligen Familie entstammte und vom Vater und renommierten Hauslehrern an die Naturwissenschaften herangeführt wurde. Wäre Pascal als Sohn eines Tagelöhners geboren worden, wäre ihm der Zugang zur höheren Schulbildung verwehrt geblieben. Im Alter von gerade einmal 39 Jahren verstarb er im Jahr 1662 – ganze 127 Jahre vor dem Ausbruch der französischen Revolution, die das Ende der Ständegesellschaft einläutete und so die Voraussetzung für eine freie Wahl des Berufes schuf.

Was für Pascal und seine Zeitgenossen zutraf, gehört im 21. Jahrhundert für viele Menschen zum Glück der Vergangenheit an. Nie war die zumindest in westlichen Ländern verfassungsrechtlich verankerte Freiheit der Berufswahl für so viele Menschen gewährleistet wie heute. Das gilt bei weitem nicht nur für die Wahl einer bestimmten Profession, sondern auch für deren konkrete Ausgestaltung – die Karriereplanung.

Wir wählen aus einer Fülle von Ausbildungs- und Studienprogrammen. Innerhalb unseres Arbeitslebens können wir unterschiedliche Karrierepfade einschlagen und durch Weiterqualifizierungen Kurskorrekturen vornehmen. Mit Hilfe von Praktika, Trainee-Programmen und Auslandsaufenthalten gestalten wir unseren Weg. Wir werden systematisch „fit gemacht" und haben mehr oder weniger freien Zugang zu nahezu allen Positionen in Staatsdienst oder Privatwirtschaft. Nur unsere Fähigkeiten setzen die Grenzen – das jedenfalls glauben die meisten von uns und vergessen darüber häufig den entscheidenden Faktor der Motivation. Viele Menschen unterschätzen, dass es erheblich einfacher ist, fehlendes Fachwissen zu erwerben, als Antrieb und Energie langfristig aufrecht zu erhalten. Das gilt vor allem dann, wenn unsere Motive in der gewählten Position kaum oder gar nicht angesprochen werden.

Wir selbst haben es heute in der Hand, Erfolge zu planen und zu gestalten. Wir sind dabei aber auch selbst dafür verantwortlich, unsere Aufgaben engagiert anzugehen. Gerade die Fülle der Wahlmöglichkeiten belegt das Individuum mit Verantwortung, setzt es einem hohen Optimierungsdruck aus und verlangt ihm Entscheidungskompetenz ab. Mitunter fühlen wir uns entscheidungs- oder handlungsunfähig, blockiert und ausgebrannt, ohne zu verstehen, wie es so weit kommen konnte.

1.3   Berufswahl und Karriereplanung

Am Ende unserer schulischen Ausbildung wählen wir einen Beruf, der zu uns und unseren Fähigkeiten passt, unseren Lebensunterhalt sichert, uns mit Motivation und Freude erfüllt und eine ausgewogene Work-Life-Balance ermöglicht. Hand aufs Herz: Wie viele Menschen kennen Sie, auf die diese Aussage zutrifft?

Es mag in seltenen Fällen vorkommen, dass jemand schon in sehr jungen Jahren weiß, dass Arzt, Journalist oder Lehrer seine Berufung ist und dann zielstrebig auf eine entsprechende Laufbahn hinarbeitet. Doch dabei handelt es sich ebenso um ein Ideal, wie bei der Vorstellung, mit 20 den richtigen Partner fürs Leben zu finden und dann gemeinsam alt zu werden. Das kommt zwar vor, doch die meisten Menschen müssen privat wie beruflich mehr Um- und Irrwege in Kauf nehmen, aus dem eigenen Scheitern lernen oder Entscheidungen revidieren. Warum ist das so?

Hier müssen wir mehrere Faktoren berücksichtigen. Erstens wandeln sich Branchen, Berufsbilder und ganze Volkswirtschaften. Keine dieser Größen ist statisch. Neue Berufe entstehen, andere verschwinden oder werden aufgrund einer neuen Technologie marginalisiert. Angesichts von Ausbildungszeiten zwischen drei und fünf Jahren kann sich der Arbeitsmarkt für einen Beruf dramatisch gewandelt haben, bis die angefangene Ausbildung erfolgreich abgeschlossen ist.

Zweitens treffen wir die Entscheidung über einen Beruf, den wir „ein Leben lang" mit Engagement und Herzblut ausüben sollen, in sehr jungen Jahren. Interessen verändern sich durch Erfahrungen, Ansprüche an das Berufsleben durch veränderte Lebenssituationen. War die Reisetätigkeit im Außendienst mit Anfang 20 noch erstrebenswert, kann das mit Mitte 30 und mit Familie ganz anders aussehen.

Drittens sind die Vorstellungen, welche Anforderungen der angestrebte Beruf stellt, häufig diffus. Die meisten Menschen berücksichtigen zum Zeitpunkt der Berufswahl oder an beruflichen Scheidewegen ihre Motive nicht – häufig aus dem schlichten Grund, dass sie diese gar nicht kennen. Folgerichtig findet auch kein Abgleich zwischen Motiven und Anforderungsprofil statt. Wer nicht weiß, dass er ein starkes Leistungsmotiv in sich trägt, kann dies bei seiner Berufswahl oder Karriereentscheidung auch nicht berücksichtigen – etwa, indem er gezielt darauf hinarbeitet, einen Arbeitsplatz zu finden, dessen Fokus auf der Erledigung von Sachthemen liegt. Er ahnt nicht, dass er nur dann dauerhaft motiviert ist, wenn er klare Strukturen vorfindet, die gestellten Aufgaben herausfordernd, aber auch realistisch sind und der dafür vorgesehene Zeitrahmen die Erzielung des besten denkbaren Ergebnisses ermöglicht. Gerät ein Mensch mit diesem Motivprofil nun in ein Arbeitsumfeld, das beispielsweise eher das Autonomiemotiv anspricht und eigenständiges Arbeiten ohne klare Vorgaben und unter hohem Zeitdruck sowie eine unkonventionelle Herangehensweise erfordert, verpufft seine anfängliche Motivation – selbst, wenn es sich bei der Stelle um den vermeintlichen Traumjob bei einem beliebten Arbeitgeber handelt und das Gehalt stimmt. Der Betroffene versteht in der Regel ohne professionelle Begleitung nicht, woher die plötzliche Leistungsblockade kommt, und schiebt seine Situation vielleicht auf Überarbeitung oder Erschöpfung.

Ist die eigene Motivstruktur hingegen bekannt, kann gezielt der richtige berufliche Hafen angesteuert werden. Wer also, um beim obigen Beispiel zu bleiben, sein Leistungsmotiv kennt, kann sich als Wirkungsfeld ein an klaren Zahlen und Vorgaben orientiertes Arbeitsumfeld aussuchen, wo eine detaillierte Herangehensweise und ein hohes Maß an Expertise für Fachprobleme gefragt sind. Mit Amazon lernen Sie später ein Unternehmen kennen, das ein solches Arbeitsumfeld bietet. Auch wenn Amazon aktuell aufgrund der Arbeitsbedingungen in einigen Bereichen in der Kritik steht, gilt das Unternehmen als stark leistungsgeprägtes Umfeld und kann damit für Menschen mit dem entsprechenden Motiv durchaus ein geeigneter Arbeitsplatz sein.

Der für eine langfristige Motivation so wichtige Abgleich zwischen Motiv- und Anforderungsprofil macht die Kenntnis der eigenen Motive notwendig. Die bloße Kenntnis

von Interessen und Neigungen reicht nicht aus. Natürlich liegt jemand, der sich für Chemie interessiert, nicht falsch damit, Chemie zu studieren und als Chemiker zu arbeiten.
Doch innerhalb einer Disziplin gibt es zahlreiche Karriereoptionen. Ein leistungsmotivierter Chemiker kann trotz bester Qualifikation in einem Unternehmen mit rauer Ellbo-
gen- und Wettbewerbsmentalität Schiffbruch erleiden. Ebenso kann ein wettbewerbsmotivierter Chemiker scheitern, wenn er sich in ein Team eingliedern soll, in dem viel Wert
auf Gleichberechtigung gelegt wird und unterm Strich nur die Fachkompetenz zählt. Hier
kann er anecken, weil er dazu neigt, die Führungsrolle zu übernehmen und Aufgaben zu
delegieren.

1.3.1 Vor dem Einstieg: Welche Laufbahn passt zu Ihnen?

Wie kann die Motivanalyse dazu beitragen, nach dem Ende eines Studiums die richtige
Berufswahl zu treffen? Wie können Sie aus Einstiegsangeboten dasjenige auswählen, in
dem Ihre Stärken zum Tragen kommen und das Ihnen langfristigen Erfolg sichert? Ist mit
der Wahl der Studienrichtung der Weg nicht bereits weitgehend festgelegt?

Ein Beispiel: Ein Betriebswirt muss sich im Masterstudium für einen Schwerpunkt entscheiden und spezialisiert sich auf Marketing. Damit sind seine Chancen auf dem Arbeitsmarkt recht vielversprechend, und er kann unter einer großen Bandbreite von Stellenange-
boten wählen. Auf Basis seiner Motive oder seiner Motivkombination kann er sein potenzielles Arbeitsumfeld adäquat definieren und zum Beispiel als Autonomiemotivierter bei
einem Start-up einsteigen. (Einen Abgleich zwischen den Motivprofilen und möglichen
Arbeitsumfeldern finden Sie in Kap. 10). Natürlich muss er im Rahmen eines Gesprächs
vorab klären, ob seine Vermutung zutrifft, dass man ihm dort großen Spielraum für die
Gestaltung seines Aufgabenbereiches lassen wird.

Als Leistungsmotivierter sollte er sich dagegen eher für eine Agentur entscheiden, in
der er auf klare Vorgaben trifft, geregelte Prozesse und herausfordernde Marketingkampa-
gnen vorfindet. Ist er eher der Wettbewerbstyp, kann er einen Konzern wählen, in dem es
klare Hierarchien gibt und in dem er schnell Karriere machen kann. Der Visionsmotivierte
wagt vielleicht sofort den Sprung in die Selbstständigkeit oder schließt sich einem Team
an, das ebenso fasziniert von seiner Idee ist wie er selbst.

Entscheidet sich der Betriebswirt für eine Unternehmenslaufbahn, können seine potenziellen Arbeitsumfelder je nach Arbeitgeber sehr unterschiedlich aussehen. Amerikanisch
oder europäisch geprägte Unternehmenskulturen bedingen verschiedene Führungsstile,
ebenso wie die Persönlichkeit des direkten Vorgesetzten. Führungs- oder Expertenlaufbahn stellen jeweils spezifische Anforderungen; innovativen Arbeitsmodellen stehen tra-
ditionelle mit hierarchischen Strukturen gegenüber. Alle Aspekte wirken auf das Arbeitsklima ein und haben Einfluss darauf, welche Motive wie stark angesprochen werden. Je
mehr Informationen über die eigene Motivation und das Stellenprofil vorliegen, desto besser können diese miteinander abgeglichen werden. Wie das funktioniert, erfahren Sie in
Kap. 3; Beispiele erhalten Sie im Exkurs-Kap. 13.

1.3.2   Im Beruf: Welche Karriereoptionen sind die richtigen?

Der Marketingspezialist aus dem obigen Beispiel hat sich für die Konzernwelt entschieden, den Start gemeistert und möchte nun vorankommen. Da er gute Ergebnisse erzielt, kann er nach einiger Zeit erneut wählen und entweder eine Teamleiterrolle übernehmen oder in ein anderes Ressort wechseln, wo eine Stabstelle zu besetzen ist. Für welche Option soll er sich entscheiden? Als Teamleiter würde er Mitarbeiterverantwortung übernehmen und damit den ersten Schritt zum Thema Führung vollziehen. Die Stabstelle zeichnet sich dagegen durch die direkte Nähe zum Vorstand aus. Damit ist sie ein potenzielles Sprungbrett nach oben. Fachlich ist der Mann zu beidem in der Lage, doch wo werden seine Motive besser erfüllt? Ist er mit Herzblut bei der Sache, wenn er sein Team zu Höchstleistungen anspornt? Oder ist das eher dann der Fall, wenn er komplexe Fachthemen professionell als Entscheidungsgrundlage für den Vorstand aufbereitet? Erneut hilft der Abgleich zwischen dem Motivprofil und den beiden Jobprofilen bei der Entscheidungsfindung.

Vielleicht wird der Beispielperson sogar die Leitung einer ganzen Abteilung angetragen. Die neue Position ist mit Einfluss, Prestige und einem besseren Gehalt verbunden, und doch plagen den Betriebswirt Zweifel: Wird er der Herausforderung, Menschen zu führen, gewachsen sein? Will er das überhaupt, oder nehmen ihm die Führungsaufgaben die Zeit und die Energie für die Projekte, die ihm wirklich am Herzen liegen? Andererseits: Kann er das Beförderungsangebot ausschlagen? In vielen Unternehmen wäre das unter Karri" regesichtspunkten Selbstmord. Wer einmal „kneift", wird oft kein zweites Mal gefragt. Das kann allerdings auch passieren, wenn die neue Position nicht optimal ausgefüllt werden kann, Mitarbeiter unzufrieden sind und die Ergebnisse nicht stimmen. Was tun?

Der Abgleich zwischen Motiv- und Jobprofil erspart an solchen Scheidewegen schlaflose Nächte. Er ermöglicht im Vorfeld eine Einschätzung, welche Aspekte der neuen Aufgabe mühelos und mit Elan bewältigt werden können und wo gegebenenfalls „Hausaufgaben" zu machen sind. Potenzielle Entwicklungsfelder zeige ich Ihnen in den Kap. 4–8 auf, in denen die einzelnen Motive detailliert besprochen werden.

Es trifft keinesfalls zu, dass ein Leistungsmotivierter eine Führungsposition ablehnen muss, weil die damit einhergehende Verlagerung des Schwerpunktes von der Facharbeit auf die Mitarbeiterführung zwangsläufig zu Unzufriedenheit und Demotivation führt. Stattdessen gilt es, mit Hilfe des Motivprofils Stärken zu nutzen und Schwächen (in diesem Beispiel der Widerwille zu delegieren oder Schwächere „mitzunehmen") bereits im Vorfeld zu kennen und gezielt zu bearbeiten.

Natürlich kann die Motivanalyse auch zu der Erkenntnis „ich möchte gar kein Manager sein" führen. Kurzzeitig resultiert daraus vielleicht eine persönliche Krise, weil ein eingeschlagener Kurs korrigiert werden muss oder der Weg nur in einem anderen Umfeld fortgesetzt werden kann. Langfristig erspart eine solche Einsicht aber Misserfolge und Frustrationen. Wichtig ist, dass Sie sie nicht als persönliche Schwäche begreifen oder als Versagen auffassen – auch wenn das private Umfeld mit Unverständnis reagieren mag, wie man eine „solche Chance" ausschlagen kann. Es gibt keine guten und schlechten Motive. Die vorhandenen Motive müssen jedoch erkannt und angesprochen werden, denn nur so bleibt die Leistungsfähigkeit erhalten. Bedenken Sie: Das gefürchtete und viel diskutierte Burnout hat selten mit einer objektiv zu hohen Arbeitsbelastung zu tun, sondern resultiert eher daraus, dass innere Antreiber nicht erkannt werden und deshalb im Widerspruch zu diesen agiert wird.

Doch was, wenn Motivprofil und Karriereoptionen nicht zueinander passen? Gibt es überhaupt den idealen Arbeitsplatz, und wäre es nicht verwegen, eine Option auszuschlagen?

Tatsächlich ist eine hundertprozentige Übereinstimmung zwischen Job- und Motivprofil in der Praxis kaum anzutreffen. Zusätzlich sind wir und unser beruflicher Wirkungskreis permanenten Veränderungsprozessen unterworfen, die uns zu Anpassung und Flexibilität zwingen. Was heute passt, funktioniert in drei Jahren möglicherweise nicht mehr. Ein leistungsorientiertes Umfeld kann unter einer neuen Konzernleitung eine dramatische Umstrukturierung erfahren.

Auch wir verändern uns je nach Lebensphase. Was früher wichtig war, tritt heute in den Hintergrund, was uns einmal angespornt hat, verliert an Bedeutung. Die Erstellung eines Motivprofils hat auch dann einen hohen Nutzen, wenn wir scheinbar grundlos Motivationseinbrüche und Blockaden erleben. Die Praxiserfahrung zeigt, dass bereits das Wissen über die Ursachen weiterhilft. Zu wissen, woher dieser Zustand rührt, hilft dabei, an sich zu arbeiten. Wie – das erfahren Sie ebenfalls in den Kap. 4–8. Somit ist es für eine Motivanalyse und daraus resultierende Änderungen zu keinem Zeitpunkt zu spät.

1.3.3   Tragweite von Fehlentscheidungen

Die Tragweite von Fehlentscheidungen liegt auf der Hand. Natürlich kann man Fehlentscheidungen auch im beruflichen Zusammenhang revidieren oder zumindest die Konsequenzen mildern. Das zeigen Beispiele von Menschen, die selbst im letzten Drittel des Berufslebens noch einmal etwas ganz anderes machen und damit Erfolg haben. Doch der Preis für falsches Abbiegen am Scheideweg ist hoch. Ausbleibende Erfolge, Motivationseinbrüche oder Leistungstiefs belasten. Wir laufen Gefahr, krank zu werden, weil wir das Gefühl haben zu versagen. Wir verbrennen, anstatt für unsere Vision zu brennen.

Stehen wir dann vor der Entscheidung, einen anderen Weg einzuschlagen, ist oft auch der finanzielle Schaden groß. Ein Laufbahn-, Branchen- oder gar Berufswechsel bedeutet häufig „zurück auf Los". Im neuen Arbeitsumfeld ist man plötzlich wieder Anfänger und hat es schwer, die Gründe für den Richtungswechsel glaubwürdig darzulegen. Meist erschweren auch die persönlichen Lebensumstände eine solche Entscheidung. Nicht in jeder Lebensphase lässt sich eine große berufliche Veränderung ohne Weiteres realisieren.

Das Statistische Bundesamt hat errechnet, dass Deutschlands knapp 41 Mio. Erwerbstätige im Schnitt rund 1.390 h pro Jahr mit ihrer beruflichen Tätigkeit zubringen. Dabei ist zu beachten, dass die Vollzeiterwerbstätigen, die knapp über 50 % aller deutschen Berufstätigen ausmachen, auf den erheblich höheren Durchschnitt von 1.676 h pro Jahr kommen. Gehen wir von einem Berufseinstieg im Alter von 25 Jahren und einem Renten-eintrittsalter von 65 Jahren aus, widmet diese Gruppe also durchschnittlich 67.040 h ihres Lebens ihrem Berufsleben. Anders ausgedrückt sind das 2.793,3 Tage rund um die Uhr oder 7,65 Jahre. Dabei handelt es sich um einen Durchschnittswert, der vor dem Hinter-grund der demografischen Entwicklung und eines steigenden Renteneintrittsalters gerade von beruflich ehrgeizigen Menschen angesichts von Überstunden und Weiterbildungszei-ten häufig überschritten werden dürfte.

Es lohnt sich also, Energie und Zeit in den Entscheidungsprozess zu investieren. Soll ich als Wissenschaftler an der Hochschule bleiben oder in die Wirtschaft gehen? Wie viel Karriere will ich? Welche Arbeitsbedingungen brauche ich? Bin ich Teamplayer oder Al-phatier? Welches Maß an Work-Life-Balance ist mir wichtig? Möchte ich Führungsverant-wortung übernehmen? Will ich meine Fachkenntnisse gezielt einsetzen?

Wir können keine dieser Fragen beantworten, ohne uns unserer eigenen Motive be-wusst zu sein. Die Auseinandersetzung mit den persönlichen Motiven erspart ein Berufs-leben nach dem Trial-and-Error-Prinzip, das schlimmstenfalls Jahre kosten kann.

Der Test in diesem Buch dauert maximal 30 min Bedenken Sie, dass man bei Entschei-dungen mit erheblich geringerer Tragweite, wie etwa „Wo verbringe ich den nächsten Urlaub?" oder „Soll ich einen Sportwagen oder einen Kombi kaufen?" auf zahlreiche In-formationsquellen zurückgreift. Das Internet stellt Testberichte und Kundenmeinungen zur Verfügung. Familie und Freundeskreis werden befragt, Preise und technische Daten verglichen. Es ist wichtig, die richtige und langfristig beste Entscheidung zu treffen. Aber in welchem Verhältnis steht die Bedeutung einer solchen Entscheidung zu der nach dem passenden Karriereweg? Wer sich diese Frage stellt, ist schnell geneigt, zumindest der ers-ten Hälfte von Blaise Pascals Aussage auch nach fast 400 Jahren noch zuzustimmen: „Das Wichtigste im Leben ist die Wahl des Berufes."

1.4   Einflüsse – und warum diese in die Irre führen können

Menschen werden von verschiedenen Faktoren beeinflusst. Es ist nachvollziehbar, dass wir bei wichtigen Entscheidungen Familie und Freunde zu Rate ziehen, dass wir idealisierte Vorstellungen von unseren Motiven haben oder dass wir in einer Leistungsgesellschaft fast automatisch annehmen, es sei das höchste Ziel, eine möglichst „gute" Position mit Verant-wortung und Prestige zu erreichen. Im Folgenden wollen wir Ihnen aufzeigen, warum sich eine differenzierte Betrachtung lohnt.

1.4.1   Selbstbild

Das Selbstbild misst sich immer am Idealbild, also daran, wie wir sein möchten. Danach richten wir auch unser Denken und Verhalten aus. Gemeinsam ergeben Selbst- und Ideal-bild das sogenannte Selbstkonzept.

1.4.1.1 Wie realistisch ist meine Einschätzung?

Das Selbstbild kann in die Irre führen, weil es häufig von dem abweicht, was wir anderen vermitteln. Das idealisierte Selbstbild, das wir hegen und pflegen, hält zusammen mit gesellschaftlichen Konventionen viele Menschen davon ab, zum Beispiel ihr Wettbewerbsmotiv zu erkennen. Erst, wenn in der Beratung oder Schulung ausgeführt wird, dass es sich dabei nicht um ein „schlechtes" Motiv handelt, sondern vielmehr um ein Erfolgs- und Führungsmotiv, sind die meisten Menschen eher in der Lage, es anzunehmen. Unsere Selbsteinschätzung ist oft nicht besonders realistisch, weil sie eher wiedergibt, was wir sein möchten, als was wir sind.

1.4.1.2 Wovon lasse ich mich bei meiner Wahl leiten?

Nach welchen Kriterien wählen wir unser Idealbild, dem wir unser Selbstbild so weit wie möglich annähern möchten? Dabei spielt das Umfeld eine entscheidende Rolle. Die Eltern sind unsere ersten Vorbilder, später wählen wir im Zug des Ablösungsprozesses von ihnen andere Ideale. Das können Freunde, aber auch Prominente aus Sport, Unterhaltung, Politik und Wirtschaft sein. Ebenso spielen gesellschaftliche und kulturelle Prägungen eine Rolle. Wir bauen unser Idealbild aus einer Vielzahl von Komponenten auf und streben dann danach, ihm möglichst nahezukommen.

Unser Idealbild ist nicht zwangsläufig deckungsgleich mit unseren inneren Antreibern. Motive sind mächtige Kräfte, die uns dazu drängen können, anders zu fühlen und zu handeln, als unser Idealbild das vorgibt. Kurz auf den Punkt gebracht: Selbstbild ist häufig gleich Idealbild, aber Idealbild ist nicht immer gleich Motivprofil. Wenn Sie sich zum Beispiel gern selbst als uneigennützig und altruistisch wahrnehmen und deshalb Sozialarbeiter werden, in Wahrheit aber eigentlich Wert auf Status legen, wenn Sie gern wagemutig und abenteuerlustig wären, aber tatsächlich ein starkes Sicherheitsbedürfnis haben, führt das Idealbild in die Irre.

Fazit: In Sachen Berufs- und Karrierewahl ist unser Selbstbild keine zuverlässige Entscheidungshilfe.

1.4.2 Familie und Freunde

Wir neigen dazu, bei wichtigen Entscheidungen Rat in unserem Umfeld zu suchen und werden diesen meist auch bekommen. Hier gilt allerdings: Gut gemeint ist oft das Gegenteil von gut. Der Nutzen solcher Tipps ist begrenzt. Was würden Sie selbst Ihrem Sohn, Ihrer Frau, Ihrem Bruder oder Ihrem besten Freund raten?

1.4.2.1 Wozu rät Ihr Umfeld?

Sie würden vermutlich Empfehlungen aussprechen, die Ihren eigenen Erfahrungshorizont widerspiegeln. Dabei haben Sie das Beste des Anderen im Sinn – so, wie Sie es sehen. Deshalb raten Sie vielleicht dem Sohn dazu, das VWL-Studium zu Ende zu führen, weil Sie wissen, dass er es als Theaterwissenschaftler schwerer haben wird. Und wenn Sie die

Erfahrung gemacht haben, dass in der freien Wirtschaft ein rauer Wind weht, raten Sie ihm vielleicht gleich noch zu einer Laufbahn im öffentlichen Dienst. Oder Sie reden Ihrer Freundin aus, den unbefristeten Vertrag in der Bank für eine befristete und schlechter entlohnte Stelle als Wirtschaftsredakteurin aufzugeben. Das ist menschlich verständlich. Wir wünschen denen, die uns nahestehen, eine gesicherte Existenz, insbesondere dann, wenn wir selbst Phasen der Entbehrung oder des ausbleibenden Erfolges erleben mussten.

Auch eigene Träume und Wünsche spielen eine Rolle. Agieren z. B. Ärzte mit eigener Praxis oder Eigentümer von Familienunternehmen als Berufsberater für ihre Kinder, schlägt sich in ihrem Rat oft auch der nachvollziehbare Wunsch nieder, eine Fortführung des in vielen Jahren aufgebauten Lebenswerkes durch die Nachkommen erleben zu dürfen. Ebenso fließen negative Erfahrungen in Empfehlungen ein, die Kinder sollen es „besser haben als man selbst". Haben Vater oder Mutter in ihren jeweiligen Jobs mehr Frustration als Glück erfahren, werden sie von diesem Weg abraten. Haben die Eltern dagegen Freude und Erfüllung im Beruf erlebt, werden sie die eigene Laufbahn vermutlich weiterempfehlen.

1.4.2.2 Warum kann dieser Rat in die Irre führen?

Dabei übersieht das Umfeld, dass Erfolg und Zufriedenheit bei ihnen daraus resultierten, dass ihre Motive im beruflichen Umfeld angesprochen wurden. Sohn oder Tochter haben aber nicht notwendigerweise die Motivstruktur der Eltern „geerbt". Ratsuchender und Ratgeber sind verschiedene Individuen mit unterschiedlichen Bedürfnissen und Motivationsprofilen.

Dass Ihre Mutter in ihrem Beruf als Tierärztin aufgeht, kann, muss aber nicht heißen, dass auch Sie in dieser Arbeit Ihre Berufung finden. Dass Ihr Onkel, der selbst die Anwaltskanzlei des Vaters übernahm, obwohl er eigentlich Architekt werden wollte, Ihnen nun die Juristenlaufbahn als grau, trist und eng ausmalt, heißt nicht, dass Sie ebenso empfinden werden. Dass Ihr Vater und seine zwei Brüder eigene Unternehmen gründeten, lässt keinen Rückschluss darauf zu, ob Sie in der Selbstständigkeit Erfüllung erleben können.

Um es polemisch zugespitzt auszudrücken: Es ist nicht unrealistisch, dass berufliche Unzufriedenheit über Generationen weitergereicht wird, nur, weil jemand es gut meinte. In der Praxis lässt sich beobachten, dass im Medizinstudium überdurchschnittlich viele Kinder von Medizinern anzutreffen sind. Hakt man dann nach, warum sich die jeweilige Person für „ihren" Weg entschieden hat, kommt häufig die Antwort, „weil mir mein Vater/ meine Mutter dazu geraten hat." Stehen Eltern an dem Punkt, wo sie Sohn oder Tochter in eine Welt voller Risiken entlassen müssen, greifen sie bei ihren Empfehlungen oft auf das zurück, was sich in ihrer eigenen Biografie am besten bewährt hat. Dahinter steht natürlich der Wunsch, Unsicherheitsfaktoren wie Stellenabbau und Arbeitsplatzverlagerung ins Ausland möglichst viel Sicherheit entgegenzusetzen.

Fazit: Werden Familie und Freunde befragt, bekommt der Ratsuchende Tipps, die durch die Motive des Gegenübers geprägt sind – bzw. dadurch, wie gut diese mit dessen Jobprofil übereinstimmten. Doch eine One Size Fits All-Lösung für Karriereplanung oder berufliche Krisen gibt es nicht.

1.4.3   Fähigkeiten und Begabung

Grundsätzlich erscheint es naheliegend, sich bei der Berufswahl an seinem fachlichen Können zu orientieren. Eine angemessene Begabung, Fachkompetenz oder auch handwerkliches Geschick sind zweifelsohne wichtige Komponenten im Entscheidungsprozess. Doch reicht der zielgerichtete Einsatz des eigenen Könnens und Wissens allein schon aus, um beruflich erfolgreich zu sein?

1.4.3.1   Zensuren als Wegweiser?

Gehen wir kurz zurück zur Phase der Berufswahl. Sehr häufig hat sich bereits in der Schulzeit herauskristallisiert, wo unsere fachlichen Stärken und Schwächen liegen. Andersherum ist es oft so, dass wir an etwas, das uns Frustrationen, Rückschläge und Misserfolge erleben lässt, die Freude verlieren und uns nicht mehr weiter darum bemühen.

Es liegt in der Natur der meisten Schul- und Ausbildungssysteme, dass sie Leistungen messbar machen müssen. Deshalb wird die Leistung in einer bestimmten Disziplin meist in eine Notenskala eingeordnet, auf der wir ablesen können, ob wir in Mathe „gut" oder „schlecht" sind.

Leider sagen Noten aber nichts darüber aus, warum wir etwa in einem Fach „schlecht" sind. Hatten wir unsere ersten Französischlektionen bei einer Lehrkraft, die nicht gut erklären konnte oder die uns vor der Klasse vorführte, weil unsere Aussprache so lustig war, kann das ausreichen, um unser Verhältnis zum Fach ein- für allemal zu besiegeln. Möglicherweise waren wir mit dem Lernstoff über- oder unterfordert? (Letzteres wird besonders häufig übersehen.) Fanden wir Physik langweilig, weil wir im theoretischen Unterricht keinen praktischen Nutzen in der Gleich- und Wechselstromlehre sehen konnten? Eine beliebte Schülerfrage an Lehrer lautet immerhin: „Wozu brauche ich das später?" Finden wir Physik plötzlich interessant, wenn wir erkennen, dass wir mit diesem Grundwissen im Alltag Dinge reparieren können?

Als berufliche Wegweiser sind Noten also mit Vorsicht zu genießen. Erstens ist der Unterschied zwischen Theorie und Praxis oft erheblich. Zweitens werden wir im Berufsalltag feststellen, dass wir dieses tatsächlich nie mehr brauchen, jenes aber auf einmal begreiflich und logisch wird, obwohl es in der Theorie unfassbar erschien. Drittens stellen Zensuren häufig auch eine Momentaufnahme dar. Wer sich in der Schule in Mathe aufgegeben hat, weil die Chemie mit der Lehrkraft nicht stimmte, sollte daraus nicht ableiten, dass die Mathe-Anforderungen eines BWL-Studiums ihn überfordern.

1.4.3.2   Warum sagen Zensuren allein nichts aus?

Falls das überhaupt möglich ist, sagen Zensuren noch weniger über Motive und Motivation aus als Selbst- und Fremdeinschätzungen. Ein Beispiel: Schüler Fred gilt aufgrund seiner Zensuren in Italienisch und Französisch als sprachbegabt. Angespornt durch seine Erfolgserlebnisse auf diesem Gebiet entscheidet er sich dafür, seine Begabung zum Beruf zu machen und studiert Italienisch und Französisch. Dabei hat er im Hinterkopf, wie positiv er die Begegnung mit Menschen aus anderen Ländern im Rahmen von Austauschpro-grammen erlebt hat. Sein Ziel: Er möchte als Übersetzer oder Fremdsprachenkorrespon-dent sein Talent in ein internationales Arbeitsumfeld einbringen.

Nehmen wir nun an, Fred hat ein starkes Freundschaftsmotiv: Persönlicher Austausch und gute soziale Beziehungen sind ihm wichtig; er möchte Kontakte aufbauen und pfle-gen, andere unterstützen und entwickeln. Zu Ende des Studiums findet Fred jedoch trotz Auslandsaufenthalten, Praktika und besten Zensuren keine feste Anstellung. Die firmenei-gene Kommunikation läuft auch in international aufgestellten Unternehmen zunehmend auf Englisch ab, wobei englische Sprachkenntnisse bei allen Mitarbeitern vorausgesetzt werden. Als Fremdsprachensekretär ist er überqualifiziert. Zudem ist das wirtschaftliche Umfeld aktuell schwach, Neueinstellungen sind selten. Frustriert erkennt Fred, dass man-cher BWL-Absolvent in einem großen Konzern wesentlich bessere Chancen auf das inter-nationale Arbeitsumfeld hat, das er ersehnte.

Schließlich bleibt ihm die Tätigkeit als freiberuflicher Übersetzer. Dabei sind jedoch meist Reklame- oder Fachtexte zu bearbeiten; die Arbeit wird im Home-Office ausgeübt, Kontakt zu und Austausch mit anderen Menschen findet nur per Mail und Telefon statt. Fred leidet unter der fehlenden Möglichkeit zu Begegnungen mit Menschen. Rein fachlich arbeitet er zwar in dem Umfeld, das ihn interessiert und in dem er gut ist. Auch sein Aus-kommen ist gesichert. Doch die Rahmenbedingungen sprechen sein Motiv nicht an. Er wird unmotiviert und lustlos, seine Leistungen werden schlechter. Er brennt aus.

Die Motivanalyse zeigt Fred erstmals sein starkes Freundschaftsmotiv auf und macht ihm klar, dass es nicht die fachlichen Anforderungen oder seine hohe Arbeitsbelastung sind, die seine Leistungsblockade verursachen. Er beginnt eine didaktische Weiterbildung und wechselt in die Erwachsenenbildung. Dort hat er nicht nur Kontakt zu Menschen, sondern kann seine Schüler auch unterstützen, entwickeln und ihrem Kenntnisstand ent-sprechend fördern. Er hat nun wieder, was ihn ursprünglich diesen fachlichen Weg gehen ließ: Austausch und soziale Beziehungen. Fred ist zufrieden, doch er musste einen Umweg in Kauf nehmen.

Fazit: Das Heranziehen fachlicher Qualifikationen mag eine notwendige Bedingung für berufliche Richtungsentscheidungen sein – eine hinreichende ist es nicht. Zensuren allein geben keinen Aufschluss über die Voraussetzungen, die für dauerhafte Motivation benö-tigt werden.

1.4.4 Status

Einfluss, Prestige und materielle Sicherheit sind nicht wenigen Menschen wichtig. Auch wenn viele ungern zugeben, eines der Machtmotive in sich zu tragen, ist der Wunsch, an-deren übergeordnet zu sein, Respekt und Anerkennung zu erfahren und äußerlich sichtbar „etwas erreicht" zu haben, ein sehr häufiger Antreiber.

1.4.4.1 Führungskraft oder Experte?

Marc ist Biologe. Seine Erfüllung findet er in der medizinischen Forschung. Er arbeitet mit Präzision und Sorgfalt an einem bestimmten Experiment, motiviert von dem Wunsch, unbekannte Phänomene zu erforschen oder die Grundlagen für neue zu bereiten. Er bleibt am Ball, wo andere resignieren.

Marc tritt in ein großes Pharmaunternehmen ein. Energie und Herzblut fließen in die Forschungsprojekte, die ihm anvertraut werden. Weil er exzellente Arbeit leistet, rückt er eines Tages in die Führungsetage auf und hat nun Mitarbeiter- und Budgetverantwortung. Allerdings hat er kaum noch die Gelegenheit zu forschen. Stattdessen leitet er ein Team, überlässt anderen die „Feldarbeit" und muss nicht selten Konflikte lösen. Sein Umfeld gratuliert ihm zu diesem Karrieresprung, er bezieht ein großzügiges Gehalt und genießt hohes Ansehen.

Doch die Zufriedenheit, die ihm die Expertentätigkeit brachte, ist verschwunden. Anstatt selbst Experimente durchzuführen, verbringt er seine Zeit mit Meetings, Mitarbeitergesprächen und zähen Budgetverhandlungen. Marc erlebt das als Vergeudung seiner Zeit, die er nutzen könnte, um zu forschen und bestmögliche Ergebnisse zu präsentieren. Anstatt zu delegieren, wie es seiner Führungsrolle entsprechen würde, kümmert er sich wieder selbst um Versuche. Die Experten im Team fühlen sich dadurch übergangen. Marc spürt die schlechte Stimmung, doch er geht den potenziellen Konflikten aus dem Weg und überlässt Führungsaufgaben lieber seinem Stellvertreter.

Das Team meutert, fühlt sich nicht wertgeschätzt. Statt Zeit in die Entwicklung von Mitarbeitern zu stecken, ignoriert Marc sie. Er vernachlässigt seine Führungsfunktion mehr und mehr, hat ein schlechtes Gewissen. Er wird immer ratloser und blockierter.

Bald trudeln die ersten Kündigungen ein – und dabei gehen die besten Köpfe zuerst, denn sie haben auch die besten Chancen, anderweitig unterzukommen. Die Konzernleitung macht Marc für die Abwanderung von Kompetenz verantwortlich und rät ihm zu einem Coaching. Als er diesem Rat folgt, tritt er seinem Berater einigermaßen verzweifelt gegenüber. Er hat nicht die geringste Erklärung für sein eigenes Motivationstief oder die Unzufriedenheit der Mitarbeiter. Er fragt sich, wie es so weit kommen konnte – ausgerechnet für ihn, der doch immer „einen guten Job" machte, und auf dem Höhepunkt seiner Karriere.

1.4.4.2 Warum die „klassische" Karriere nicht immer glücklich macht

Die Motivanalyse fördert schnell das starke Leistungsmotiv von Marc zutage. Ihm ist es wichtig, Top-Ergebnisse vorzulegen. Delegieren kann er nur an Personen, die er als ebenbürtige Experten einstuft. Sein Machtmotiv ist dagegen schwach ausgeprägt, ihm liegt nichts an Intrigen, Kompetenzgerangel oder daran, „zu gewinnen". Außerdem fehlt es ihm an Empathie. Konfliktsignale nimmt er erst spät wahr, und wenn, packt er den Stier nicht bei den Hörnern, sondern geht lieber lästigen Diskussionen aus dem Weg, die ihn ohnehin nur von seiner Arbeit abhalten.

Gleichzeitig kommt es für Marc auch nicht in Frage, sich eine neue Stelle zu suchen, denn das würde einen Umzug erforderlich machen. Doch sein Lebensmittelpunkt ist klar.

An seinem jetzigen Wohnort gehen seine Kinder zur Schule, seine Frau fühlt sich bei ihrem aktuellen Arbeitgeber wohl, Eltern und Schwiegereltern helfen ab und an bei der Kinderbetreuung.

Wenn Motive und Anforderungen dauerhaft im Widerspruch zueinander stehen, sind Probleme vorprogrammiert. Ein „unausgelebtes" Motiv kann Schaden anrichten und uns in unserem Fortkommen behindern, ohne dass wir begreifen, was uns so verzweifeln lässt. So ist der Pfad von der unbewussten Leistungsblockade zum Ausbrennen fast schon vorgezeichnet. Obwohl wir unsere Anstrengungen verstärken, erfahren wir keinen Erfolg und keine Anerkennung. Es ist, als würden wir ein Auto mit angezogener Handbremse fahren. Motor und Getriebe werden beschädigt, und irgendwann bleiben wir auf dem Standstreifen liegen.

Marc steht nun vor zwei Herausforderungen: Er muss erstens versuchen, sein Arbeitsumfeld so zu gestalten, dass seine Motive besser angesprochen werden. Das könnte geschehen, indem er als Mitarbeiter echte Experten ins Team holt, denen er eine erfolgreiche Projektabwicklung zutraut und die seinen hohen fachlichen Anforderungen gerecht werden. Ist das in der Praxis nicht umzusetzen, könnte er sich neben seiner Hauptaufgabe der Führung von Zeit zu Zeit die Mitarbeit in dem einen oder anderen Projekt „gönnen" und im Rahmen von Fachkongressen seinen Durst nach Expertenwissen stillen.

Gleichzeitig muss er aber auch an sich arbeiten. Er muss akzeptieren, dass sein eigentlicher Auftrag die Leitung seiner Abteilung ist. Er muss sich die entsprechenden Tools aneignen und diese anwenden. Er muss seine Führungsaufgabe bewusst wahrnehmen, statt sie an einen Stellvertreter zu delegieren.

Fazit: Klassische Karrierewege beinhalten Führungsverantwortung. Was das bedeutet, ist sehr vielen Menschen nicht in letzter Konsequenz bewusst. Welche Motive in Führungspositionen angesprochen werden, muss von Fall zu Fall untersucht werden – in Kap. 13 finden Sie Beispiele dafür. Auf den ersten Blick mögen Machtmotivierte eher für die Chefrolle prädestiniert sein. Wir werden noch darauf zu sprechen kommen, dass dieser Eindruck täuscht. Erfolgskritisch ist es, sich die Wechselwirkungen zwischen eigenem Motivationsprofil und Jobanforderungen möglichst vor dem Karrieresprung klarzumachen und entsprechend damit umzugehen.

1.4.5   Arbeitsmarkt

Bei der Karriereplanung spielen natürlich auch Trends am Arbeitsmarkt eine Rolle. Derzeit steuert Deutschland auf einen Fachkräftemangel zu. Geradezu händeringend wird nach Mathematikern, Ingenieuren, Naturwissenschaftlern und Technikern gesucht. Regelrechte Werbekampagnen sollen „Fehlallokationen" vorbeugen und jungen Menschen die sogenannten MINT-Fächer (Mathematik, Informatik, Naturwissenschaft, Technik) schmackhaft machen.

1.4.5.1   Verdienst und offene Stellen als Wegweiser?

Lautet die Gleichung also: Qualifizieren Sie sich in einem Beruf, in dem Fachkräftemangel droht oder bereits herrscht – dann ist der Erfolg garantiert? Ratgeber veröffentlichen regelmäßig Gehaltstabellen für Berufsanfänger und erfahrene Mitarbeiter bestimmter Branchen. Diesen ist zu entnehmen, dass ein Wirtschaftsinformatiker oder Chemiker aktuell de facto eine Lizenz zum Gelddrucken erwirbt und die Headhunter sich mit attraktiven Angeboten inklusive Firmenlaptop und Dienstwagen um ihn prügeln werden. Ist die Ausrichtung an den Bedürfnissen des Marktes also sinnvoll?

Grundsätzlich ist es sicher kein Fehler, die Nachfrage nach bestimmten Qualifikationen und das vorhandene Überangebot an anderen ernst zu nehmen und in die eigenen Überlegungen einzubeziehen. Auch der demografische Wandel wird den Arbeitsmarkt in den nächsten Jahren erheblich beeinflussen.

Doch der Arbeitsmarkt als Ganzes verändert sich ebenso wie einzelne Berufsbilder. Die eigenen Bedürfnisse gänzlich dem Gebot der wirtschaftlichen Vernunft unterzuordnen, ist sicher keine gute Idee. Denn bei einer reinen Vernunftlösung brennen Sie nicht langfristig für Ihre Aufgabe, auch wenn Sie Sicherheit und Berufsperspektiven zunächst anspornen mögen. Es gilt zu bedenken, dass Sie mit großer Wahrscheinlichkeit nicht erfolgreich sein werden, wenn Sie für den Beruf nicht brennen.

1.4.5.2   Warum Sie spartenübergreifend Karriere machen können

Viele Menschen gehen davon aus, dass die einmal gewählte Ausbildung sie für alle Zeiten in eine bestimmte Laufbahn zwängt. Gerade in Deutschland ist diese Annahme oft auch berechtigt, da ein nach wie vor recht starres Ausbildungs- und Qualifizierungssystem einen Wechsel zwischen Sparten und Berufen nicht ohne Weiteres erlaubt. Natürlich versteht es sich auch von selbst, dass ein studierter Ingenieur nicht einfach so als Zahnarzt arbeiten kann. Andererseits machen aber auch mehr und mehr Menschen die Erfahrung, dass die rasche Wandlung des beruflichen Umfeldes sie zu Richtungswechseln, Weiterbildungen und Umschulungen zwingt und „45 Jahre beim gleichen Arbeitgeber" heute eher die Ausnahme sind.

Möglich und mitunter sogar notwendig ist also ein Wechsel zwischen den Branchen und den Karrierepfaden. Hören Sie sich einmal in Ihrem Umfeld um! Sie werden überrascht sein, wie viele Menschen etwas völlig anderes machen als das, wofür sie sich irgendwann einmal fachlich qualifiziert haben. Da gibt es den Arzt, der als Pressesprecher für „Ärzte ohne Grenzen" arbeitet, den Historiker, der als Finanzredakteur arbeitet, den Diplombiologen, der Apps für Smartphones entwickelt oder den Geisteswissenschaftler, der Abteilungsleiter bei einer Vermögensberatung ist.

Wer seine Antreiber kennt und damit in der Lage ist, die Anforderungen zu definieren, die ihn langfristig mit hoher Motivation erfüllen, hat einen entscheidenden Vorteil. Er weiß, welche Aufgaben zu ihm passen und welche Entwicklungsfelder er hat. Er verfügt grundsätzlich über mehr Energie, Ausdauer und Schwung als jemand, der seiner Aufgabe halbherzig oder widerwillig nachgeht.

Fazit: Arbeitsmarkt-Trends können eine grobe Orientierungshilfe sein. Sie sind jedoch einseitig und oft auch kurzlebig: In einigen Berufen wechseln sich Phasen des Fachkräftemangels in immer wiederkehrenden Zyklen mit einem Überangebot ab, weil in den „mageren" Jahren gezielt dafür geworben wird, sich im entsprechenden Bereich zu qualifizieren. Je nach Ausbildungsdauer kann der Mangel dann beim Examen schon wieder überwunden und die Konkurrenz um Arbeitsplätze entsprechend groß sein.

Der Arbeitsmarkt sollte also nicht das alleinige Kriterium für Karriereentscheidungen sein. Sinnvoller ist es, die konkrete Situation zum Zeitpunkt des gewünschten Berufseinstiegs oder Karrieresprungs zu betrachten und zu überlegen, ob andere als die ursprünglich geplanten Wege zum Motivationsprofil passen. Fehlende Fachkenntnisse können dann meist nachgeholt werden.

1.5 Den Zufall ausschalten und Entscheidungen bewusst treffen

Die in 1.4. genannten Faktoren wirken auf Sie ein, wenn Sie berufliche Entscheidungen zu treffen haben. Je nach Lebensphase mag der eine oder andere überwiegen. So dürften Zensuren in einem fortgeschrittenen Karrierestadium nicht mehr die größte Rolle spielen. Doch kaum jemand ist jemals ganz frei von Einflüssen des Umfeldes, rationalen Erwägungen, dem eigenen Selbstbild, den persönlichen, fachlichen und finanziellen Gegebenheiten. Wie können wir also unter diesen Voraussetzungen zu einer Entscheidung gelangen, die langfristig die beste ist?

Aufgrund meiner langjährigen Berufspraxis gehe ich davon aus, dass die Motivanalyse der zuverlässigste Wegweiser bei Karriereentscheidungen ist. Natürlich kann kein Kriterium und kein noch so ausgeklügeltes psychologisches System die Frage beantworten, ob eine Ihrer Entscheidungen „objektiv" richtig oder falsch war. Wenn Sie jedoch zugrunde legen, dass sie dann richtig war, wenn Sie sich langfristig motiviert und erfüllt fühlen, bietet die Motivanalyse gegenüber den Aspekten in der obigen Aufzählung und gegenüber anderen Verfahren entscheidende Vorteile.

In jedem Fall erlaubt sie, unabhängiger von Zufällen und Fremdbestimmung zu werden. Ihr Selbstbild, der Rat Ihres Umfeldes, Ihre Zensuren, der aktuelle Arbeitsmarkt, Prognosen aufgrund von Verhaltenstests – all das sind Größen, die Sie nicht oder nur in sehr geringem Maß beeinflussen können.

Erstellen Sie dagegen ein Motivationsprofil und gleichen es mit einem Anforderungsprofil ab, können Sie zumindest einigen bösen Überraschungen vorbeugen. Wer sein Freundschaftsmotiv kennt, wird sich weder einen Job suchen, bei dem er einsam ist, noch sich in ein Umfeld mit bekanntlich hohem Arbeitsdruck und erheblicher Fluktuation begeben. Wer um sein Leistungsmotiv weiß, überlegt sich zweimal, ob er in ein Unternehmen wechselt, wo er es nur mit Aushilfskräften zu tun hat und wo es nur um schnelle Ergebnisse statt um Qualität geht. Wer das Kräftemessen und den Sieg liebt, kann sein Wettbewerbsmotiv zunächst gezielt auf dem Sportplatz oder als Einsatzleiter bei der freiwilligen Feuerwehr ausagieren, bis es endlich Zeit für den ersehnten Karrieresprung ist – und damit verhindern, dass es zu diesem vielleicht nie kommt, weil sein Wettbewerbsdrang einem Vorgesetzten sauer aufstößt. Und wer sein Autonomiemotiv erkannt hat, weiß, dass er nicht für die starren Strukturen des öffentlichen Dienstes taugt und die gebotene Sicherheit ihn nicht dafür entschädigen wird, auch für den Kauf einer Schachtel Büroklammern eine Genehmigung zu brauchen.

1.6   Nutzen der Motivanalyse

Motive sind mächtige Antreiber. Sie lassen sich nicht willentlich verändern. Sie können sie nur zielgerichtet einsetzen und einer Kollision zwischen ihnen und den Anforderungen, die an Sie gerichtet werden, entgegenwirken.

1.6.1   Warum die Profilanalyse auf Verhaltensbasis nicht ausreicht

Erfahrungsgemäß können Sie aus Verhaltensmustern allein noch keine Rückschlüsse auf Motive ziehen. Denn ein- und dasselbe Verhalten kann unterschiedlichen Motiven entspringen. In den Kap. 4–8 wird detailliert aufgezeigt, warum jedes der fünf Motive mit einem oder mehreren anderen verwechselt werden kann.

So tun sich zum Beispiel sowohl Leistungs- als auch Freundschaftsmotivierte mit dem Thema Delegation schwer. Sie haben dafür aber unterschiedliche Gründe. Der Leistungsmotivierte traut schlicht keinem anderen zu, den Job ebenso gut zu machen wie er selbst. Der Freundschaftsmotivierte möchte anderen keine Unannehmlichkeiten bereiten. Würde man nur vom sichtbaren Verhalten (= delegiert nicht) auf die Kompatibilität der beiden Typen mit einem Jobprofil schließen (Beispiel: Aufgabe mit hohem Maß an Eigenverantwortung für Ergebnisse, aber ohne Führungsverantwortung), wären sie gleich gut geeignet.

Ähnlich verhält es sich mit der Eigenschaft „Einfühlungsvermögen". Freundschaftsmotivierte richten ihren Fokus wie erläutert auf Menschen, weil ihnen sehr an Kontakt und Harmonie gelegen ist. Auf der Verhaltensebene äußert sich das durch soziale Kompetenzen wie etwa die Fähigkeit zuzuhören, Interesse zu zeigen oder Zwischentöne wahrzunehmen. Wettbewerbsmotivierte können sich ganz ähnlich verhalten, aber sie agieren aus einem anderen Motiv heraus. Sie wollen andere für ihre Zwecke gewinnen, sie beeinflussen, auf Ziele einschwören, sie zu Verbündeten machen. Wo der Freundschaftsmotivierte uneigennützig agiert, zielt der Wettbewerbsmotivierte auf einen Nutzen aus einer zwischenmenschlichen Beziehung ab. Er polarisiert und hat meist ebenso viele Gegner wie Unterstützer.

Freundschafts- und Wettbewerbsmotivierte eignen sich für unterschiedliche Aufgabenfelder. Die bloße Verhaltensanalyse könnte hier zu Fehlbesetzungen bei der Stellenvergabe und – bei eigener Unkenntnis des zugrundeliegenden Motivs – auch zu eigenen Fehleinschätzungen führen.

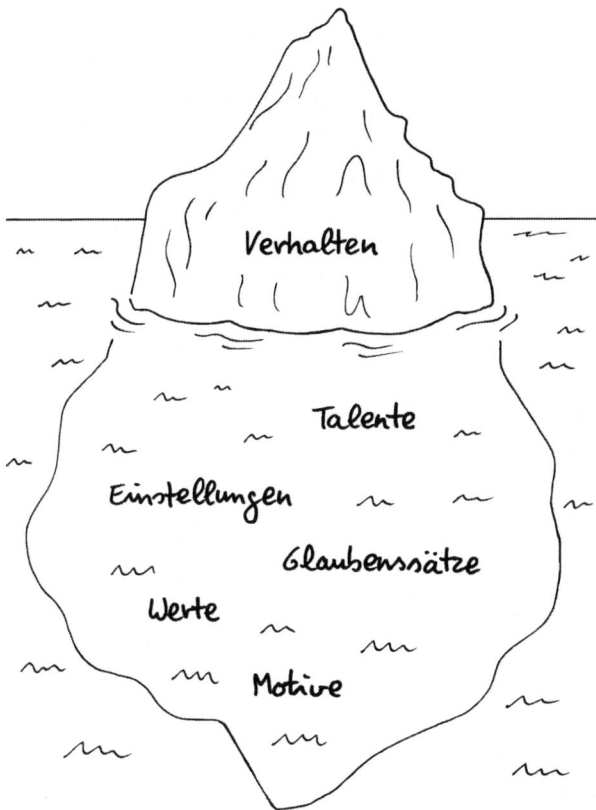

Abb. 1.1 Das Eisbergmodell, frei nach Ruch und Zimbardo (1974): Der Großteil unserer Antreiber liegt „unter der Wasserlinie". (Illustration: Kai Felmy)

1.6.1.1 Worin liegt der Unterschied zwischen Verhalten und Motiven?

Die menschliche Persönlichkeit lässt sich gut mit einem Eisberg vergleichen (siehe Abb. 1.1[1] unter Abschn. 1.6.1.2). Dabei liegt mit unseren Motiven der weitaus größere Teil unterhalb der Wasserlinie, während beobachtbare Verhaltensweisen nur die Spitze ausmachen.

Wir gehen davon aus, dass unser Verhalten nur zu einem Teil von uns ganz bewusst gesteuert wird. Häufig ist es das Ergebnis des Stücks unter der Wasseroberfläche. Jeder weiß zudem, dass wir uns je nach Situation unterschiedlich verhalten können.

Ein und dieselbe Verhaltensweise kann also Ausdruck unterschiedlicher Zielsetzungen sein. Ein Motiv gibt dagegen Aufschluss über grundlegende Handlungsziele und übergeordnete Dispositionen. Weder kommt ein bestimmtes Verhaltensmuster bei genau einem Motivtyp vor, noch ist eine einzelne Verhaltensweise bereits ein hinreichendes Kriterium für die Zuordnung zu einem bestimmten Motiv.

---

[1] Ruch und Zimbardo (1974, S. 366).

1.6.1.2 Können wir von Verhaltens- und Handlungsmustern Rückschlüsse auf Motive ziehen?

Ein und derselben Handlung, ein und demselben Verhalten können unterschiedliche Motive zugrunde liegen. Ein Beispiel verdeutlicht diese Tatsache: Ein Marketingleiter tritt einem Fachverband bei. Fortan setzt er einen Teil seiner Freizeit ein, um dessen Veranstaltungen beizuwohnen und Vortragsreihen zu besuchen. Geht es ihm zwangsläufig darum, sein Fachwissen zu erweitern und neue Erkenntnisse zu gewinnen? – mit anderen Worten: Ist es ein Leistungsmotivierter? Die Antwort ist ein klares Nein. Jeder der fünf Motivtypen könnte Interesse haben, dem Verband beizutreten:

Dem Leistungsmotivierten geht es darum, sich weiterzuentwickeln und sich mit Experten auszutauschen. Der Freundschaftsmotivierte sieht in den angebotenen Tagungen und Treffen die Chance, mit angenehmen Menschen zusammen zu sein und den Austausch über aktuelle Themen zu pflegen. Der Autonomiemotivierte holt sich neue Ideen und Inspirationen, die ihn bereichern; der Wettbewerbsmotivierte freut sich über die Gelegenheit, sich vor einflussreichen Menschen zu präsentieren, und der Visionsmotivierte knüpft an dem Netzwerk, das er benötigt, um seiner großen Idee näherzukommen.

Verhalten ist situativ, Motive sind es nicht. Je nach Rolle passen wir unser Verhalten an. Ein Top-Manager, der beruflich die Führungsrolle ohne Abstriche lebt, kann in der Familie zum Beispiel bisweilen der Ehefrau das Regiment überlassen und sich unterordnen. Ein anderer zeigt im Beruf keinen Ehrgeiz und überlässt anderen das Feld, ist jedoch ein passionierter Amateurtennisspieler und will den Platz als Sieger verlassen. Wenn wir uns ausschließlich auf isolierte Beobachtungen von einzelnen Verhaltensäußerungen verlassen, werden wir in die Irre geführt.

Auch gesellschaftliche Konventionen und die individuelle Vorstellung von dem, was „man tut" oder auch nicht, bedingen Verhaltensmuster. Wir können uns Verhaltensweisen bewusst aneignen oder sie abstellen. Motive hingegen lassen sich nicht willentlich erwerben oder verändern. Wer mit der Motivanalyse vertraut ist, kann angesichts einer bestimmten Situation – etwa bei einem Konflikt – denken: „Jetzt bräuchte ich ein Wettbewerbsmotiv, um mich besser durchsetzen zu können!" Vielleicht hat er auf Basis dieser Erkenntnisse sogar Verhaltensweisen trainiert, von denen er weiß, dass ein Wettbewerbsmotivierter sie in der gleichen Situation an den Tag legen würde. Deshalb hat er sich aber noch nicht das Motiv als solches anerzogen oder antrainiert.

Mehr Aufschluss bringt es da schon zu beobachten, wie sich der Teamleiter, der einen anmaßenden Mitarbeiter auf die Plätze verweist und Sanktionen ankündigt, bei diesem Gespräch fühlt. Der Wettbewerbsmotivierte sieht darin eine Gelegenheit, als Sieger aus einem Kräftemessen hervorzugehen; der Freundschaftsmotivierte wird vermutlich den Konflikt bedauern und sich wünschen, die drastische Maßnahme wäre ihm erspart geblieben.

Fazit: Aus einzelnen Verhaltensmustern und Handlungen allein können Sie keine gültigen Rückschlüsse auf Motive ziehen. Das käme dem Versuch gleich, vom über der Wasseroberfläche sichtbaren Teil eines Eisbergs auf Größe, Dichte und Beschaffenheit des Teils zu schließen, der unter der Wasseroberfläche liegt und den Hauptanteil am Gesamtvolumen ausmacht.

Uns gelingt das in der Praxis nur anhand spezieller deduktiver Fragen (siehe Erläuterungen zum aHead-Motivtest in Abschn. 1.6.2) oder anhand der dezidierten Betrachtung ganzer Lebensläufe in einem Coaching.

1.6.2 Die Motivanalyse: Wie man Motiven auf die Spur kommt

Das Testverfahren aHead wurde entwickelt, um Motive zuverlässig identifizieren zu können. Um im Bild zu bleiben: aHead bleibt nicht bei der sprichwörtlichen Spitze des Eisbergs an der Wasseroberfläche (= Verhaltensebene), sondern erforscht den Teil darunter (= Motivebene). Der Test fragt deshalb nicht, „Wie verhalten Sie sich in Situation X?", sondern „Warum verhalten Sie sich in Situation X so?"

Der Motivtest gibt also Aufschluss über die verborgenen, unbewussten Auslöser unseres Verhaltens. Verhalten lässt sich beobachten, Motive nicht.

1.6.3 Vorteile der Motivanalyse

Die Motivanalyse hat zwei Vorteile. Erstens ermöglicht sie uns eine bewusste Entscheidung für einen Arbeitsplatz, dessen Anforderungen unseren Motiven entsprechen. Zweitens zeigt sie uns individuelle Entwicklungsfelder auf, die wir bearbeiten können, um unser Ziel zu erreichen – selbst wenn dies unseren Motiven eigentlich zuwiderläuft, wir aber keine freie Wahl haben.

1.6.4 Beispiele für erfolgreiche Karriereplanung mit Motiven

Zum Abschluss der Einführung in das Thema möchte ich Ihnen zwei Praxisbeispiele vorstellen. Die folgenden Personen wurden im Rahmen von Coachings betreut und konnten sich die Motivanalyse zunutze machen, um in einer beruflichen Krise deren Ursachen zu identifizieren und sie zu bewältigen.

1.6.4.1 Unternehmer

Ein Unternehmer entwarf und implementierte erfolgreich Gastronomiekonzepte. Er verfügte über eine ungewöhnliche Kombination von Kompetenzen: Analytisches Zahlenverständnis, Kreativität, eine gute Kenntnis der Gastronomieszene und ein solides Kontaktnetzwerk prädestinierten ihn für die Aufgabe. Wichtiger noch: Er hatte Visionen, und er überzeugte Investoren. Gegen alle Widerstände, die einem jungen Unternehmen mit geringem Eigenkapital begegnen, realisierte er Projekte, scheute dabei weder Einsatz noch Mühe und konnte so ein hohes Motivationsniveau aufrechterhalten.

Das galt zumindest bis zu dem Tag, an dem das Konzept realisiert war. Eigentlich war nun der Zeitpunkt gekommen, den Erfolg zu genießen. Doch das mochte dem Unternehmer nicht so recht gelingen. Die Anerkennung in der Branche, das Lob der Gäste, der wirtschaftliche Erfolg: All das bedeutete ihm wenig. Als es darum ging, das Objekt zu betreiben, die Früchte der geleisteten Pionierarbeit zu ernten, Prozesse zu standardisieren, Aufgaben zu delegieren und Mitarbeiter zu entwickeln, die in absehbarer Zeit das Tagesgeschäft bewältigen sollten, überkam ihn völlige Demotivation. Auf dem Gipfel des Erfolgs stellte er alles in Frage.

Das Gefühl des Ausgebranntseins, der Leere und Nutzlosigkeit verstärkte sich immer mehr. Die alltäglichen Anliegen der Mitarbeiter langweilten den Unternehmer, ihre Unzulänglichkeiten brachten ihn auf die Palme. Er war ungeduldig, aufbrausend und vergraulte so einen nach dem anderen. Die hohe Personalfluktuation sah er als Bestätigung dafür, dass es keine fähigen Leute gab und er folglich alle anfallenden Arbeiten selbst übernehmen müsse. Er rannte wie in einem Hamsterrad.

Er empfand es als persönliches Versagen, dass es ihm nicht gelang, das zunächst so umjubelte Erfolgsprojekt mit Leben zu füllen. Er besuchte Schulungen zum Thema Führung, die ihm bei manchen Problemen auch weiterhalfen. Aber das Motivationsgefühl der Aufbauphase stellte sich nicht mehr ein.

Im Coaching wurde klar, wo das Problem lag. Das stark ausgeprägte Leistungsmotiv des Unternehmers hinderte ihn daran, sich lange am Erreichten zu freuen und sich im Alltagsgeschäft motiviert und leistungsfähig zu fühlen. Von ihm zu erwarten, sich mit der neuen Situation anzufreunden, war, als hätte man von Jeff Bezos verlangt, nach der Markteinführung von Amazon die Hände in den Schoß zu legen und in seiner Freizeit Golf zu spielen, anstatt sich um die ständige Verbesserung und Optimierung seiner Angebote zu kümmern und nebenbei die Entwicklung seines eigenen Raumschiffs voranzutreiben.

Heute hat der Unternehmer erkannt, unter welchen Anforderungen er motiviert ist und zur Hochform aufläuft. Er hat verstanden, dass er nicht versagt hat, sondern dass er auf seine Motive hören muss. Als Konsequenz richtet er sein Arbeitsumfeld nach seinem hohen Leistungsmotiv aus. Den Betrieb der Objekte überlässt er einem Geschäftsführer. Er selbst konzentriert sich darauf, neue Ideen zu entwickeln und weitere Vorhaben anzustoßen. Damit ist er erfolgreicher und zufriedener denn je.

Wenn Sie sich mit den Biographien erfolgreicher Persönlichkeiten beschäftigen, wird Ihnen dieses Phänomen häufig begegnen. Auch Utz Claasen scheint das erkannt zu haben. Motiviert und erfolgreich in der Rolle des Change Managers und Sanierers brillierte er bei mehreren Unternehmen (unter anderem bei EnBW). Die Geschäftsführung in der Konsolidierungsphase aber überlässt er anderen. Sein Leistungsmotiv treibt ihn dazu an, in Ausnahmesituationen, die anderen den Angstschweiß auf die Stirn treiben, zur Bestform aufzulaufen.

So wird auch verständlich, warum viele große Unternehmer mehrere Firmen gründen und immer wieder neue Herausforderungen suchen (und finden).

1.6.4.2   Geschäftsführer innerhalb eines Konzerns

Ein Klient suchte mich auf, weil er an körperlichen Erschöpfungssymptomen litt, sich leer, wert- und antriebslos fühlte und in seiner Tätigkeit keinen Sinn mehr sah. Symptome, die auf einen klassischen Fall von Burnout oder gar auf eine behandlungsbedürftige klinische Depression hindeuteten?

Wir begannen, seiner Situation auf den Grund zu gehen. Die Arbeitsbelastung konnte als Grund der Beschwerden schnell eliminiert werden, denn sie war trotz der hohen Verantwortung seiner Geschäftsführerposition überschaubar. Von außen betrachtet hatte der Coachee scheinbar alles: Er leitete ein Unternehmen der weit verzweigten Konzernstruktur seiner Ehefrau. Er besaß Wohlstand, Ansehen, Prestige, genügend Freizeit, ein intaktes Familienleben. Auf den ersten Blick schien kein Auslöser für seine plötzliche Sinnkrise erkennbar.

Im Verlauf des Coachings stellte sich heraus, dass der jetzige Geschäftsführer vor seiner Ehe beachtliche Erfolge im Versicherungsbereich erzielt und diese auf dem Höhepunkt seiner ersten Karriere zugunsten seiner Unabhängigkeit aufgegeben hatte. Man wollte ihn in eine klassische Laufbahn innerhalb typischer Konzernstrukturen pressen – eine Vorstellung, die ihn so sehr abschreckte, dass auch die Aussicht auf eine mit einem höheren Einkommen und mehr Einfluss verbundene Position ihn nicht davon abhalten konnte, alles Erreichte aufzugeben. Diese Tatsache lieferte einen ersten Hinweis auf ein starkes Autonomiemotiv, das sich im Verlauf des Coachings mehr und mehr herauskristallisierte.

Autonomiemotivierte Menschen leiden unter der Tatsache, von anderen abhängig zu sein. Der Coachee hatte dieses Gefühl permanent. Die Geschäftsführung unter seiner Frau empfand er als demütigend, auch wenn sie ihn frei agieren ließ und sich in seinen Bereich nicht einmischte. Allein das Gefühl, dass sie es könnte, blockierte ihn. In seinem Fall bestand die Lösung darin, sich etwas Eigenes aufzubauen. Er gründete eine Vermögensverwaltung, in die er sowohl seine Fachkompetenz als auch zahlreiche Kontakte aus seinem privaten Umfeld einbringen konnte.

Verhaltens- und Motivationslehre als Grundlage für aHead

2

Zusammenfassung

Das folgende Kapitel bietet einen Überblick über die wichtigsten Meilensteine und Entwicklungsstadien der Verhaltens- und Motivationslehre. Ausgehend von der Tiefenpsychologie Sigmund Freuds über den als Kritik an ihr zu verstehenden Behaviorismus, den Kognitivismus und die humanistische Psychologie bis hin zur Motivationslehre Henry Murrays (1893–1988) und David McClellands (1917–1998) erhalten Sie so eine Einführung in die komplexen Themen Verhalten und Motivation. Der Ansatz McClellands kommt heute in Karriereberatungen, Coachings und Managementtrainings zum Einsatz. Auf dieser Basis entstand auch das Potenzialanalysetool aHead, das am Ende des Kapitels vorgestellt und erläutert wird.

2.1 Überblick über die Entwicklung von Verhaltens- und Motivationspsychologie

Menschliches Verhalten ist komplex und nicht mit vereinfachenden Ansätzen zu erklären. Es wird von unterschiedlichen Faktoren gesteuert, weswegen es kaum verwundert, dass es innerhalb von Biologie, Psychologie und Verhaltensforschung auch verschiedene Versuche gibt, Verhalten zu erklären. Innere Faktoren (wie z. B. genetische Dispositionen) spielen dabei ebenso eine Rolle wie Einflüsse der äußeren Umwelt. Der Versuch, menschliches Verhalten und seine Auslöser zu verstehen, hat Generationen von Forschern beschäftigt und tut es noch immer.

Die Tatsache, dass Individuen in ein und derselben Situation unterschiedliche Verhaltensmuster an den Tag legen, deutet darauf hin, dass es starke, von der Umwelt unabhängige Faktoren geben muss, die diesen zugrunde liegen. Erinnern Sie sich an das Eisberg-Modell aus Kap. 1. Aus dieser Überlegung entstanden Motivationstheorien, die dem Geheimnis dieser intrinsischen Kräfte auf die Spur zu kommen versuchten.

B. Haag, *Authentische Karriereplanung*,
DOI 10.1007/978-3-658-02513-7_2, © Springer Fachmedien Wiesbaden 2013

Der wissenschaftliche Diskurs über Motivlagen begann – abgesehen von philosophischen Erklärungsversuchen aus der Antike, wie sie z. B. Epikur (341 v. Chr.–270 v. Chr.) unternommen hat –erst im 20. Jahrhundert und war zunächst stark biologistisch geprägt. Man versuchte, Verhalten ausschließlich auf der Basis angeborener Instinkte zu begründen. Dabei wurde zwischen immer mehr Instinkten unterschieden, sodass irgendwann praktisch jedem Verhaltensmuster ein eigener Instinkt zugeordnet war. Damit hatte der Ansatz sich selbst ad absurdum geführt und besaß keinen Erklärungswert mehr. Neue Impulse brachte erst die Psychoanalyse bzw. die Kritik an ihr.

2.1.1 Psychoanalyse: Sigmund Freud (1856–1939)

Freuds Tiefenpsychologie geht davon aus, dass Verhalten von drei Instanzen der menschlichen Psyche gesteuert wird: Es, ich und Über-ich bestimmen das menschliche Handeln. Dabei steht das Es für menschliche Triebimpulse und das Über-ich für moralische Werthaltungen, während das Ich zwischen diesen beiden Polen und den Anforderungen von außen vermitteln soll.

Die große Leistung von Freuds Konzept bestand zweifellos darin, dass seine Pionierarbeit das Tabu-Thema „Triebe" salonfähig machte und dass er den Mut bewies, in neuen Bahnen zu denken, ohne sich von der Reaktion der Gesellschaft beirren zu lassen. Sein Ansatz bedeutet allerdings auch, dass der Mensch seinem Unterbewusstsein quasi hilflos ausgeliefert ist und nur mit Hilfe des analysierenden Therapeuten in zahllosen Sitzungen seinen grundlegenden Komplexen auf die Spur kommen kann. Als Therapiemethode existieren tiefenpsychologische Ansätze nach wie vor parallel zur kognitiven Verhaltenstherapie, in der Beratungspraxis spielen sie jedoch kaum eine Rolle.

Gleiches gilt für die Triebtheorie, die als motivationspsychologischer Ansatz keinen praktischen Nutzen besitzt. Motivation ist bei Freud ebenfalls im Unterbewussten verortet. Die Motive (Antriebskräfte) unseres Verhaltens sind weitgehend triebhaften Ursprungs, wobei die Triebe biologische Ursachen haben und das Verhalten weniger aus einem zugrunde liegenden Trieb als aus Konflikten zwischen unserer Triebstruktur und äußeren Vorgaben resultiert. Mit diesem Modell lassen sich Verhaltensmuster allenfalls retrospektiv erklären, indem während der Analyse unterbewusste Antreiber zutage gefördert werden. Für die Prognose von Verhaltensweisen, wie sie gerade in der Praxis der Karriereberatung und des Coachings häufig angestrebt wird, ist es nicht geeignet und kommt deshalb in der modernen Motivationslehre auch nicht zum Tragen. Wichtiger für heute noch genutzte Ansätze ist der sogenannte Behaviorismus, der einen ausdrücklichen Gegenentwurf zu Freud darstellt.

2.1.2   Der Behaviorismus: Iwan Pawlow, John Watson, Frederic Skinner, Clark Hull

Im Jahr 1913 veröffentlichte der Psychologe John B. Watson (1878–1958) den Artikel „Psychologie aus Sicht des Behavioristen". Watson ging mit der Psychoanalyse des eigenen Erlebens und Verhaltens scharf ins Gericht. Seine Vision: Die Psychologie sollte sich als reine Naturwissenschaft neu erfinden und von nun an streng „objektiv", also ausschließlich empirisch und beschreibend, arbeiten.

Watsons Reiz-Reaktions-Modell baute auf dem berühmten Pawlowschen Experiment auf. Iwan Petrowitsch Pawlow (1849–1936) hatte beobachtet, dass Hunden im Zwinger bereits das Wasser im Mund zusammenläuft, wenn sie die Schritte des Besitzers hören, auch wenn noch nichts darauf hindeutet, dass dieser sie gleich füttern wird. Er vermutete, dass diese Verbindung zwischen Reiz (Schritt) und Reaktion (Speichelfluss) entstanden war, weil dem Schrittgeräusch regelmäßig die Fütterung folgte. Diese Vermutung belegte er in einem Versuch, für den er den Nobelpreis erhielt. Pawlow bezeichnete das Phänomen als „Konditionierung". Dieses Modell übertrug Watson nun auf den Menschen und war überzeugt, damit erstmals eine objektive Methode in die Psychologie eingeführt zu haben. Kritiker warfen ihm dagegen vor, den Menschen auf ein primitives Wesen zu reduzieren, das der Sklave seiner eigenen, unwillkürlichen Reaktionen war.

In der modernen Verhaltenslehre akzeptierter ist der von Burrhus Frederic Skinner (1904–1990) gewählte Ansatz. Zwar strebte auch Skinner die Erneuerung der Psychologie als exakte Wissenschaft an. Sein sogenannter „radikaler Behaviorismus" lehnte das Vorhandensein innerpsychischer Prozesse und deren möglichen Einfluss auf das menschliche Verhalten nicht in Bausch und Bogen ab. Er bestritt aber, dass solche Prozesse objektiv beschrieben werden könnten. Damit waren sie für wissenschaftliche Untersuchungen nicht zugänglich. Skinner erkannte jedoch an, dass die menschliche Psyche eine Rolle bei der Entwicklung, Erhaltung und Verstärkung von Verhaltensmustern spielte.

Skinners radikalem Behaviorismus kommt das Verdienst zu, dass er das Individuum nicht als willenloses, Reflexen unterworfenes Wesen verstand, sondern ihm die Fähigkeit zuerkannte, auch seinerseits seine Umwelt zu verändern. Verhalten war damit keine passive und unwillkürliche Reaktion mehr. Auch die Auswirkungen von Emotionen bezog Skinner in seine Überlegungen mit ein.

Die systemische Verhaltenstheorie Clark L. Hulls (1884–1952) verhalf dem behavioristischen Ansatz zu neuer Popularität, nachdem er durch die negativen Reaktionen auf Watson zunächst diskreditiert war. Hull bezog einen vermuteten allgemeinen Antrieb des Menschen in seine Betrachtungen mit ein und näherte sich auf diese Weise erstmals dem Thema „Motive". Seine Annahmen bilden die Grundlage für noch heute anerkannte und in der Praxis der Verhaltenstherapie eingesetzte Methoden, wie zum Beispiel Bio- und Neurofeedback oder Autogenes Training.

Auch weitere Erkenntnisse der behavioristischen Lehre fließen zum Teil heute noch in verhaltenstherapeutische Konzepte ein. Insbesondere die Ergebnisse Skinners und Hulls beeinflussten auch die Entwicklung der Motivationstheorie, auf deren Basis aHead entwickelt wurde.

2.1.3   Der Kognitivismus: von Noam Chomsky zu Victor Vroom

Der wissenschaftliche Niedergang des Behaviorismus in den sechziger Jahren war trotz dieser Weiterentwicklungen nicht mehr aufzuhalten. Aus der Gegenbewegung der vergleichenden Verhaltensforschung abgeleitete Theorien und die sogenannte kognitive Wende lösten die behavioristische Lehre im akademischen Diskurs weitgehend ab.

Als Auslöser der kognitiven Wende und damit als Stunde Null des Kognitivismus gilt eine 1959 veröffentlichte Besprechung von Skinners Werk „Verbal Behavior". Sie stammte von dem Linguisten Noam Chomsky, der darin zum Rundumschlag gegen die Psychologen an sich ausholte. „Es ist durchaus möglich – um nicht zu sagen ausgesprochen wahrscheinlich – dass wir durch Romane allemal mehr über menschliches Leben und menschliche Persönlichkeit lernen können als durch wissenschaftliche Psychologie"[1], wetterte Chomsky, der in den folgenden Jahrzehnten zu einer Art intellektuellem Popstar wurde.

Auch wenn seine Behaviorismuskritik ihrerseits scharf angegriffen wurde, hatte sein Wort aufgrund seiner schon damals großen Popularität doch erhebliches Gewicht. Die kognitivistische Schule verdrängte den Behaviorismus zunehmend aus dem akademischen und gesellschaftlichen Diskurs. Der Kognitivismus bricht mit der Forderung, dass nur solche Vorgänge in die Verhaltenslehre einfließen können, die sich im Laborversuch nachweisen und entsprechend protokollieren lassen.

Ein kognitivistischer Ansatz der Motivationslehre sind sogenannte Leistungsdeterminantenkonzepte wie die verschiedenen Erwartungs-Valenz-Modelle. Sie integrieren neben Motiven und Motivation weitere Komponenten der optimalen Leistungserbringung und gehen davon aus, dass die Stärke einer Verhaltenstendenz von der individuellen Erwartungshöhe (Erwartungen) und der Valenz (Attraktivität) eines Sachverhalts für das Individuum abhängt. Besonders wichtig für die betriebswirtschaftliche Praxis ist die Aussage dieser Theorien, dass Motivation von der gekonnten Verknüpfung von betrieblichen mit individuellen Zielen abhängt. Eines dieser Modelle ist die sogenannte VIE-Theorie (Valenz, Instrumentalität, Erwartung) von Victor Harold Vroom, der optimale Motivation dann gegeben sieht, wenn drei Komponenten erfüllt sind: Persönlichen Bemühungen (Handlungen) müssen zu guten Arbeitsleistungen führen, gute Arbeitsleistungen müssen zu erwünschten persönlichen Zielen führen, und diese Ziele müssen als attraktiv empfunden werden, also eine hohe Valenz besitzen.

---

[1] Chomsky (2001, S. 159).

Abb. 2.1 Die Bedürfnispyra-
mide nach Abraham Maslow.
(Illustration: Kai Felmy)

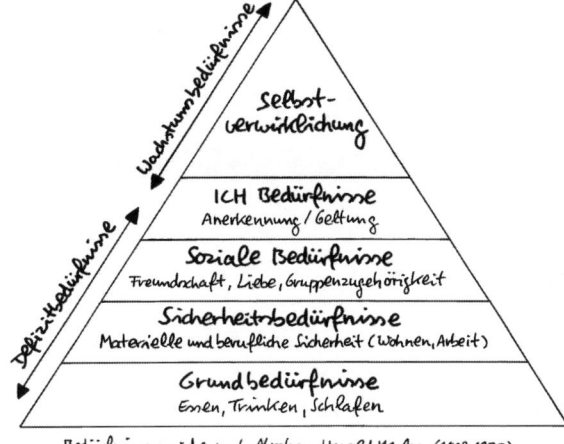

2.1.4   Humanistische Psychologie: die Bedürfnispyramide Abraham Maslows

In den fünfziger Jahren trat die humanistische Psychologie als dritter Ansatz an die Seite der Psychoanalyse und der Verhaltenspsychologie. Innerhalb dieses Ansatzes wurden „unerwünschte" Verhaltensmuster erstmals als Reaktion des Individuums auf Einflüsse begriffen, die es im Ausagieren seiner Motive behinderten. Abraham Maslow (1908–1970), der Begründer der humanistischen Psychologie, entwickelte die erste detaillierte Theorie der Motivation.

Auch Maslow vertrat die Auffassung, dass Motivation nicht objektiv zu beschreiben sei, hielt aber – anders als die Behavioristen – ihren subjektiven Aspekt nicht für uninteressant: „Noch ist kein objektiv feststellbarer Zustand gefunden worden, der mit diesen subjektiven Berichten halbwegs korreliert, d. h. noch hat man keine taugliche behavioristische Definition von Motivation gefunden. Zum Glück jedoch können wir den Menschen danach fragen, und es gibt keinen Grund, warum wir es nicht tun sollten, solange wir keine besseren Informationsquellen haben."[2]

Maslow erarbeitete ein abgestuftes Motivationsmodell, die sogenannte Bedürfnispyramide (siehe Abb. 2.1). Sie wird häufig kritisiert, weil es nicht möglich ist, aus ihr vorausschauend abzuleiten, was jemanden motivieren wird und weil sie, wie z. B. der Marketing-Spezialist Patrik Berend konstatiert, „stark an westeuropäischen und nordamerikanischen Normen und Werten der Verbraucher orientiert"[3] ist und „ein westlich sozialisiertes Statusdenken, verbunden mit stark ausgeprägten (sic!) Individualismus"[4] voraussetzt, womit sie nur auf bestimmte Gesellschaftsformen anwendbar ist. Dennoch ist sie Bestandteil

---

[2] Maslow (1973, S. 8).

[3] Berend (2012).

[4] Ebenda.

vieler kaufmännischer Lehrbücher und wird in der Betriebswirtschaftslehre weiterhin eingesetzt. Als übersichtliche und leicht verständliche Darstellung wird sie häufig herangezogen, um das Thema „Motive" zu illustrieren und einen einfachen Einstieg in die Motivlehre zu ermöglichen.

Maslow nimmt in diesem Modell eine Hierarchie unterschiedlich dominanter Motive an, die er in mehrere Defizitbedürfnisse und das sogenannte Wachstumsmotiv der Selbstverwirklichung unterteilt. Die körperlichen, existenziellen Bedürfnisse (Hunger, Durst etc.) sind dabei am Sockel der Pyramide zu finden. Auf den nächsten Stufen folgen das Bedürfnis nach Sicherheit, sozialem Umgang, Akzeptanz und Wertschätzung. Das Motiv Selbstverwirklichung bildet die Spitze der Pyramide.

Laut Maslow gibt es eine Bedeutungshierarchie der Motive. Wo Armut und Hunger herrschen, dominieren Existenzbedürfnisse. Sie steuern das Verhalten. Erst wenn das Defizit auf dieser Ebene gestillt ist, kommt die nächste Ebene ins Spiel – die Sicherheitsbedürfnisse. Man macht sich jetzt auf die Suche nach einem sicheren Unterschlupf, schützt den Körper vor Hitze und Kälte oder schließt – in unserer Zeit – eine Versicherung ab. Mit einem Dach über dem Kopf und einem gefüllten Magen treten soziale Aspekte in den Vordergrund. Man gründet eine Familie, schließt Freundschaften, schließt sich sozialen Gruppen an. Als Nächstes kommen die Ich-Bedürfnisse, der Drang nach Anerkennung und Geltung zum Tragen: Nun möchte man nicht nur Mitglied des Tennisvereins sein, sondern als Vorstand oder Kassenwart Prestige haben.

Alle genannten Motive sind von Individuum zu Individuum unterschiedlich stark ausgeprägt, und auch die Strategien, sie zu befriedigen, weichen stark voneinander ab: Der eine stillt sein Bedürfnis nach Anerkennung, indem er sich einen Porsche least, der andere, indem er Vorstand wird, der dritte, indem er den Mount Everest erklimmt. Bis auf das Bedürfnis nach Selbstverwirklichung handelt es sich bei allen Motiven um Defizitbedürfnisse. Das bedeutet, dass sie in dem Moment, in dem sie erfüllt werden, ihre Zugkraft verlieren. Auf einen Beamten, der in einem unkündbaren Arbeitsverhältnis steht, wirkt der Faktor „sicherer Arbeitsplatz" nicht mehr motivierend. Beim Motiv der Selbstverwirklichung handelt es sich dagegen um ein Wachstumsmotiv. Es tritt besonders ausgeprägt in der zweiten Lebenshälfte auf, oft dann, wenn man alles erreicht hat. So erklären sich auch die berühmten „Sinnkrisen" in der Lebensmitte.

Maslow gelang es, Motive nachvollziehbar zu machen. Mit Hilfe dieses Modells wird auch verständlich, warum ein Mitarbeiter, wenn seine grundlegenden Bedürfnisse erfüllt sind, eher durch Chancen zur Weiterentwicklung und interessantere Aufgaben an das Unternehmen gebunden werden kann als durch ein höheres Gehalt, die exzellente Betriebskantine und das nette Team. Maslows Theorie stellt in einen wissenschaftlichen Rahmen, was Friedrich Schiller literarisch so ausdrückte: „Der Mensch ist noch sehr wenig, wenn er warm wohnt und sich satt gegessen hat, aber er muss warm wohnen und satt zu essen haben, wenn sich die bessre Natur in ihm regen soll."[5]

---

[5] Schiller (2000, S. 149).

2.1.5   Henry Murray und David McClelland: Leistung, Gesellung, Macht

Henry Alexander Murrays Persönlichkeitstheorie von 1938 stellt den eigentlichen Beginn der Untersuchung von Leistungsmotiven dar und bildet die Grundlage für die 1961 von David McClelland vorgestellte Motivlehre[6]. Murray unterschied darin einige Jahre vor Maslow primäre und sekundäre Bedürfnisse. Die primären Bedürfnisse sind dabei angeborene, körperliche und wiederkehrende Reaktionen wie Hunger und Durst; zu den sekundären Bedürfnissen zählen Leistung, Zugehörigkeit und Unabhängigkeit, die im Zug der individuellen Entwicklung erworben werden.

Gemeinsam mit Christiana D. Morgan entwickelte Murray auch einen ersten Test zur Ermittlung von Motiven, den sogenannten TAT (Thematischer Apperzeptionstest), der später von David McClelland genutzt wurde, um Vorhandensein und Stärke eines Leistungsmotivs zu ermitteln. Morgan und Murray waren davon ausgegangen, dass Personen bei der Beschreibung komplexer oder kritischer sozialer Situationen ebenso viel über ihre eigene Persönlichkeitsstruktur aussagen würden wie über das Phänomen, das sie beschreiben.

McClelland kam zu dem Schluss, dass unser Verhalten in nahezu 98 % aller Fälle auf eine von drei Motivgruppen zurückzuführen ist:

1. dem Bedürfnis nach Leistung/Perfektion (Leistungsmotiv, engl. *Achievement*)
2. dem Bedürfnis nach harmonischen zwischenmenschlichen Beziehungen (Gesellungsmotiv, engl. *Affiliation*)
3. dem Bedürfnis nach Macht/Einflussnahme (Machtmotiv, engl. *Power*).

Auf der Basis von McClellands Picture-Story-Exercises setzen auch zeitgenössische Forscher soziale Bildgeschichten ein, aus deren Auswertung sie dann Motivstrukturen ableiten. Das betrifft meine eigene Arbeit mit Coachees und Seminarteilnehmern ebenso wie die Untersuchungen des Psychologen Dr. Joachim Siegbert Krug, der mit „Macht, Leistung, Freundschaft"[7] den ersten umfassenden Beitrag zum Thema Motive als Faktoren für beruflichen Erfolg vorgelegt hat.

2.2   Die aHead-Methode

In Anlehnung an Murrays TAT und McClellands Picture-Story-Exercises ließ ich in meiner Beratungspraxis Coachees und Seminarteilnehmer Geschichten zu vier Bildern aufschreiben. Dr. Joachim Siegbert Krug erstellte aus der Auswertung dieser Erzählungen ein Motivprofil der jeweiligen Testperson.

---

[6] McClelland (1961).

[7] Krug und Kuhl (2006).

Parallel dazu entwickelte ich einen Fragebogen und glich die Ergebnisse, die dieser lieferte, über einen Zeitraum von mehreren Jahren mit den Ergebnissen von Dr. Krug ab, der die Einteilung McClellands in die Motive Leistung, Gesellung und Macht in seine Arbeit übernommen hat.

Aus diesem Fragebogen resultierte das Testverfahren aHead. Es stellt das erste Multiple Choice-Verfahren zur zuverlässigen und schnellen Ermittlung von Motiven dar. Aufgrund des jahrelangen Vergleichs der aHead-Resultate mit den Ergebnissen, die das Bildgeschichte-Verfahren Herrn Dr. Krugs lieferte, ist die Validität und Zuverlässigkeit von aHead gewährleistet. Das Verfahren wurde zusätzlich in umfangreichen Studien überprüft: aHead-Testergebnisse wurden in Langzeitversuchen mit den Ergebnissen anderer thematischer Apperzeptionstests abgeglichen. Der Abgleich ergab stets eine außerordentlich hohe Übereinstimmung.

2.2.1 Was ist neu an aHead?

Für aHead wurden die Kategorien Murrays und McClellands weiter verfeinert. Bereits McClelland sprach von mehreren Facetten des Machtmotivs. Krug unterteilt es in „Macht, Leistung, Freundschaft" in vier Stadien: die anlehnende Macht M1, bei der es darauf ankommt, unter dem Schutz mächtiger Menschen zu stehen, die selbstbezogene Macht M2, die das Individuum nach größtmöglicher Autonomie streben lässt, die eigennützige Macht M3, die die wettbewerbsorientierte Phase der Macht darstellt, und die gemeinnützige Macht M4, deren Träger oft als visionäre Vordenker oder Ideengeber wahrgenommen werden.

Im Rahmen von aHead bilden M2–M4 eigenständige Motive, weswegen die Zahl der möglichen Motive auf insgesamt fünf anwächst. Das Stadium M1 spielt keine entscheidende Rolle für Karriereplanung und Führung. Deshalb habe ich es bei der Entwicklung von aHead weitgehend vernachlässigt. Während die Motive „Leistung" und „Gesellung" (unter der Bezeichnung „Freundschaftsmotiv") in meinen Ansatz übernommen wurden, habe ich das Motiv „Macht" also in „Autonomiemotiv", „Wettbewerbsmotiv" und „Visionsmotiv" unterteilt.

Das Autonomiemotiv steht für das Verlangen von Menschen, aus sich heraus so stark und mächtig sein zu wollen, dass die Abhängigkeit von anderen überwunden wird. Das Wettbewerbsmotiv lässt seine Träger ebenfalls nach Stärke, Einfluss und Macht streben. Dabei geht es ihnen aber darum, andere zu steuern, zu beeindrucken oder auch zu besiegen. Visionsmotivierte – wir werden im folgenden Kapitel mit Steve Jobs eine stark visionsmotivierte Persönlichkeit kennenlernen – wollen ebenfalls beeinflussen, jedoch ist der Wunsch, andere anzuleiten, bei ihnen von dem Streben geprägt, einer Vision zum Durchbruch zu verhelfen.

2.2.2 Warum wird aHead gebraucht?

Bittet man Menschen um eine Selbsteinschätzung ihrer Motivstruktur, fällt auf, dass sie sich selbst ein viel zu geringes Wettbewerbsmotiv zuschreiben. Selbst wenn Menschen im Innersten wissen, dass sie eigentlich gern die erste Geige spielen und den Ton angeben wollen, geben sie das gegenüber Fremden nur selten freimütig zu. Das hat viel mit der gesellschaftlichen Akzeptanz von Machtstreben zu tun. Das Wettbewerbsmotiv hat in dieser Hinsicht einen schweren Stand. Im beruflichen Zusammenhang ist es verpönt, unseren Triumph zu zeigen, wenn wir einen Mitbewerber aus dem Feld schlagen. Eine Ausnahme stellt nur der Sport dar: Auf dem Tennis- oder Fußballplatz darf das Wettbewerbsmotiv ausgelebt werden. Hier dürfen wir laut jubeln, wenn wir gewinnen. Tun wir das hingegen im beruflichen Umfeld, ernten wir Kritik. Man denke an Josef Ackermanns Victory-Zeichen. Freundschafts- und Visionsmotiv werden in der Selbsteinschätzung eher zu hoch gewichtet.

Unser Wunschbild von uns selbst steht einer objektiven Einschätzung oft im Weg (vgl. Kap. 1.4.1). Zur Motivvermittlung werden deshalb Testverfahren benötigt. Die präsentierten Bildgeschichte-Verfahren haben sich prinzipiell als geeignet erwiesen, doch Durchführung und Auswertung sind im Vergleich langwierig und umständlich. Die Akzeptanz bei den Teilnehmern ist auch eher gering, weil sie der Interpretation misstrauen.

aHead gibt Aufschluss darüber, ob die Motive zur Aufgabenstellung passen und somit eine realistische Aussicht besteht, Stärken einsetzen zu können und langfristig motiviert zu sein. aHead schließt somit die Lücke zwischen herkömmlichen, der Realität nicht standhaltenden Testverfahren auf der einen und aufwendigen Bildverfahren auf der anderen Seite. Der Test kann mit geringem Zeitaufwand in Eigenregie durchgeführt werden, die Auswertung verbleibt in professionellen Händen und ermöglicht so einen objektiven Blick auf die Motivstruktur.

2.2.3 Wie funktioniert der Test?

Auf Anfrage erhalten Sie einen persönlichen Zugangscode, mit dem Sie den Test online absolvieren können. Er besteht aus einem Fragebogen mit insgesamt 24 Verhaltensbeschreibungen, wobei es für jede Verhaltensbeschreibung insgesamt fünf Optionen gibt, von denen nur eine einzige ausgewählt werden soll. Die Testdurchführung nimmt ca. 20–30 min in Anspruch und sollte möglichst ohne Unterbrechung und störungsfrei erfolgen. Eine Testfrage kann zum Beispiel lauten:

„Um mich ganz einzubringen,

a. brauche ich das Gefühl, mein eigener Herr zu sein.
b. muss ich für mich überzeugt sein, dass die Aufgabe lösbar ist.
c. brauche ich klare Regeln.
d. brauche ich ein gutes Arbeitsklima.
e. brauche ich den Vergleich mit anderen."

Für die Auswertung Ihrer Testergebnisse berechnen wir einen Unkostenbeitrag von fünf Euro, der ohne Abzug dem Sozialprojekt „Lichtblick Hasenbergl" in München zugute kommt. In dessen Rahmen können benachteiligte Kinder und Jugendliche grundlegende schulische, soziale und lebenspraktische Fähigkeiten erwerben. So stellen Sie nicht nur die Weichen für Ihre eigene berufliche Zukunft neu, sondern unterstützen auch junge Menschen bei der Entwicklung ihrer Stärken und Kompetenzen.

2.2.4 Wo wird aHead eingesetzt?

aHead liegt bislang in den vier Varianten Future, Professional, Business und Career vor, wobei letztere die in diesem Buch vorgestellte Version ist, die sich an Menschen richtet, die ihre berufliche Laufbahn und ihre Karrierechancen aktiv beeinflussen wollen. aHead Career bietet konkrete Tipps und Orientierungshilfen für die berufliche Laufbahn und ermöglicht Ihnen, Ihre Stärken zu erkennen, Motivationslücken zu verstehen und Entwicklungspotenziale richtig einzuschätzen.

aHead Future und aHead Professional werden von Personalbeauftragten und -abteilungen sowie von HR-Verantwortlichen eingesetzt, um Aussagen zu Eignung oder passenden Qualifizierungsmaßnahmen zu treffen. aHead Business richtet sich an Führungskräfte, denen die Aufgabe der Mitarbeitermotivation am Herzen liegt und die auf Basis der Motivationsprofile ihrer Mitarbeiter maßgeschneiderte Entwicklungspläne erstellen wollen.

2.2.5 Was machen Sie mit dem Ergebnis?

aHead trifft eine klare Aussage zu Ihrer Motivstruktur. Das Ergebnis zeigt Ihnen, was Sie antreibt und unter welchen Bedingungen Sie erfolgreich sind. Sie erfahren detailliert, welche Stärken Sie auszeichnen und welche Entwicklungspotenziale Sie nutzen können. So können Sie im Abgleich mit den in Kap. 11 vorgestellten Jobprofilen oder Ihrem eigenen Jobprofil – siehe dazu Kap. 3– entscheiden, welche Aufgaben für Sie ideal sind, in welches Arbeitsumfeld Sie passen und welche Entwicklungsmaßnahmen Sie weiterbringen.

Karriereplanung mit Motiven

3

Zusammenfassung

Steve Jobs (1955–2011), der Apple zum Weltmarktführer für Produkte des digitalen Lifestyle machte, und Jeff Bezos, dem dasselbe im Bereich e-commerce mit Amazon gelang, sind unterschiedliche Motivtypen – doch beide konnten unglaubliche Erfolge erzielen. Es gibt keine Rangordnung der Motive, keine „besseren" oder „schlechteren" Antreiber. Entscheidend für Erfolg und Zufriedenheit ist, dass wir eine hohe Identifikation mit dem erleben, was wir tun. Das ist regelmäßig nur dann gegeben, wenn Motivations- und Anforderungsprofil so gut wie möglich zueinander passen. In diesem Kapitel stellen wir Ihnen Jobs und Bezos als visions- bzw. leistungsmotivierte Menschen vor und zeigen auf, wie wichtig die Kenntnis von Motiven ist, um auch langfristig erfolgreich und mit Leidenschaft bei der Sache zu sein. Sie erfahren, wie Sie Ihr Jobprofil erstellen und mit Ihrem Motivationsprofil abgleichen können. Zusätzlich zeigen wir auf, was zu tun ist, wenn Motivations- und Anforderungsprofil voneinander abweichen.

3.1 Es gibt keine „guten" oder „schlechten" Motive: ein Plädoyer für eine differenziertere Sichtweise des Machtmotivs

Macht und Wettbewerb haben zumindest in der europäischen Kultur einen zweifelhaften Ruf. Die meisten Menschen haben verinnerlicht, dass es vom Ausüben der Macht zum Machtmissbrauch nur ein kleiner Schritt ist. Wirtschaftliche Macht kann zu miserablen Arbeitsbedingungen, zur Vernichtung von Arbeitsplätzen und zur Unterdrückung von Wettbewerb führen, der Missbrauch politischer Macht hat immer wieder Unfrieden und Krieg bis hin zum Genozid hervorgebracht.

Es ist diese negative Konnotation, es ist diese „dunkle Seite der Macht", um einen Begriff aus der Populärkultur zu bemühen, die viele Menschen zurückschrecken lässt, wenn sie selbst nach ihrem Machtmotiv befragt werden. Bittet man Menschen um eine Selbsteinschätzung bezüglich der Motive Leistung, Macht und Freundschaft, so fällt auf, dass

B. Haag, *Authentische Karriereplanung,*
DOI 10.1007/978-3-658-02513-7_3, © Springer Fachmedien Wiesbaden 2013

kaum jemand sich zu seinem Machtmotiv bekennen mag. Angesichts der kulturellen und gesellschaftlichen Rahmenbedingungen ist es auch verständlich, dass die Mitglieder einer anerkannten „Leistungsgesellschaft", die Erfolg und Glück für Leistung und Einsatz in Aussicht stellt, viel lieber das Leistungsmotiv in sich tragen möchten. Wer wünscht sich nicht, unermüdlich, ehrgeizig, kompetent und engagiert zu sein und sich seine Erfolge durch Fleiß und Ambition verdient zu haben? Wenig verwunderlich ist auch die Tatsache, dass viele Menschen sich bezüglich des Freundschaftsmotivs höher einstufen. Der Wunsch nach Harmonie und Ausgleich ist gesellschaftlich hoch anerkannt.

Die positiven Implikationen der Macht werden dabei häufig übersehen. Machtmotivierte möchten Einfluss auf andere ausüben – der Autonomiemotivierte bildet hier unter den Machtmotivierten eine Ausnahme, er will sich selbst beherrschen. Aber die beiden anderen Typen des Machtmotivs – Vision und Wettbewerb – verspüren den Drang, den Ton anzugeben, andere zu führen, zu steuern, Einfluss auszuüben. Sie sind diejenigen, die in der Gruppe die Führung übernehmen, die Regeln vorgeben und auf deren Einhaltung achten. Abtrünnige sanktionieren sie. Als Teamführer agieren sie in erster Reihe und fallen durch ihr Selbstbewusstsein auf. Sie übernehmen aber auch Verantwortung, halten den Kopf hin, wenn etwas schief geht, und treffen Entscheidungen ohne zu zögern. Sie trotzen Widerständen, motivieren ihre Anhänger, zeigen Grenzen auf, schlagen den Konkurrenten und kämpfen für ihr Anliegen. Ohne sie wäre Fortschritt kaum möglich – denn sie verstehen es, Kräfte unter ihrer Obhut zu bündeln.

3.1.1   Macht vs. Leistung im direkten Vergleich

Ersetzt man den Begriff „Macht" durch den Ausdruck „Einfluss", schlägt die anfängliche Ablehnung der Machtmotive häufig sogar ins Gegenteil um: Ist es nicht sogar gänzlich unmöglich, eine Führungsposition ohne Wettbewerbsmotiv zu erreichen? Die Antwort ist ein klares „Nein". Doch was eine gute Führungskraft ausmacht, lässt sich nicht mit einem Satz beantworten. Zu viele zusätzliche Aspekte spielen eine Rolle bei der Entscheidung, wer für eine Führungsaufgabe prädestiniert ist. Klar ist aber, dass der Machtmotivierte grundsätzlich davon beseelt ist, Menschen zu führen.

Mit den Beispielen Jobs vs. Bezos soll aufgezeigt werden, dass unterschiedliche Motivstrukturen zum Erfolg als Manager führen können. In den Kapiteln zu den Motiven werden Sie zudem weitere Persönlichkeiten kennenlernen, die unabhängig von ihrem Motivationsprofil viel erreicht haben und mit Feuereifer bei der jeweiligen Sache waren. Allen gemeinsam aber ist die Tatsache, dass sie ihre Motive in ihren Tätigkeiten ausleben konnten.

3.1.2   Steve Jobs

„Wenn es eine amerikanische Geheimwaffe gibt, dann ist es die Garage"[1], schrieb die ZEIT unter Berufung auf die US-Zeitschrift Fortune einmal. Viele wirtschaftliche Er-

---

[1] Borchers (2000).

folgsgeschichten begannen unter bescheidensten Voraussetzungen: mit einer Idee, einem prägenden Charakter dahinter und eben der obligatorischen Einfamilienhaus-Garage als Keimzelle künftiger Weltimperien.

Auch der Siegeszug des erfolgreichsten IT-Unternehmens der Welt begann in einer Garage in Los Altos, Kalifornien. Steve Wozniak hatte einen Computer gebaut, der in einem selbst gebauten Holzgehäuse steckte, und sein Freund Steve Jobs hielt das Produkt für verkaufstauglich. Gemeinsam mit Ronald Wayne gründeten sie die Apple Computer Company. Der Rest ist eine moderne Legende.

Heute ist Apple mit einer Marktkapitalisierung von 633 Mrd. Dollar das wertvollste Unternehmen weltweit. Das ist nicht zuletzt das Verdienst von Steve Jobs. Er hatte Apple zwar 1985 nach einem internen Zerwürfnis verlassen und mit NeXT und Pixar zwei weitere erfolgreiche Firmen an den Start gebracht. 1996 kehrte er jedoch an die Konzernspitze zurück.

Zu diesem Zeitpunkt befand sich das Unternehmen in einer schweren Krise. Erst unter Steve Jobs gelang der Turnaround. Seine Strategie, voll und ganz auf den aufkommenden „Digital Lifestyle" zu setzen, erwies sich als richtig. Apple-Gadgets wie iPod, iPhone oder iPad wurden schnell zu beliebten Begleitern im Alltag und zu Must-Haves für Trendbewusste.

Das lag nicht zuletzt auch an Apples Marketingstrategien. Wenige Technikprodukte haben je ähnlich starke Emotionen ausgelöst wie die optisch ansprechenden, Design und High-Tech perfekt miteinander verbindenden Geräte. Entscheidend für den Erfolg des Unternehmens war und blieb aber der visionäre, inspirierende Geist des Gründers, Vordenkers und Ideengebers. Konkurrenten wie Erzrivale Microsoft hinkten bei all diesen Produkten immer einen Schritt hinterher und konnten oft lediglich nachlegen, wenn Jobs wieder einmal einen neuen Markt erschloss. Seinen Wettbewerbern brach der Angstschweiß aus, wenn der Apple-Chef bei Produktpräsentationen beiläufig erklärte, er habe da noch „one more thing" auf Lager, um dann eine Innovation zu präsentieren, die Erdbebenwellen durch die Branche schickte.

Jobs' Nachfolger in der Position des CEO, Tim Cook, gilt als pragmatischer, nüchterner und weniger charismatisch als der 2011 verstorbene Apple-Gründer. Jobs wird häufig als „großer Visionär"[2] beschrieben, den vor allem seine überragende Fähigkeit, in neuen Bahnen zu denken, zu einem großartigen Unternehmer gemacht habe. Zu dieser Einschätzung passt die unbestreitbare Genialität, mit der er den „Digital Lifestyle" zu einem Zeitpunkt antizipierte, als ein eigener Internetanschluss für die meisten Haushalte noch in unerreichbarer Ferne lag. Dass sich in Jobs' Persönlichkeit Wettbewerbs- und Visionsmotiv vermischten, er also ein ausgesprochen Machtgetriebener war, zeigt nicht zuletzt auch der Ablauf seines berühmten Konfliktes mit dem früheren Pepsi-Manager John Sculley, der schließlich zu Jobs' Rückzug im Jahr 1985 führte.

Dabei schien dem jungen Jobs mit der Anwerbung des erfahrenen Managers im Jahr 1983 zunächst der ganz große Coup gelungen zu sein. Sculley brachte alles mit, was den jungen und kreativen, aber auch reichlich chaotischen Gründern in Cupertino fehlte. Ihn

---

[2] Finsterbusch (2011).

zeichneten Erfahrung, Abgeklärtheit, Führungsstärke und Wettbewerbsdenken aus. Immerhin hatte er an der Spitze von Pepsi den übermächtigen Konkurrenten Coca-Cola herausgefordert. Zudem galt er als talentierter Marketingstratege. Im Vergleich mit ihm war Steve Jobs der junge Wilde, das visionäre Genie, dem man zwar die Unternehmensführung noch nicht recht zutraute, – der Verwaltungsrat hatte sich ausdrücklich gegen ihn als CEO ausgesprochen – der aber mit Leidenschaft zu überzeugen wusste.

Sculley ließ sich mitreißen und nahm die Herausforderung an. Legendär sind die selbstbewussten Worte, mit denen Newcomer Jobs den alten Manager-Hasen überzeugte, für ein Start-up dem etablierten Giganten Pepsi den Rücken zu kehren: „Wollen Sie wirklich bis in alle Ewigkeit Zuckerwasser verkaufen, oder wollen Sie mit mir kommen und die Welt verändern?"[3] Dieser Satz ist ein guter Beleg dafür, wie sehr Jobs – typisch für einen Visionsmotivierten – davon überzeugt war, dass seine Ideen im Interesse der gesamten Menschheit seien.

Das kreative Genie und der toughe Manager schienen sich zunächst hervorragend zu ergänzen. Doch die Explosivität der Mischung zweier gegensätzlicher Charaktere mit unterschiedlichen Motiven machte sich bald bemerkbar. Erste Spannungen wurden zwar durch den wirtschaftlichen Erfolg kompensiert, doch als der Absatz des neuen Macintosh aufgrund technischer Schwächen ins Stocken geriet, traten die Widersprüche offen zutage.

Ebenfalls typisch für einen Visionsgetriebenen schien Jobs in dieser Phase vorübergehend die Bodenhaftung verloren zu haben. Denn dieses Mal hinkte sein Produkt dem Markt hinterher. Im Vergleich zu den marktführenden IBM-Rechnern war der Mac teuer und de facto „untermotorisiert": Der knappe Speicher, das Fehlen eines zweiten Diskettenlaufwerks und diverser Programme, die Konkurrenzprodukte bereits mitbrachten, ließen den Absatz massiv einbrechen.

Laut Sculleys Darstellung ignorierte Jobs die Probleme und die Warnungen sämtlicher Spezialisten. Eingenommen von sich und der Unfehlbarkeit seines visionären Planes war er keinerlei Ratschlägen zugänglich und ließ sich auch von ausgewiesenen Experten nichts sagen. Sculley bereute seine Entscheidung, Steve Jobs die Funktion des General Managers der Entwicklungsabteilung übertragen zu haben: „Ich hatte Steve mehr Macht gegeben, als er je zuvor besessen hatte, und ich hatte damit ein Monster geschaffen"[4], konstatierte er verbittert. Nachdem Apple 1985 den ersten Quartalsverlust seiner Unternehmensgeschichte hinnehmen musste, stellte Sculley den Vorstand vor die Wahl: er oder Jobs.

Die Mehrheit im Board wandte sich von Steve Jobs ab, der daraufhin von seiner Leitungsfunktion entbunden wurde und Apple wütend verließ. Noch Jahre später erklärte er, Sculley habe „alles zerstört, wofür ich zehn Jahre lang gearbeitet hatte."[5] Jobs' Neigung zu dramatischen Übertreibungen ist legendär und charakteristisch für den Macht- und Wettbewerbsmenschen. Um das Google-Betriebssystem Android zu zerstören, das er für ein Plagiat der iPhone-Technik hielt, äußerte er sich in diesem Sinne bereit, „das komplette

---

[3] Richmond (2011).

[4] Sculley (1988, S. 240. Eigene Übersetzung).

[5] Jobs (2012).

Applevermögen einzusetzen, um „einen thermonuklearen Krieg anzufangen"[6], ließ der Apple-Chef wissen.

Jobs' sei ein „geniale(r) Diktator(. . .)"[7] gewesen, heißt es immer wieder. Die Tatsache, dass sein Mitarbeiter Bud Tribble ihm die Fähigkeit zusprach, ein „reality distortion field"[8], ein der Science-Fiction-Literatur entlehntes „Realitätsverzerrungsfeld" zu erzeugen, legt nahe, dass er auch manipulativ war. Jobs' Mitarbeiter Andy Hertzfeld, führt näher aus, was Tribble meinte: „Das Realitätsverzerrungsfeld war eine verwirrende Mischung aus charismatischer Rethorik, einem unbezwingbaren Willen und einer Bereitschaft, jede Tatsache so zurechtzubiegen, dass es dem jeweiligen Zweck dienlich war."[9]

Anhand von Steve Jobs wird deutlich, dass das Visionsmotiv bei allen positiven Seiten ein Machtmotiv ist. Zudem verbanden sich in Jobs' Persönlichkeit Visions- und Wettbewerbsmotiv, was sich zum Beispiel daran zeigt, dass er es verstand, eigene fachliche Defizite gekonnt zu verschleiern, Schwächen von Konkurrenten auszunutzen und stets das Bild zu vermitteln, der Beste und Erfolgreichste zu sein. So warf er Bill Gates vor, dieser habe nie etwas selbst erfunden.[10] Das entspricht zwar den Tatsachen. Wahr ist allerdings auch, dass Steve Wozniak den Apple 1 im Alleingang entwickelte. Von Jobs ging lediglich die Initiative zu Vermarktung und Verkauf aus. Später lieferte er durchaus Ideen und Impulse für neue Technologien, die Umsetzung übernahmen jedoch – ungeachtet der Tatsache, dass Jobs in 342 US-Patenten als Erfinder oder Miterfinder eingetragen ist – andere. Wozniak beantwortete im September 2012, bezeichnenderweise erst knapp ein Jahr nach Jobs' Tod, die Frage nach dessen technischer Expertise und seinen Fähigkeiten als Programmierer: „Steve hat nie programmiert. Er war kein Ingenieur, und keiner der Originalentwürfe ist von ihm, (. . .)."[11] Daniel Kottke, ein College-Freund von Jobs, der in den Anfangszeiten für Apple arbeitete, äußert sich ähnlich: „Woz(niak) war der Innovator, der Erfinder. Steve Jobs war der Marketing-Experte."[12] Dennoch wurde und wird Jobs von vielen als großer Erfinder wahrgenommen. Auch innerhalb des Unternehmens halten viele den frühen Tod des charismatischen Visionärs für eine Katastrophe, von der es sich nicht erholen werde. Es bleibt abzuwarten, wie Apple ohne seinen Ideengeber langfristig bestehen kann.

Jobs' Visionsmotiv offenbarte fast exemplarisch alle Stärken und Schwächen dieses Typs. Er war inspirierend, charmant, konnte mitreißen und begeistern, die richtigen Helfer hinter sich scharen und motivieren. Ebenso konnte er bewegen und große Emotionen auslösen, was er in seiner berühmt gewordenen Stanford-Rede aus dem Jahr 2005 eindrucksvoll unter Beweis stellte, als er den Absolventen zurief, die einzige Art, gute Arbeit

---

[6] Isaacson (2011, S. 600).

[7] Kuhn (2011).

[8] Hertzfeld (2013).

[9] Ebenda, eigene Übersetzung.

[10] Isaacson (2011, S. 207).

[11] Wozniak (2012).

[12] Solomon (2012).

zu machen, sei zu finden, was man liebe.[13] Das bedeutet nichts anderes, als dass nur der erfolgreich sein kann, der für seine Aufgabe brennt.

Glaubt man Jobs' Mitarbeitern, traten jedoch immer wieder auch die Schattenseiten des Visionsmotivs in Form von völliger Ignoranz gegenüber offensichtlichen Sachproblemen und missionarischem Eifer zutage. „Jeder war an irgendeinem Punkt von Steve Jobs terrorisiert worden. So waren manche erleichtert, dass der Terrorist weg war. Andererseits hatten ein und dieselben Leute aber auch einen ungeheuren Respekt vor ihm. Wir fürchteten alle, was mit der Firma ohne den Visionär, ohne den Gründer, ohne das Charisma passieren würde"[14], sagte einer seiner Mitarbeiter über seinen Weggang 1985. Jobs, Visionär in Reinform, begeisterte seine Anhänger und verärgerte Kritiker und Andersdenkende durch seine unbeirrbare Überzeugung, es besser zu wissen.

Wie viele Menschen dieses Motivationstyps war er ernsthaft davon überzeugt, die Menschheit voranzubringen. Wer ihn dabei unterstützte, durfte sich als Teil dieses Unterfangens fühlen und sich in seinem Glanz sonnen. Wer anderer Ansicht war, bekam ein Problem. Doch selbst Sculley bezeichnete Jobs kurz vor dessen frühem Tod im Oktober 2011 trotz der nie beigelegten Differenzen in einem Interview noch als die beste Führungskraft, die ein Unternehmen zu seinen Lebzeiten je gehabt habe und bedauerte seine damalige Entscheidung, ihn aus der Verantwortung zu drängen, sei ein Fehler gewesen. Ein guter Chef müsse eine Arbeitskultur schaffen, die sich auf sein Team übertragen lasse, und das sei Jobs geglückt.[15]

Fazit: Es bleibt also das Bild eines Mannes, der in geradezu unheimlicher Weise fähig schien, seiner Zeit voraus zu sein und neue Trends vorauszusehen. Getrieben von der Vision, nichts Geringeres zu erreichen als einen entscheidenden und spürbaren Fortschritt für die gesamte Menschheit, vermochte er es wie kaum ein zweiter zu begeistern, zu faszinieren, zu bewegen, mitzureißen. Gleichzeitig konnte ihn seine Überzeugung von der Unfehlbarkeit der eigenen Einschätzungen taub und blind gegenüber allen Einwänden von außen machen. Steve Jobs' engste Mitarbeiter schwärmen noch heute von seiner visionären Kraft und seinem Charisma, obwohl jeder von ihnen auch mehr oder minder deutlich zum Ausdruck gebracht hat, dass es alles andere als einfach war, mit ihm zusammenzuarbeiten.

3.1.3　Jeff Bezos

Ein weiterer „Garagengründer", der es zur Marktführerschaft in seiner Branche schaffte, ist Jeff Bezos, der Vater von Amazon. Er führte sein Unternehmen von Umsatzrekord zu Umsatzrekord. Allein zwischen 2010 und 2011 konnte er eine Steigerung von 35 % verbuchen. Bezos führte mit Amazon das Konzept e-commerce in die Welt des Internets ein. Damit

---

[13] Jobs (2011).

[14] Griffin und Moorhead (2006, S. 63, Eigene Übersetzung).

[15] Sculley (2012).

ließ er das jahrzehntelang gut gehende Geschäft der traditionellen Versandhäuser quasi über Nacht wie ein veraltetes und schwerfälliges Auslaufmodell aussehen.

Über Bezos, der weniger charismatisch, weniger „Popstar" und weniger in der Öffentlichkeit präsent ist, als es Jobs war, ist auch deutlich weniger bekannt. Das liefert uns einen ersten Hinweis auf einen Leistungsgetriebenen, der typischerweise nicht viel Aufhebens um die eigene Person macht.

Bezos, so hieß es im Juli 2012 in einem Porträt, das in deutscher Übersetzung in FTD und Stern erschien,[16] habe Amazon unerbittlich und mit eiserner Hand auf bestimmte Prinzipien eingeschworen. „Pragmatisch, wirtschaftlich, datengestützt und streng analytisch"[17] – das, so Autor Barney Jopson, sei die Arbeitsweise, die den Amazon-Erfolg begründet, Bezos aber auch zum umstrittenen und keineswegs bei allen Mitarbeitern beliebten Chef gemacht habe. Bei Amazon würden keine Träumer und Visionäre, sondern ausschließlich „schnörkellose Macher[18]" ins Unternehmen geholt. Auch das spricht für einen leistungsgetriebenen Unternehmenslenker. Ihr Perfektionsdrang macht Leistungsmotivierte zu einer nur für High-Performer geeigneten und bei diesen auch respektierten Führungskraft. Für alle anderen fehlen ihnen Verständnis und Geduld. Bezos selbst beruft sich bei seiner Art der Unternehmensführung auf die von Taiichi Ohno, dem Begründer des Fertigungssystems von Toyota, definierten Grundlagen, die den Punkten Qualitätskontrolle, Effizienz, unerbittliche Bekämpfung von Fehlerquellen und Kostenverschwendung höchste Priorität einräumen.

Die Atmosphäre, die dabei entsteht, beschreibt ein ausgeschiedener Mitarbeiter als „darwinistisch"[19]. Autor Jopson zeichnet das Bild eines Mannes mit einem fast schon besessenen Willen, alles zu kontrollieren, wenn er Bezos mit den Worten charakterisiert: „Er will bei jeder noch so kleinen Entscheidung mitmischen, verkörpert eine orakelähnliche Kraft und ist damit eine ähnlich wichtige Schlüsselfigur, wie sie Steve Jobs bei Apple war."[20] Sein Kurs, geradezu besessen zu tun, was im Interesse des Kunden liege, gehe häufig zu Lasten der Mitarbeiter. Amazon sei kein „freundliches"[21] Unternehmen, keine „kuschelige Umgebung"[22]. Hier offenbart sich ein weiteres Mal ein typischer Leistungsmotivierter, dem Teammitglieder häufig ein mangelhaftes oder fehlendes Gespür für Zwischenmenschliches bei einer gleichzeitigen starken Fokussierung auf das Ergebnis bescheinigen. In der Einleitung zu einem aktuellen Interview (24.11.2012)[23] zieht der Interviewer eine ähnliche Bilanz. Während seine geschäftlichen Erfolge die Öffentlichkeit begeistern, äußern sich manche ehemaligen Mitarbeiter von Amazon weniger euphorisch über den knallharten

---

[16] Jopson (2012).

[17] Ebenda.

[18] Ebenda.

[19] Ebenda.

[20] Ebenda.

[21] Ebenda.

[22] Ebenda.

[23] Scholz (2012).

Leistungs- und Erfolgsdruck im Unternehmen. Das steht im Einklang damit, dass Leistungsmotivierte oft Unternehmen oder Abteilungen führen, in denen Fakten, Zahlen und Erfolge wesentlich mehr zählen als der Mensch, der nur eine Größe in dieser Berechnung ist.

Dabei gibt Bezos nach außen hin gern den „pragmatischen Visionär"[24], als der er schon beschrieben worden ist: Mit Blick auf die Pionierarbeit, die in seinem Unternehmen zum Teil geleistet wurde, erklärt Bezos: „Das Kindle-Team beispielsweise ist stolz darauf, dass Leute, die einen E-Reader gekauft haben, heute mehr lesen als vorher – und zwar digitale wie gedruckte Bücher. Das ist eine gute Sache für die Welt. Wenn wir, egal in welchen Bereichen, Widerstände und Hürden abschaffen, kommen die Leute zu uns – einfach, weil es ihnen das Leben erleichtert. Wir haben bei uns im Unternehmen so genannte Missionar-Teams. Sie fangen mit einer Mission an. (…) Und dieses Ziel motiviert sie dann. Wenn ich mir Mitarbeiter ansehe, versuche ich immer herauszufinden: Ist es ein Missionar oder ein Söldner? (…) Söldner fragen sich zuerst: Wie viel Geld werde ich verdienen? Bei den Missionaren steht die Leidenschaft für ein Produkt oder einen neuen Service im Vordergrund. Das Kuriose ist, dass die Missionare am Ende sowieso immer mehr Geld machen als die Söldner."[25]

Bezos hat also erkannt, dass Erfolg auf Leidenschaft, auf dem Brennen für Dinge beruht. Das hatte auch Steve Jobs begriffen und in seiner Ermunterung zu suchen, zu finden und zu tun, „was man liebe"[26], vermittelt. Auch einige der Verhaltensmuster der beiden Männer weisen durchaus Parallelen auf, wobei noch einmal ausdrücklich darauf hingewiesen sei, dass allein auf Verhaltensbasis nicht auf Motive geschlossen werden kann. Erst das Gesamtbild aus Gedanken-, Gefühls- und Verhaltensebene ergibt ein schlüssiges Bild. Man könnte Bezos für einen Wettbewerbsgetriebenen halten, wenn man nur die Tatsache sieht, dass er z. B. aggressive und direkt vergleichende Werbestrategien einsetzte, um konventionelle Wettbewerber aus dem Feld zu schlagen. Doch von ihm ist nicht bekannt, dass er jemals Abstriche an der Qualität eines Produktes in Kauf genommen hätte, um schneller zu sein als die Konkurrenz.

Geduld, Empathie und Verständnis gehören nicht zu den stärksten Seiten leistungsgetriebener Persönlichkeiten, weswegen sich viele Menschen mit einem starken Freundschaftsmotiv in einem durch eine solche Persönlichkeit geprägten Unternehmen unwohl fühlen dürften. Konkret befragt, was ihn antreibe, ständig die Herausforderung zu suchen, antwortet der Amazon-Chef: „Spaß! Erfinden macht Spaß. Ich beschreibe Ihnen mal meine Lieblingssituation: Wir stehen alle in einem Raum, vor uns eine Tafel mit weißem Papier. Dann fangen wir an zu brainstormen, und allmählich füllen immer mehr Ideen das weiße Blatt. Wir streiten, wir streichen, wir ergänzen die Liste – wir verfeinern unsere Ideen. Ich liebe diesen Prozess!"[27] Seine Unternehmensphilosophie, so Bezos, beinhalte drei „heilige

---

[24] Ebenda.

[25] Ebenda.

[26] s. o. (Stanford-Rede).

[27] Scholz (2012).

Kühe": 1. Konzentration auf den Kunden statt auf die Wettbewerber, 2. Permanenter Wille zum Erfinden, 3. Geduld.

Bezos beschreibt auch den Willen zur Veränderung und den Wunsch nach Weiterentwicklung als seinen Antreiber. Er ist aber sach- und leistungsorientiert genug, um im Interesse des Ziels diesen Wunsch zurückzustellen. Von ihm ist bekannt, dass er sich und seinen Mitarbeitern immer wieder die Frage stellt: „Was wird sich in den nächsten Jahren nicht verändern?"[28] Damit bedient er Kundenbedürfnisse, die von anderen Unternehmen vernachlässigt werden, weil diese sich darauf konzentrieren, neue Trends zu bedienen, vorwegzunehmen oder sogar zu schaffen. „Ich weiß ganz sicher, dass die Kunden auch in zehn Jahren noch niedrige Preise sehen wollen. Ich weiß ganz sicher, dass sie noch immer eine schnelle Zustellung wollen. Ich weiß, dass sie immer noch Auswahl haben wollen"[29], erklärte Bezos öffentlich. Die pragmatische Bedienung dieser Aspekte sichert Amazons langfristigen Erfolg. Von seinen Mitarbeitern erwartet er, was er das „Missionarische"[30] nennt: Leidenschaft, Enthusiasmus, den brennenden Willen, besser zu sein. Gleichzeitig haben Träumer bei ihm keine Chance, sondern nur handlungsstarke Leistungsträger.

Es heißt auch, er lege großen Wert auf Allgemeinbildung und Intelligenz seiner Mitarbeiter und sei in der Lage, diese zu Höchstleistungen zu motivieren – sofern sie selbst zum Typus der Leistungsmotivierten gehören, die mit den hohen Anforderungen und der Sachlichkeit eines solchen Chefs etwas anfangen können. Die meisten anderen halten es in der Regel nicht lange unter ihm aus und gehen entweder selbst oder werden aus dem Unternehmen entfernt. Sein Mut zu ungewöhnlichen und innovativen, aber für Leistungsmotivierte charakteristisch einsamen Entscheidungen gilt ebenfalls als Faktor seines Erfolges. Als er über Amazon Marketplace konkurrierende Händler zuließ, hielten viele Beobachter ihn für übergeschnappt. Wie konnte man der Konkurrenz ein derartiges Einfallstor öffnen und ihr Zugriff auf die eigene Infrastruktur gewähren? Der Erfolg gab Bezos jedoch auch hier Recht. Eines seiner Credos lautet „Nimm es in Kauf, missverstanden zu werden. Es ist okay, wenn alle an dir zweifeln."[31]

3.1.4   Fazit

Steve Jobs und Jeff Bezos waren und sind beide außerordentlich erfolgreich, offenbaren aber völlig unterschiedliche Verhaltens- und Motivationsprofile.

Wo der Apple-Guru sich von seinem visionären Denken leiten ließ, als Visionsgetriebener Kritiker aus seinem Umfeld entfernte und seine Person gern mit Mythen und Geheimnissen umgab, die seine Machtstellung zementierten, lebt Bezos sein Leistungsmotiv aus,

---

[28] Arnold (2010, S. 217).

[29] Hoffmann (2013).

[30] Scholz (2012).

[31] Ebenda.

umgibt sich nur mit ausgewiesenen Spezialisten, arbeitet konsequent am besten Ergebnis und ist damit nicht minder erfolgreich.

Unsere beiden Beispiele illustrieren damit, dass es keine Rangordnung der Motive gibt, keine besseren oder schlechteren, wünschenswerten oder unerwünschten Antreiber. Es ist eine häufige Fehleinschätzung, dass ein starker Wille zur Führung, zur Macht, zum Gewinnen wollen unabdingbare Voraussetzungen für eine Karriere als Führungskraft sind. Ein ebenso großer Irrtum besteht in der Annahme, dass Menschen mit starkem Leistungsmotiv ausschließlich auf der Experten-Ebene aufgehoben seien oder dass Menschen mit einem Freundschaftsmotiv grundsätzlich zur Führung unfähig sind. Wie wir an Bezos sehen, kann ein Leistungsmotiv Überlegungen, Verhaltensweisen und Strategien hervorbringen, die extrem geeignet sind, Erfolg in der Unternehmensführung zu bedingen. Ein Leistungsmotiv kann auch einen starken Führungswillen begründen (wenn es der Erreichung des angestrebten Resultates dient!). Im Umkehrschluss kann auch ein Wettbewerbsmotiv den Ehrgeiz bedingen, ein besseres Angebot vorlegen zu wollen als alle anderen und sich dafür auch mit fachlichen Themen zu befassen oder Experten hinzuzuziehen.

Die entscheidende Schlussfolgerung, die wir aus der Gegenüberstellung Jobs – Bezos ziehen können, ist, dass Erfolg mit jedem Motiv möglich ist – so lange die Aufgabe zum Motivationsprofil passt und solange wir mit Leidenschaft bei der Sache sind. Beide Unternehmensgründer konnten ihre hohe Motivation nur deshalb ein Leben lang erhalten, weil sie Umgebungen erschaffen hatten, die sie nach den Mustern ihres jeweiligen Motivs entscheidend gestalten konnten. Auch wenn dieses Privileg nicht jeder hat, zeigt das Beispiel, wie wichtig der Versuch ist, dem Idealbild der Übereinstimmung von Motiv- und Jobprofil so nahe zu kommen wie nur irgend möglich.

3.2 Motive und Persönlichkeit: Was prägt uns und unsere Motivation?

Wie frei sind wir? Gibt es einen unveränderlichen Kern der Persönlichkeit? Sind wir genetisch festgelegt oder werden wir durch Erziehung und Erfahrung zu denen, die wir sind? Wodurch werden Verhalten, Intellekt und Werte mehr beeinflusst? Diese Fragen werden hitzig diskutiert, zahlreiche Forscher versuchen, den prägenden Gene-Umwelt-Mix zu entschlüsseln.

Sind Eigenschaften wie Ehrgeiz, Willensstärke, Durchsetzungsvermögen oder Zielstrebigkeit ererbt oder anerzogen? In den sechziger Jahren war die Bestimmung durch die Erziehung im Kontext des Aufbegehrens gegen Autoritäten und verkrustete Gesellschaftsstrukturen die bevorzugte Erklärung. Eltern wurden verantwortlich gemacht, wenn ein Kind verhaltensauffällig wurde. Die Genforschung der neunziger Jahre ließ das Pendel in die andere Richtung ausschlagen. Auch Charaktereigenschaften und Persönlichkeitsmerkmale, kognitive Fähigkeiten und Temperament sollten nun durch das Erbgut festgelegt sein. Auf einmal schien es möglich, dass es so etwas wie das „Erfolgsgen" des Kennedy-Clans gab. Der Verhaltensgenetiker Robert Plomin verlieh Ende der neunziger Jahre seiner

Überzeugung Ausdruck, selbst komplexe Charaktereigenschaften irgendwann auf ein einzelnes Gen zurückführen zu können. So wird zum Beispiel DRD4 mit Eigenschaften wie Neugier, Risikobereitschaft oder Impulsivität in Verbindung gebracht. DRD4 ist kein Roboter aus einem George Lucas-Film, sondern ein Gen auf Chromosom Nr. 11.

Schlechte Nachrichten also für alle Menschen, die das Gen für beruflichen Erfolg einfach nicht mitbekommen haben? Francis Galton (1822–1911), der Vater der Verhaltensgenetik, suchte bereits 1869 in einer Studie nach dem Beweis dafür, dass die Fähigkeiten des Menschen vererbt würden, „unter genau den gleichen Bedingungen, wie die Formen und die körperlichen Eigenschaften der gesamten organischen Welt."[32] Gefunden wurde ein solcher Beweis bis heute nicht.

Dean Hammer und Peter Copeland stellten Ende der neunziger Jahre drei Thesen auf:

1. „Menschen kommen nicht als unbeschriebene Blätter auf die Welt. Wir unterscheiden uns in unseren Genen und daher auch in unserem Erleben. Wir haben ein angeborenes Temperament, einen genetisch festgelegten Kern unserer Persönlichkeit. Ein und dieselbe Umwelt formt unterschiedliche Menschen auf unterschiedliche Weise.
2. Menschen sind keine Spielbälle ihres Milieus. Wir alle suchen unsere persönliche Umweltnische. Wir gestalten unser Zuhause, unseren Freundeskreis, unsere Arbeit nach Kräften so, dass sie unseren Interessen und Bedürfnissen zupass kommen.
3. Menschen sind auch nicht willenlose Sklaven ihrer Gene. Als Wesen mit Bewusstsein und Verstand führen wir die Oberaufsicht über unser Temperament. Ein notorischer Wüterich kann trainieren, sich selbst zu beobachten und gegen den aufsteigenden Jähzorn anzugehen. Eine stille Person braucht nicht den Ehrgeiz entwickeln, zur Partylöwin zu werden. Aber sie kann ausprobieren, auf ihre Weise Kontakte zu knüpfen, ohne sich innerlich zu verleugnen. Wir können unsere Persönlichkeit nur in Maßen zurechtbiegen, aber wir können lernen, sie zu leben."[33]

Auch der US-Psychologe Dean Simonton gibt Entwarnung in Sachen ererbte Motivatoren: „Ehrgeiz ist Energie plus Entschlossenheit. Er braucht aber auch **Ziele** (…). Je konkreter diese Ziele, je plastischer die damit verbundene **Befriedigung**, desto größer die Leidenschaft, die einer dafür entwickelt."[34]

Francis Galton vermutete richtig, dass die Ähnlichkeit unter nahen Verwandten, was Begabung, Talent und Erfolg betraf, sowohl durch gemeinsamen Gene als auch durch ein gemeinsames Umfeld und eine ähnliche Erziehung bedingt sein kann. Leider reicht diese Erklärung allein nicht aus und wurde nach ihrer Blütezeit wieder verworfen. Die Vorbildfunktion von Mutter und Vater wird zwar noch immer gesehen, aber nicht als der prägende Faktor identifiziert. Die Persönlichkeit entwickelt sich auch nicht, wie von Freud angenommen, während der ersten drei Lebensjahre, sondern durch die gesamte Kindheit

---

[32] Galton (2012).

[33] Hammer und Copeland (1998, S. 20–25).

[34] Simonton (2012).

und Jugend hindurch. Erst im Erwachsenenalter kann man von einer gefestigten Persönlichkeitsstruktur sprechen.

Doch auch dann sind noch Veränderungen des Charakters möglich. Erklärungsmodelle in Richtung von „die autoritäre Erziehung seiner Mutter hat ihn zum Gewalttäter werden lassen", gelten als überholt. Stattdessen geht zum Beispiel der Persönlichkeitsforscher Jens Asendorpf davon aus, dass Wechselwirkungen zwischen dem Erziehenden und dem Kind dessen Persönlichkeitsentwicklung stark beeinflussen, da die Reaktionen der Eltern auf ein schwieriges oder schüchternes Kind wieder in deren Persönlichkeit begründet liegen. Es sind also nicht nur die Eltern, die das Verhalten ihres Kindes prägen, sondern sie reagieren ihrerseits auf dessen Eigenschaften und beeinflussen es dadurch. Asendorpf, der an der Humboldt-Universität den Bereich Persönlichkeitspsychologie leitet, nennt noch einen weiteren Faktor, der die Entwicklung beeinflusst: das Umfeld. Denn selbst bei Geschwistern würden ähnliche Umweltbedingungen auf unterschiedliche Art und Weise verarbeitet.[35] So komme es maßgeblich nicht auf Ereignisse im Leben von Kindern an, sondern darauf, wie diese verarbeitet werden.[36]

Während also eine objektiv belastende Erfahrung – der Tod eines Elternteils, ein Unfall – einem Kind lange zu schaffen macht, kann sie ein anderes stärker machen. Und auch einem weiteren Faktor wird erst in jüngster Zeit Rechnung getragen: Tatsächlich bestimmen Kinder aktiv und selektiv mit, wovon sie sich prägen lassen und wovon nicht. Manchmal werden Interessen von Geschwistern oder Freunden übernommen, manchmal nicht.

Es hängt also von zahllosen Faktoren ab, wie ausdauernd und fokussiert jemand Ziele verfolgt oder wie wettbewerbsorientiert jemand ist. Wie gehen wir nun im Erwachsenenalter mit Verhaltensstrukturen um? Wie schaffen wir es, positive bzw. unserem Ziel förderliche Eigenschaften zu verstärken und solche, die ihm eher abträglich sind, im Zaum zu halten?

3.3 Motive und Anforderungen: Wie gut passen sie zusammen?

Das Maß an Übereinstimmung zwischen Motivation und Anforderung ist maßgeblich dafür verantwortlich, dass wir uns bei dem einen Job einsetzen und engagieren, durchhalten und Spaß erleben und beim anderen möglicherweise blockiert und antriebsschwach sind oder bei den kleinsten Schwierigkeiten die Flinte ins Korn werfen. Der Coach Dr. Martin Wehrle bringt den Zusammenhang auf den Punkt, indem er sich auf einen Ausspruch des US-Philosophen Ralph Waldo Emerson bezieht: „Es gibt keine schlechten Mitarbeiter, wie es laut Ralph Waldo Emerson auch kein Unkraut gibt – es gibt nur Jobprofile, in denen Mitarbeiter ihre Qualitäten noch nicht ausspielen können."[37] Emerson hatte einst

---

[35] Asendorpf (2007, S. 353).

[36] Asendorpf (2007, S. 380).

[37] Wehrle (2012).

festgestellt, dass als Unkraut gemeinhin Pflanzen bezeichnet würden, deren Vorzüge noch nicht erkannt worden seien.[38]

3.3.1   Der Abgleich zwischen Motivstruktur und Jobprofil

Die heutige Unternehmerin und Köchin Sarah Wiener war im Alter von 24 Jahren allein-erziehende Mutter ohne abgeschlossene Schul- und Berufsausbildung. Zeitweilig lebte sie von Sozialhilfe und besserte ihre Kasse mit Gelegenheitsjobs auf. Als sie für die Gäste einer Vernissage, an der auch die Schauspielerin Tilda Swinton teilnahm, das Buffet zusammen-stellte und die Gerichte zubereitete, war Swinton so angetan von ihrer Kochkunst, dass sie ihr vorschlug, das Catering bei ihrem nächsten Film zu übernehmen. Wiener gründete einen Cateringservice. Nach und nach erwarb sie sich einen Ruf innerhalb der Branche. Einige Jahre später eröffnete sie mehrere Restaurants und 2004 wurde die Sarah Wiener GmbH gegründet, die heute über hundert Mitarbeiter hat. Wiener erlebte beruflichen Er-folg erst, als sie fand, was sie mit Leidenschaft und Motivation erfüllte. Immer wieder lässt sich beobachten, dass Menschen, die eher durchschnittliche Leistungen erbringen, schein-bar urplötzlich zur Hochform auflaufen, wenn sie ihre Berufung finden.

Ebenso gibt es das Gegenbeispiel: Menschen verfallen in Lethargie und Apathie, wenn man sie daran hindert, eine erfüllende Tätigkeit weiter auszuüben. Trauriges Beispiel der Geschichte sind die zahllosen Wissenschaftler, Pädagogen, Ärzte, Anwälte, Schriftsteller, Künstler oder Ingenieure, die in den dunklen Zeiten des Dritten Reichs aufgrund ihrer Zuordnung zu einer „Rasse" oder aufgrund unerwünschter politischer Ansichten in die Emigration gezwungen wurden. Unfreiwillig aus einem erfolgreichen und erfüllten Leben herausgerissen, erlebten viele von ihnen dunkle und schwere Zeiten in ihrer neuen „Hei-mat", wie etwa die Sozialreformerin Alice Salomon in den USA oder die Kernphysikerin Lise Meitner, die ihre Arbeit zwar im schwedischen Exil bedingt fortsetzen konnte, sich in der dortigen Wissenschaftslandschaft jedoch nie wirklich heimisch und akzeptiert fühlte und die Zusammenarbeit mit ihren Berliner Kollegen vermisste.

Soweit äußere Faktoren wie Arbeitsmarkt und -umfeld es erlauben, müssen Motivstruk-tur und Jobprofil also einander angenähert werden. Dazu ist es notwendig, einem oder mehreren Jobprofilen das Ergebnis des Motivtests gegenüberzustellen, um die Schnitt-menge zwischen Motiven und Anforderungen zu ermitteln. Das kann nötig werden, wenn mehrere Karriereoptionen zur Auswahl stehen (z. B. Experte oder Führungskraft?), aber auch, wenn zum Beispiel aufgrund von Leistungsblockaden oder unerklärlichen Konflik-ten die aktuelle berufliche Situation evaluiert und Abhilfe geschaffen werden soll.

Dieser Prozess untergliedert sich folgendermaßen:

1. Schritt: Erstellung eines Stellenprofils, das die Anforderungen abbildet
2. Schritt: Durchführung des aHead-Tests

---

[38] Emerson (1878, Übersetzung zitiert bei Wehrle 2012).

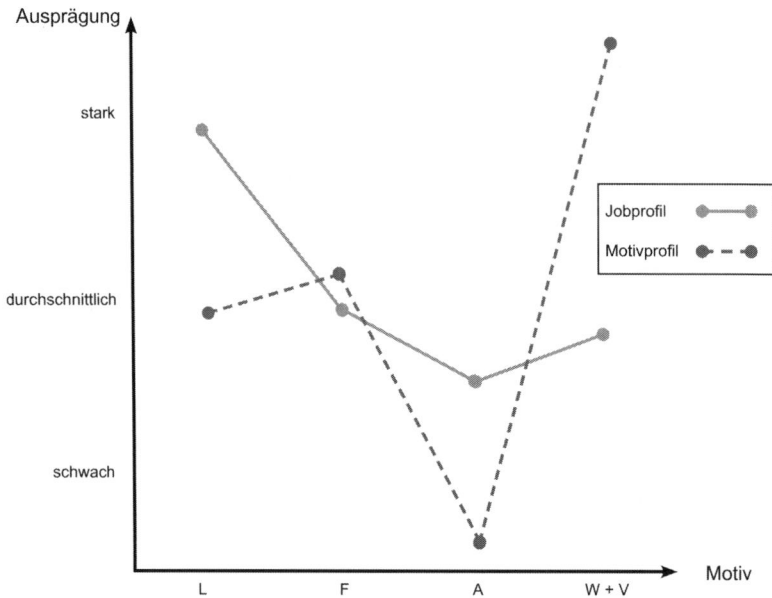

Abb. 3.1 Beispiel: Durch die grafische Darstellung von Motiv- und Jobprofil lassen sich beide auf einen Blick miteinander abgleichen. (© kopfarbeit, Barbara Haag)

3. Schritt: Grafische Abbildung der Profile
4. Schritt: Abgleich zwischen Stellen- und Motivationsprofil bzw. der Überschneidungen und Lücken
5. Schritt: Beurteilung der Eignung.

3.3.1.1 Erstellen Sie Ihr Jobprofil

Wenn Sie möchten, können Sie es nun ausprobieren: Kontaktieren Sie mich, um Ihren persönlichen Zugangscode für den aHead-Test zu erhalten.

E-Mail: kontakt@kopfarbeit-seminare.de

Telefon: +49 (0)89 326030

Online können Sie dann zunächst Fragen zu Ihrer Tätigkeit beantworten. Sie finden dort Fragegruppen nach dem folgenden Muster:

In meinem Job.

1. realisiere ich meine Visionen.
2. herrscht ein ausgesprochen gutes Arbeitsklima.
3. habe ich die Chance, mich ständig weiterzuentwickeln.
4. gebe ich anderen Menschen die Richtung vor.
5. kann ich eigenverantwortlich handeln.

Dort.

1. beschäftige ich mich maßgeblich mit Fachfragen.
2. muss ich schon mal meine Willensstärke/Ellbogen einsetzen.
3. arbeite ich in enger Abstimmung mit meinen Kollegen.
4. bin ich meist auf mich gestellt und agiere eigenständig.
5. soll ich andere von einer gemeinsamen Idee überzeugen und anspornen.

Bitte wählen Sie jeweils **eine** Antwort aus!

3.3.1.2   Erstellen Sie Ihr Motivprofil

Auch den Motivtest finden Sie online. Sie finden dort Fragegruppen nach dem folgenden Muster:

Um mich ganz einzubringen,

- brauche ich das Gefühl, mein eigener Herr zu sein.
- muss ich für mich überzeugt sein, dass die Aufgabe lösbar ist.
- brauche ich klare Regeln.
- brauche ich ein gutes Arbeitsklima.
- brauche ich den Vergleich mit anderen.

Wissen anzueignen ist mir wichtig,

- weil ich nur so Sachverhalte professionell beurteilen kann.
- und macht mich frei von dem Rat anderer.
- weil das die Zukunft ist.
- und macht in der Gruppe am meisten Spaß.
- weil belesene Menschen beeindrucken.

3.3.1.3   Grafische Darstellung der Profile

Nachfolgend sehen Sie ein Beispiel für die grafische Darstellung von Job- und Motivprofil, die Sie von uns erhalten.

Hinweis: Selbstverständlich können Sie dieses Buch auch ohne Teilnahme am Test für sich nutzen. In den folgenden Kapiteln werden Ihnen die einzelnen Motivtypen noch genau erklärt (Abb. 3.1).

3.3.1.4   Abgleich zwischen Anforderungs- und Motivationsprofil

Damit Sie einschätzen können, wie stark Ihre Aufgabe oder die Stelle, auf die Sie sich bewerben möchten, Ihre Motive anspricht, nehmen wir für Sie die Auswertung des Abgleichs vor. So können Sie nicht nur in der Grafik auf einen Blick erkennen, wo eventuelle Über- oder Unterausprägungen Ihrer Motive im Hinblick auf die Stelle vorliegen, sondern erhalten auch schwarz auf weiß eine professionelle Einschätzung, wo mögliche Entwicklungsfelder liegen. Zur Arbeit mit Entwicklungsfeldern siehe auch Kap. 13 und 14. Abschließend erhalten Sie unsere Beurteilung Ihrer Eignung auf Basis des Abgleichs beider Profile.

3.3.2 Was sagt das Ergebnis aus?

Der Grafik lässt sich leicht entnehmen, wie gut das Anforderungsprofil zu Ihrem Motivationsprofil passt. Mit diesem Wissen können Sie.

1. entscheiden, ob Sie ein aktuelles Stellenangebot oder eine Beförderung annehmen sollen,
2. erkennen, wo Ihre Entwicklungsfelder liegen und diese gezielt im Hinblick auf eine ausgeschriebene Position bearbeiten oder
3. im Rahmen der Möglichkeiten auf Ihr Arbeitsumfeld einwirken, um es besser auf Ihre Motive abzustimmen.

3.4 Was ist zu tun, wenn Job- und Motivprofil voneinander abweichen?

3.4.1 Vor dem Berufseinstieg

Motive möglichst frühzeitig zu erkennen, spart Zeit und nicht selten auch Energie und Geld. Wer bereits vor dem eigentlichen Einstieg ins Berufsleben oder sogar noch vor Ausbildungsbeginn absehen kann, dass die Abweichung zwischen den Anforderungen des angestrebten Berufsbildes und des eigenen Motivprofils groß sind, tut tatsächlich gut daran, den angestrebten Weg zu überdenken. Wer also beispielsweise zu der Erkenntnis gekommen ist, ein starkes Wettbewerbsmotiv zu haben, und über einen Weg nachdenkt, der überwiegend Verhaltens- und Persönlichkeitsmuster von Leistungsmotivierten anspricht, macht sich das Leben unnötig schwer.

Allerdings haben Sie auch in Kap. 1 erfahren, dass die Möglichkeiten, die eine Ausbildung bietet, sehr vielfältig sein können und mit dem erworbenen Diplom oder Master der berufliche Weg keineswegs in Stein gemeißelt ist. Um Ihnen ein Beispiel zu geben: Die Möglichkeiten, die sich Ihnen mit einem Studium der Politikwissenschaften eröffnen, sind durchaus vielfältig. Wollen Sie zu einem Verlag gehen oder an der Hochschule bleiben? Wollen Sie in die Politik, zur EU oder in den diplomatischen Dienst? Wollen Sie unterrichten oder zum Rundfunk? aHead sagt Ihnen nicht, ob das Studienfach Politikwissenschaften zu Ihnen passt, hilft aber bei der Entscheidung, welcher konkrete Berufsweg passen könnte.

3.4.2 Bei Arbeitsplatzwechsel

Für den Arbeitsplatzwechsel gilt Ähnliches. Steht ein Jobwechsel bevor, ist in der Regel alles offen – im Idealfall gibt es verschiedene Möglichkeiten, unter denen gewählt werden kann. Trifft das zu, sollte man einer Option mit höherer Übereinstimmung zwischen Motivation und Anspruch den Vorzug vor einer geben, in der beide Profile stark voneinander abweichen. Gerade, wer sich aus der Sicherheit einer festen Position heraus bewirbt und nicht riskieren will, in einem Jahr wieder den Arbeitgeber zu wechseln, kann und sollte es sich leisten, Zeit in die Suche nach einem tatsächlich passenden Job zu stecken.

3.4.3 Beim Aufstieg zur Führungskraft

Wie macht man typischerweise Karriere? Häufig, indem man durch exzellente Arbeit auffällt. Oft werden so hoch Leistungsmotivierte zur Führungskraft ernannt und stehen nun vor Herausforderungen, die ihrer Motivstruktur nicht immer ganz entsprechen.

Ein Beispiel aus meiner Praxis verdeutlicht, dass es dennoch Wege gibt, die Anforderungen Ihres Alltages mit ihrem Profil zu synchronisieren:

Einem Journalisten war die Leitung der Presseabteilung übertragen worden. Er stand nun 35 Mitarbeitern vor. Trotz diverser Führungsschulungen versank er in der Arbeitsflut und schien an der Aufgabe zu scheitern. Den Tiefpunkt bildete die Beschwerde einer Sekretärin beim Betriebsrat, die ihm Mobbing vorwarf – eine schwerwiegende Anschuldigung.

Im Coaching zeigte das Profil des Journalisten ein hohes Leistungs- und ein ausgeprägtes Freundschaftsmotiv. Er folgte seinem Leistungsbedürfnis und verbrachte nach wie vor viel Zeit mit dem Verfassen von Pressemitteilungen. Er ließ außerdem alles, was seine Mitarbeiter ausgearbeitet hatten, zur abschließenden Korrektur über seinen Schreibtisch laufen.

Außerdem war er von der Idee beseelt, dass ein gutes Arbeitsklima und Harmonie in der Abteilung um jeden Preis erreicht werden müssten. Er wollte mit jedem gut klarkommen, was zum einen dazu führte, dass er eine unangemessene Nähe zu seinem Stellvertreter – dem kompetentesten im Team – zuließ und ihn bei Dingen ins Vertrauen zog, die nur ihm als Führungskraft oblagen. Auf der anderen Seite aber ging er allen aus dem Weg, die er entweder fachlich nicht akzeptierte oder mit denen die Chemie nicht stimmte. Er scheute die Auseinandersetzung und reduzierte den Kontakt auf ein Minimum.

Kaum hatte er verstanden, was seinem Verhalten zugrundelag, nahm er eine Kurskorrektur vor. Er delegierte deutlich mehr, verwendete die gewonnene Zeit für Mitarbeitergespräche, entdeckte ungeahnte Potenziale, verteilte Zuständigkeiten neu, wahrte eine adäquate Distanz zu seinem Stellvertreter und intensivierte den Kontakt zur Sekretärin. Wie dies im Einzelnen geschah, würde hier zu weit führen, doch der Journalist konnte damit seine Probleme in erstaunlich kurzer Zeit in den Griff bekommen und zu mehr Führungserfolg gelangen.

Das Leistungsmotiv

4

Zusammenfassung

Das Leistungsmotiv ist das Bedürfnis, optimale Ergebnisse vorzulegen. Träger des Motivs fallen häufig als Perfektionisten auf. Typisch ist deshalb, dass Leistungsmotivierte erzielte Erfolge nicht oder zumindest nicht lange genießen können, da sie gedanklich bereits auf dem Weg zum nächsten Gipfel sind. Ebenfalls charakteristisch ist das Bedürfnis, immer besser zu werden, eigene Kompetenzen zu erweitern und mit der Aufgabe zu wachsen, weswegen Leistungsmotivierte herausfordernde, aber auch realistische Zielvorgaben benötigen.

4.1 Abgrenzung von anderen Motiven

Das Leistungsmotiv ist der direkte Gegensatz der Machtmotive, auch wenn die resultierenden Verhaltensweisen nicht immer einfach zu unterscheiden sind. Erinnern Sie sich an Kap. 3: Jeff Bezos wurde aufgrund seiner aggressiven Marketingstrategien zum Beispiel mitunter fälschlicherweise als Wettbewerbsmotivierter eingestuft. Doch im Gegensatz zu einem echten Machtmotivierten treibt ihn dabei nicht der Wunsch an, einen anderen Anbieter zu eliminieren, sondern dem besseren Angebot zur Durchsetzung zu verhelfen. Zu viel spricht bei Bezos für die Dominanz des Leistungsmotivs: Sein Studium der Elektrotechnik und Informatik an der renommierten Princeton University schloss er mit der höchstmöglichen Auszeichnung ab. Er hörte nie auf, sich neue Fähigkeiten anzueignen, wenn er diese für ein gesetztes Ziel benötigte, seien es Verkaufs- und Marketingkenntnisse oder das nötige Know-how, um aktiv die technischen Systeme der von ihm geplanten privaten Raumfähre mitzugestalten.

Noch besser verständlich wird das auf dem Gebiet des Leistungssports. Ein wettbewerbsmotivierter Athlet freut sich über seinen Sieg auch dann, wenn er ihn nur errungen hat, weil der Gegner ein Formtief hatte. Ihm geht es darum, als Sieger vom Platz zu gehen. Der leistungsmotivierte Spieler schöpft aus einem solchen Sieg nicht die geringste Zufriedenheit. Er freut sich nur dann über den Triumph, wenn er das Gefühl hat, ihn aufgrund der objektiv besseren Leistung verdient zu haben – und auch das nur kurzfristig, danach jagt er schon wieder der nächsten Leistungsverbesserung nach.

Auch das Visionsmotiv lässt sich deutlich abgrenzen. Leistungsmotivierte brauchen herausfordernde, machbare Ziele und zeitnahe Ergebnisse, die ihnen eine Rückmeldung über den erreichten Stand ihrer Kompetenz geben. Für Phantastereien und Visionen sind sie nicht zu haben, da dort der nüchterne Realitätsbezug fehlt.

4.2   Die Welt des Leistungsmotivierten

Leistungsgetriebene setzen hohe Qualitätsstandards für ihre Arbeit, der sie sich tief verpflichtet fühlen und die sie mit Motivation erfüllt. Ihr Ziel ist es, einzigartige, innovative und herausragende Leistungen zu vollbringen. Ihr Antrieb ist dabei die Freude an ihrem Können und am Erwerb von weiteren Kenntnissen und Fertigkeiten.

Die Messlatte Leistungsgetriebener ist ihre eigene Leistung, nicht die des Gegenübers. Sie sind ihre eigene Benchmark, wobei sie bemüht sind, diese Messlatte kontinuierlich ein wenig höher zu hängen. Der Wettbewerb mit anderen ist uninteressant; es geht einem Leistungsmotivierten nicht darum, andere auszustechen, wenngleich er das häufig tut.

Typisch für einen Leistungsmotivierten ist ein gewisser Hang zur Unzufriedenheit. Mit seinen Ansprüchen überfordert er regelmäßig sich und seine Umwelt. Hat er sein Ziel erobert, kann er sich nicht lange freuen und den Erfolg genießen. Leistungsgetriebene Menschen schöpfen ihre Zufriedenheit aus dem Aufbau eines Unternehmens, dem Erreichen eines Ziels, das noch niemand vorher erreicht hat, oder aus der Bewältigung einer akuten Krisensituation.

In der Wirtschaft übernehmen leistungsmotivierte Menschen oft die Rolle des Aufbauers, Sanierers oder Krisenmanagers. Sowohl beim Start eines Unternehmens als auch in einer Krisensituation sind Besonnenheit und Sachkenntnis eher gefragt als Ellbogenmentalität. Beispiel Utz Claasen: Er verließ ENBW ganz bewusst, nachdem es ihm gelungen war, das Unternehmen wieder auf Erfolgskurs zu führen. Aus seiner Sicht war seine Mission erfüllt. Zieht Alltag ein, überlassen Leistungsmotivierte es am liebsten anderen, den Erfolg zu „verwalten". Sie selbst stürmen voller Tatendrang weiter zum nächsten Ziel. Leistungsmotivierte sind häufig erfolgreich in Situationen, in denen es darum geht, gebeutelte Unternehmen zu retten. Dann haben sie die Gelegenheit, selbst mit anzupacken. Aufgrund ihres hohen Einsatzes und ihrer Fachkompetenz erwerben sie den aufrichtigen Respekt der Mitarbeiter. Sie bauen Strukturen auf und definieren Prozesse mit bewundernswerter Klarheit. Sobald das Schiff wieder in ruhigen Wassern fährt, langweilen sie sich.

Die Nähe zu Menschen ist nichts, was sie brauchen, um zufrieden zu sein. Auf der Verhaltensebene bedeutet das zwar nicht, dass sie Kontakte meiden oder sich nicht in ein Team integrieren können. Aber sie zeichnen sich durch eine vergleichsweise große Unabhängigkeit vom Urteil anderer aus und schöpfen einen großen Teil ihres Durchhaltevermögens aus ihrem Vertrauen in die eigene Sachkompetenz. Hohn und Spott der wissenschaftlichen und militärischen Elite seiner Zeit ließen den Luftschiff-Erbauer Ferdinand Graf von Zeppelin (1838–1917) völlig ungerührt. „Für mich steht niemand ein, weil keiner den Sprung ins Dunkel wagen will. Aber mein Ziel ist klar und meine Berechnungen sind richtig"[1], erklärte der Graf, der sich mehrfach mit dem finanziellen Ruin konfrontiert sah, bis seine Konstruktion endlich einsatzbereit war. Jedes einzelne seiner Luftschiffe war eine Verbesserung des jeweiligen Vorgängermodells, und mit jedem neuen Schiff wuchs sein Wissen. Der sture Graf, der in jungen Jahren sein Ingenieurstudium zugunsten des Militärdienstes hatte abbrechen müssen, machte nie denselben Fehler zwei Mal. Es dauerte dennoch viele Jahre, bis er den Respekt von Fachwelt und Öffentlichkeit erringen konnte.

4.3   Was motiviert den Leistungsgetriebenen?

Damit Leistungsmotivierte ihr Bedürfnis nach immer besseren Leistungen optimal erfüllen können, benötigen sie folgende Voraussetzungen:

1. fordernde und anspruchsvolle, aber realistische Ziele,
2. ein Maß an Eigenverantwortung, das die angestrebte Weiterentwicklung erlaubt, und
3. ein zeitnahes Feedback über erbrachte Leistungen.

4.3.1   Fordernde und anspruchsvolle, aber realistische Ziele

Routineaufgaben blockieren Leistungsmotivierte ebenso wie unrealistische Ziele und fehlende Strukturen. Es ist ein weit verbreiteter Irrtum, dass leistungsgetriebene Menschen immer auch leistungsstark sind. Das Gegenteil kann der Fall sein. Wird ein Leistungsmotivierter unter seiner Qualifikation eingesetzt, kann er dadurch so demotiviert werden, dass er eher zum Leistungsverweigerer wird und „Dienst nach Vorschrift" macht. Geduld gehört auch nicht zu den stärksten Seiten leistungsmotivierter Menschen. Ergebnisse und Ziele müssen zeitnah und perfekt erreichbar sein. Notlösungen, Provisorien, Improvisationen und Kompromisse werden nur widerwillig akzeptiert.

Eine Aufgabe, die keine Herausforderung darstellt, langweilt einen Leistungsgetriebenen. Eine, die nach menschlichem Ermessen und aktuellem Kenntnisstand nicht zu bewältigen ist, lohnt die Mühe nicht. Leistungsmotivierte sind Zielsetzungsrealisten. Fordert man den leistungsmotivierten NASA-Techniker auf, einen Antrieb zu bauen, der Reisen mit Überlichtgeschwindigkeit ermöglicht, sieht er keinen Grund, diese Aufgabe auch nur in Angriff zu nehmen. Aufgrund seiner Sachkenntnis weiß er schließlich, dass die Relativitätstheorie solche Reisen ausschließt.

Leistungsmotivierte denken sachlich und analytisch, sie geben sich geradlinig und schnörkellos, wo Machtmotivierte mit ihrem Charme, ihrem rhetorischen Talent und

---

[1] Geiling und Sauter (2000, S. 36).

ihrer gewinnenden Art eher Aufsehen erregen. Häufig werden Leistungstypen deshalb völlig unterschätzt. Denken Sie an Angela Merkel: Viele Menschen in ihrem politischen Umfeld machten diesen Fehler und wurden eines besseren belehrt. Das schnelle und sachliche Denken der ausgebildeten Physikerin schlägt sich in ihrer Ausdrucksweise nieder, hebt sie auf angenehme Weise von eher machtmotivierten Politikern ab und fiel insbesondere zu Anfang ihrer Kanzlerschaft als Kontrast zu Gerhard Schröders Hang zur Selbstinszenierung auf.

4.3.2   Eigenverantwortung

Leistungsmotivierte sind darauf fixiert, Ziele zu erreichen. Dabei ist es nicht so wichtig, ob es sich um eigene oder von außen definierte Ziele handelt. Das unterscheidet sie zum Beispiel von Autonomiemotivierten. Bei der Umsetzung benötigen sie dafür größtmöglichen Freiraum. Erstens halten sie sich selbst für kompetent genug, um Einschätzungen und Entscheidungen zu treffen, die dem Erreichen des Ziels dienen. Zweitens leben sie nach dem Prinzip „wir wachsen mit unseren Aufgaben" und wollen den Weg zum Ziel nutzen, um sich zu verbessern. Das ist oft nur möglich, wenn Mitarbeiter selbst entscheiden können, auf welchem Weg sie nach Rom gelangen wollen.

Ein typisches Beispiel: Ein Chef benötigt große Datenmengen aus einem Online-Tool als Tabelle. Da das Tool keinen Export in ein Tabellenformat zulässt, bekommt ein Mitarbeiter die undankbare Aufgabe, die Daten manuell zu übertragen. Die Arbeit ist ebenso monoton wie zeitraubend, aber es gibt eine klare Deadline, bis wann sie erledigt sein muss. Wenige Datensätze reichen, um dem Mitarbeiter jede Lust auf eine Fortsetzung der tristen Tätigkeit zu rauben. Zum Glück hat er aber einige Semester Informatik studiert und kann programmieren. Also nutzt er die zur Verfügung stehende Zeit, um zu recherchieren, wie er ein Zusatzprogramm schreiben kann, das den Export ins gewünschte Tabellenformat ermöglicht, und „baut" dann dieses Plug-in. Die eigentliche Aufgabe kann er danach mit einem Mausklick erledigen – und nicht nur er! Nie wieder werden Praktikanten oder studentische Hilfskräfte im Betrieb Zeit und Nerven beim Erstellen von Datenlisten lassen.

Dieses Ergebnis ist möglich, weil der Chef den Auftrag so formuliert hatte, dass lediglich Ziel und Zeitrahmen definiert waren: „Heute um 18 Uhr will ich eine Excel-Tabelle dieser Daten." Wie er das genau anstellen sollte, hatte er dem Mitarbeiter überlassen.

4.3.3   Zeitnahes Feedback

Es wurde bereits gesagt, dass Geduld nicht zu den größten Stärken des Leistungsmotivierten zählt. Folglich ist er auch nicht bereit, lange auf Resultate zu warten. Er muss wissen, ob er in die richtige Richtung arbeitet. Mangelnde Zielvorgaben sind für ihn ein großes

Problem. Er benötigt Feedback über den erreichten Leistungsstand und muss seine Arbeitsergebnisse an Eckpfeilern festmachen können. Dabei gibt es allerdings einen Haken: Mit Feedback – positiv oder negativ – kann er nur etwas anfangen, wenn es von einem Experten kommt, also von jemandem, dem er fachlich eine Beurteilung zutraut. Das Lob eines Laien nimmt er ebenso gleichgültig auf wie das oberflächliche „gut gemacht!" eines Chefs, der, wie er genau weiß, gar nicht über die Kompetenz verfügt, um die Leistung objektiv bewerten zu können.

Ideal ist es, wenn die Arbeitsorganisation dem Leistungsmotivierten selbst einen Abgleich ermöglicht, wo er steht. Für ihn ist es eine Horrorvision, Zeit oder Ressourcen in etwas zu stecken, das dann keine Ergebnisse bringt. Daher ist es ideal, Teilziele und -ergebnisse zu definieren, die zeigen, wie viel des Weges zum Ziel bereits zurückgelegt wurde.

4.4 Berufsbilder

Menschen mit einem starken Leistungsmotiv stehen mehrere Möglichkeiten offen. Kompetenz, Eigenverantwortung und Ergebnisorientierung dieser Menschen öffnen ihnen viele Türen – auch zu Führungsetagen. Es gilt jedoch, die Rahmenbedingungen zu verstehen, die diesen Typ erfolgreich werden lassen.

4.4.1 Experte oder Führungskraft?

Wer ein starkes Leistungsmotiv hat, hat die Wahl zwischen zahlreichen Optionen und kann als Experte ebenso erfolgreich und geschätzt sein wie als Chef, ist aber häufig besser in der Fachkräftelaufbahn aufgehoben. Eine ausführliche Darstellung zum Thema finden Sie unter 10.1.1.

4.4.2 Arbeitsumfelder

Das Leistungsmotiv kann in vielen Umfeldern befriedigt werden, sodass seine Träger die freie Wahl haben – bitte vergleichen Sie dazu 10.2.1, 10.3.1 und 10.4.1.

Ich begegne Leistungsmotivierten in meiner Praxis häufig in den Bereichen Forschung und Entwicklung, aber auch im Vertrieb komplexer Produkte. Generell lässt sich sagen, dass sie in Unternehmen positiv gefordert werden, in denen technologisch anspruchsvolle Güter hergestellt werden. Dazu zählen pharmazeutische und chemische Industrie, Elektroindustrie sowie Maschinenbauunternehmen oder IT-Firmen. Leistungsmotivierte fühlen sich da wohl, wo es klare Strukturen gibt und Zuständigkeiten geregelt sind. Sie brauchen aber auch Gelegenheit für persönliche Weiterentwicklung. In einem kleinen, inhabergeführten Unternehmen werden sie schnell den höchsten Expertenstatus erreicht haben und dann aufgrund fehlender weiterer Perspektiven unzufrieden sein. Ein allzu familiäres Arbeitsklima engt sie eher ein, als dass es sie anspornt.

4.4.3   Typische Profile

Typische Berufe für leistungsmotivierte Menschen sind Wissenschaftler jeglicher Fachrichtung, Ingenieure, Techniker, Controller, Betriebswirtschaftler oder auch Informatiker (MINT-Berufe). Geistes- oder sozialwissenschaftliche Fächer, Psychologie oder künstlerische Laufbahnen sind seltener ihr Ding, weil all diese Disziplinen für ihren Geschmack zu wenig auf überprüfbaren Fakten beruhen und zu wenig lösungsorientierte Anwendungsfelder bieten. Sie fühlen sich angesprochen, wo es um die Beschäftigung mit Sachthemen geht.

Sie brauchen Zeit und Ressourcen, die es ihnen erlauben, sich intensiv mit ihren Aufgaben auseinanderzusetzen und den Dingen auf den Grund zu gehen. Arbeit im Akkord, Routine oder in Stein gemeißelte Prozesse blockieren sie und legen sie lahm. Sie können in Expertenteams arbeiten, in denen ihr Verantwortungsbereich klar abgegrenzt ist. Den Fachaustausch mit anderen schätzen sie. Er bringt sie ja weiter.

4.5   Stärken

Leistungsmotivierte Menschen denken analytisch und sind aufgrund ihres Perfektionsdrangs meist fachlich enorm versiert, was ihnen den Respekt und die Wertschätzung anderer Leistungsmotivierter einträgt. Ihre Sachkompetenz erregt Bewunderung und macht sie häufig zu gefragten Experten, deren Wort Gewicht hat. Mir fallen sie in der Praxis häufig durch ihre Bescheidenheit auf. Sie vermarkten sich unter Wert und stellen ihr Licht unter den Scheffel – wohl der Hauptgrund dafür, dass sie so leicht unterschätzt werden.

Bei der Ausführung von Aufgaben, die eine optimale Balance zwischen Herausforderung und Machbarkeit halten, sind sie ausdauernd und leistungsstark. Wenn ein Ziel sie „packt", sind sie in der Lage, schonungslos zu sich selbst zu sein und im Extremfall selbst elementare Bedürfnisse zu vernachlässigen, während sie beharrlich an der Lösung der Aufgabe arbeiten.

Da leistungsmotivierte Menschen ihrem eigenen Anspruch genügen wollen, sind sie unabhängig von der Einschätzung anderer und resistent gegenüber Schmeichlern und Blendern. Fachlich fundierte Kritik trifft sie hart. Die Tatsache, dass sie ergebnisfokussiert und schwer zu beeindrucken sind, macht sie zu kritischen und gleichermaßen objektiven Beobachtern.

Dieser Typ benötigt ein hohes Maß an Eigenverantwortung, um sein Motiv befriedigen und seine Fähigkeiten autonom weiterentwickeln zu können. Das macht Leistungsgetriebene zu exzellenten „Selbstmotivatoren", die sich selber hervorragend strukturieren und organisieren können und – sofern sie von einem Ziel überzeugt sind – wenig Motivation von außen benötigen. Ein gutes Arbeitsklima empfinden auch sie als angenehm, sie brauchen aber keinen besten Freund im Unternehmen, um motiviert zu sein. Wichtig ist ihnen der Austausch mit Experten.

Ihre gesamte Energie kommt immer der Aufgabe und dem gestellten Ziel zugute. Machtkämpfe, Intrigen und alles, was sie für bloßes „soziales Geplänkel" halten, sind für sie eine Verschwendung von Zeit und Energie, die sie vorzugsweise weiträumig umgehen. Sie würden sie nur von ihrer Arbeit abhalten.

4.6 Schwächen

Leistungsmotivierte sind eher ungeschickt in Fragen der Beziehungsgestaltung. In ihrer Fixierung auf das Ziel neigen sie dazu, Menschen als abstrakte Faktoren zu begreifen und sie hinsichtlich ihres Nutzwertes für die Erreichung des Ziels einzustufen. Teammeetings und Betriebsausflüge langweilen sie grundsätzlich eher, als dass sie sich darauf freuen.

Während Leistungsmotivierte sich mit Hilfe ihres hohen analytischen Vermögens schnell und umfassend in Sachverhalte einarbeiten können, sind sie nicht besonders empathisch. Ihr Gespür, ihre Toleranz und ihre Geduld für menschliche Bedürfnisse und ihre „Antenne" für die Motive der anderen im Team sind geringer entwickelt. Konfliktsignale erkennen sie häufig erst auf einem sehr hohen Eskalationsniveau.

Wenn ich im Rahmen meiner Konflikttrainings die Erwartungen der Teilnehmer abfrage, so lautet ein typischer Satz aus dem Mund eines Leistungsmotivierten: „Ich will lernen, Konflikte sachlich zu lösen. Ich weiß nicht, was diese Emotionen da verloren haben."

Auch das Delegieren zählt nicht zu den Stärken von Leistungsmotivierten. Schließlich trauen sie kaum jemand anderem zu, einen ebenso guten Job zu machen wie sie selbst. Wenn sie Aufgaben abgeben, anstatt sie selbst zu erledigen, benötigen sie ein Umfeld von Experten, denen sie vertrauen und von denen sie annehmen, dass ihnen eine bestimmte Aufgabe getrost überlassen werden kann. Ist das nicht der Fall, übernehmen sie sie selbst. Das tun sie übrigens von Herzen gerne, denn sie erleben eine hohe Zufriedenheit bei der Beschäftigung mit Fachthemen.

Dürfen Leistungsgetriebene ihre Mitarbeiter selbst auswählen, suchen sie nach Intelligenz, Kompetenz und Fachwissen. (Von Jeff Bezos heißt es, er überprüfe die Allgemeinbildung künftiger Mitarbeiter.) Sie suchen Experten, keine Freunde. Dabei stört es sie nicht, wenn ein Mitarbeiter ihnen fachlich überlegen ist. Das kommt zwar selten vor oder wird von ihnen zumindest selten so wahrgenommen, da sie ihrer eigenen Einschätzung nach selbst alles am besten wissen und können. Aber selbst wenn: Einem Leistungsmotivierten geht es im Gegensatz zu einem Menschen mit Wettbewerbsmotiv nicht darum, besser zu sein als andere. Jemand, der ihm fachlich das Wasser reichen kann, ist gegebenenfalls der Einzige, dem er Aufgaben anvertrauen wird.

Die Messlatte des Leistungsgetriebenen liegt hoch. Das gilt für ihn selbst und für alle anderen, die mit ihm arbeiten. Unter dem Strich kommt es ihm darauf an, dass er selbst mit dem Ergebnis zufrieden ist. Da er aber zum Perfektionismus neigt und die Arbeitswelt in dieser Hinsicht oft Kompromisse verlangt (etwa zwischen bestmöglicher Qualität und maximal zur Verfügung stehender Zeit) ist dies oft nicht der Fall, was wiederum eine Quelle von Unzufriedenheit darstellt.

4.7 Tipps und konkrete Handlungsanweisungen

Erst der Abgleich zwischen Motivationsprofil und Anforderungsprofil kann die Antwort auf die Frage nach individuellen Entwicklungsfelder liefern. Beispiel: Ein Leistungsmotivierter hat in seinem Team nicht nur kompetente Fachkräfte, sondern auch sogenannte Low-Performer. Seinem Motiv entsprechend ist sein erster Impuls, diese Mitarbeiter links liegen zu lassen. Er ignoriert sie, anstatt sie mitzunehmen und zu entwickeln. Die daraus resultierenden Schwierigkeiten, wie etwa die Spaltung des Teams in zwei Gruppen und Beschwerden über eine wenig wertschätzende Führung, liegen auf der Hand.

In einem solchen Fall muss der leistungsmotivierte Teamleiter sich an die Kandare nehmen und seine Ansprüche auf ein Normalmaß reduzieren. Er muss den Kontakt zum Mittelfeld suchen und akzeptieren, dass für andere eine gute Atmosphäre wichtig ist, um gute Ergebnisse zu liefern, oder dass zu seinem Team auch Menschen gehören, die im Beruf nicht ihre einzige Erfüllung erleben, sondern die Quelle zum Geldverdienen sehen. Er muss lernen, Zeit und Energie in die Entwicklung und Förderung von Mitarbeitern zu investieren.

Im Coaching geht es häufig darum, leistungsgetriebene Menschen für die Bedürfnisse ihres Umfeldes zu sensibilisieren. Sie können ihr empathisches Vermögen ebenso trainieren wie ihre Fähigkeit, mehr Verständnis für leistungsschwächere Kollegen aufzubringen und mehr Wert auf die Pflege und Entwicklung zwischenmenschlicher Beziehungen zu legen. Das ist vor allem dann möglich, wenn sie erkennen, dass sie ihrem Ziel, beste Ergebnisse zu erzielen, nur über diesen kleinen Umweg näher kommen.

In der Praxis wird dies häufig notwendig, weil leistungsmotivierte Menschen in Unkenntnis ihres Leistungsmotivs sich gar nicht erklären können, woher die Unzufriedenheit in ihrem Team rührt oder warum eine hohe Fluktuation herrscht. Hier können schnell sichtbare Ergebnisse erzielt werden, indem Leistungsmotivierte gezielt geschult werden, Signale wahrzunehmen, Bedürfnisse ernst zu nehmen, näher an den Menschen zu sein und bei Fehlentwicklungen rechtzeitig gegenzusteuern.

Weiterhin können Leistungsmotivierte auch daran arbeiten, ihren Perfektionsdrang zu zügeln, anderen mehr zuzutrauen, nicht zu verbissen zu sein, nicht alles besser wissen zu wollen, auch Routineaufgaben nicht nach kürzester Zeit frustriert beiseite zu legen, sondern als Teil der Arbeit für ein Ziel zu akzeptieren. Im Rahmen der Achtsamkeit können sie auch erlernen, sich am Erreichten zu freuen und gezielt „innezuhalten", um einen Erfolg zu genießen und nicht gleich weiter zu hetzen. Sie können und sollten sich ein gutes Stück mehr Lebensqualität aneignen!

4.8   Beispiele: Kurzbiografien leistungsmotivierter Menschen

Jeff Bezos ist zweifelsohne einer der erfolgreichsten leistungsmotivierten Chefs unserer Zeit – aber bei Weitem nicht der einzige. Mit Martin Winterkorn und Herbert Hainer lernen Sie zwei weitere Leistungsmotivierte kennen, die an der Spitze großer Konzerne stehen. Der US-Marineoffizier Charles Bowers Momsen (1896–1967) ist ein historisches Beispiel für das Leistungsmotiv.

4.8.1   Geschichte: Charles Bowers Momsen

Charles Bowers Momsen hatte lange mit dem Desinteresse seiner Vorgesetzten an seinen technischen Entwicklungen zu kämpfen, die eingeschlossenen U-Boot-Besatzungen eine Evakuierung ermöglichen sollten. Momsen war als Kommandant einer Suchmission Zeuge der Tragödie des U-Bootes S-51 geworden, das nach einer Kollision in nur 40 m Wassertiefe lag, ohne dass die eingeschlossenen Überlebenden eine Fluchtmöglichkeit gehabt hätten.

In den folgenden Jahren eignete er sich eigenverantwortlich und akribisch weit reichende Kenntnisse auf so unterschiedlichen Gebieten wie Technik, Tauchmedizin und Psychologie an, um Prototypen eines Tauchapparates und einer Rettungsglocke bauen und verstehen zu können, wie Körper und Psyche des Menschen auf die Verhältnisse unter Wasser reagieren. Seine Vorgesetzten ließen seine Pläne zunächst in der Schublade verschwinden. Momsen – typischer Leistungsmotivierter – suchte den Fehler bei sich und arbeitete hartnäckig an der Weiterentwicklung seiner Modelle, die er in Tauchbecken und im Hudson River unterschiedlichen Härtetests unterzog, um ihr Funktionieren im Ernstfall sicherzustellen. Die Navy verlieh ihm einen Orden, zeigte jedoch wenig Interesse, die Apparate einzusetzen. Erst als im Jahr 1939 das U-Boot Squalus bei einer Testfahrt sank, überlebte ungefähr die Hälfte der Besatzung in dem Teil des Schiffs, der nicht sofort geflutet wurde. In dieser Situation war die Zeit für Momsens Rettungsglocke gekommen.

4.8.2   Wirtschaft 1: Martin Winterkorn

VW-Konzernchef Martin Winterkorn zählt zu den bestbezahlten Managern der Bundesrepublik. Ein Wettbewerbsmotivierter würde das als wohlverdiente Anerkennung seiner Leistungen sehen, den erreichten Status in vollen Zügen genießen und auch nach außen zur Schau stellen. Winterkorn dagegen fertigt Gratulationen zu seinem Gehalt unwirsch ab. Zwar hat er mit dem Sammeln hochwertiger Uhren ein teures Hobby. Aber was ihn reizt, sind nicht der Wert und der Prestigefaktor, sondern die Mechanik und die handwerkliche Perfektion der Präzisionschronometer.

„Er ist der bestbezahlte Manager Deutschlands, sein Unternehmen schickt sich an, der größte Autohersteller der Welt zu werden – doch VW-Chef Martin Winterkorn scheint nie

zufrieden zu sein"[2], heißt es in einem Zeitungsbericht, und: „Winterkorn, der seit 2007 an
der Spitze von Volkswagen ist, gilt nicht nur als Autonarr, sondern auch als Perfektionist."[3]
Winterkorn wurde zum Internet-Star, als ein YouTube-Video den Beweis dafür lieferte,
wie unangenehm auch ein leistungsmotivierter Chef werden kann, wenn das Ergebnis
nicht stimmt. Ein anderer Autobauer hatte ein technisches Problem besser gelöst – Winterkorn war „not amused" und machte dem anwesenden Mitarbeiter sehr deutlich, was er
von einem nicht perfekten Produkt hält.

Der im Video mit hohem Unterhaltungswert grantelnde Winterkorn und VW-Auf-
sichtsratschef Ferdinand Piëch ergänzen sich nicht zuletzt wegen Winterkorns starkem Leistungsmotiv so gut. Dagegen musste die Konfrontation Piëch – Wiedeking (vgl.
Kap. 10) mit der Demontage eines der beiden Akteure enden, da hier zwei hemmungslos
Machtmotivierte aufeinander prallten. In der Praxis können wir häufig beobachten, dass
ein Führungsduo Leistung – Macht gut zusammenarbeitet, während zwei Leistungsmotivierte dazu neigen, der Zielgruppe und dem Kontakt zum Kunden zu wenig Beachtung zu
schenken und zwei Machttypen sich irgendwann gegeneinander wenden.

4.8.3 Wirtschaft 2: Herbert Hainer

Als „leistungsfanatisch"[4] bezeichnet das Manager-Magazin den Vorsitzenden des Vorstan-
des der adidas AG. Herbert Hainer sicherte mit seinem leistungsmotivierten Führungsstil
dem Konzern einen Spitzenplatz unter den Sportbekleidungsanbietern. Dabei setzt er auf
eine Performance-Kultur, die von Mitarbeitern viel fordert, sie aber auch fördert. Wer bei
Adidas bestehen wolle, so heißt es im Porträt, müsse Ergebnisse liefern. Stimmen diese,
genießen Beschäftigte große Freiräume und weitreichende Gestaltungsmöglichkeiten.
Aufgeblähte Konzernstrukturen lehnt Hainer ab – einst schaffte er zwei Hierarchieebenen
in einem Streich ab.

Bei seinen Entscheidungen hat er das Gesamtergebnis des Konzerns im Blick. Das bedeutet, dass für alle die gleichen Anforderungen gelten. Auch langjährige und verdiente
Mitarbeiter werden nicht von Kritik verschont, wenn Ziele verfehlt werden. Ein Ausru-
hen auf errungenen Erfolgen akzeptiert der Chef nicht – in dieser Hinsicht ist er ganz
der Leistungsmotivierte, der sich selbst nicht schont, aber auch anderen keine Formtiefs
durchgehen lässt. Wer schwächelt, muss rasch wieder auf das vereinbarte Niveau kommen.

Kein Wunder, dass Hainer mit diesem konsequenten Ziel- und Leistungsdenken unter
anderem den Respekt von Reinhold Messner genießt. Die beiden verbindet nicht nur
die Leidenschaft für den Bergsport, sondern auch die Tatsache, dass sie beim Aufstieg
gedanklich immer bereits den nächsten Gipfel im Blick haben. Vor allem für ebenfalls
leistungsmotivierte Mitarbeiter ist der Umgang mit diesem Managertyp angenehm und

---

[2] Teevs (2011).

[3] Ebenda.

[4] Hage (2011).

Abb. 4.1 Das Leistungsmotiv. (© Kai Felmy)

berechenbar. Insgesamt steht der leistungsmotivierte Führungsstil aber für eine transparente, gerechte Unternehmenskultur. Ein Chef vom Schlag Hainers wird einem Mitarbeiter nichts abverlangen, was er nicht selber zu tun bereit ist. Er befasst sich mit jedem Detail des großen Ganzen und wird im Gegensatz zu einem Freundschafts- oder Wettbewerbsmotivierten nie das Gesamtergebnis persönlichen Sympathien oder eigenen Interessen unterordnen. Das macht ihn fair und führt dazu, dass er unter seinen Mitarbeitern großen Respekt genießt (Abb. 4.1).

Das Freundschaftsmotiv

5

Zusammenfassung

Das Freundschaftsmotiv ist das Bedürfnis nach guten, ausgewogenen zwischenmenschlichen Beziehungen. Im Mittelpunkt stehen Kommunikation, Nähe und regelmäßiger Austausch mit anderen – nicht nur auf der fachlichen, sondern auch auf der persönlichen Ebene. Freundschaftsmotivierte möchten erleben, dass sie von anderen als Mensch und Freund geschätzt werden. Die Einführung des Freundschaftsmotivs (mitunter auch in direkter Übersetzung des englischen „affiliate motive" als Gesellungsmotiv bezeichnet) in die Motivationslehre erfolgte nicht zufällig Ende der 1960er Jahre, als eine ganze Generation autoritäre und hierarchische Gesellschaftsstrukturen zu hinterfragen und offen abzulehnen begann. Freundschaftsmotivierte sind im Gegensatz zu Leistungsmotivierten in der Lage, Erfolge zu genießen und andere – auch schwächere – Teammitglieder geduldig in die Arbeit einzubeziehen. Sie haben ein herausragendes Gespür für zwischenmenschliche Konflikte und wirken ausgleichend und beruhigend.

5.1 Abgrenzung von anderen Motiven

Das Freundschaftsmotiv ist häufig daran zu erkennen, dass seine Träger beliebt und ausgeglichen sind. Sie haben ein intaktes soziales Umfeld, werden gemocht und geschätzt für ihre Herzlichkeit. Sie integrieren sich problemlos in Teams, ohne dabei die Führungsrolle einzunehmen. Sie sind häufig bestens im Bilde über andere, ohne zu tratschen oder Informationen für eigennützige Zwecke zu nutzen.

Das Freundschaftsmotiv tritt selten allein auf. So ist etwa eine Kombination mit dem Visionsmotiv möglich: Der Visionsmotivierte ist überzeugt, dass sein Auftrag lautet, der Gemeinschaft, der Gesellschaft oder sogar der ganzen Menschheit etwas Gutes zu tun. Das impliziert meist eine partnerschaftliche, kooperative Haltung gegenüber dem Individuum und jedem einzelnen, der ihm dabei hilft, die Vision zu verwirklichen.

B. Haag, *Authentische Karriereplanung,*
DOI 10.1007/978-3-658-02513-7_5, © Springer Fachmedien Wiesbaden 2013

Möglich ist auch ein Zusammentreffen mit dem Leistungsmotiv. Diese Kombination erlebe ich häufig unter Wissenschaftlern, und sie kann als Glücksfall bezeichnet werden. Zur hohen analytischen Intelligenz, die mit dem Leistungsmotiv einhergeht, tritt die emotionale Intelligenz des Freundschaftsmotivierten. Menschen mit dieser Kombination fügen sich meist problemlos in Arbeitsumfelder und Teams ein. Sie erarbeiten Projektaufgaben häufig zuerst allein, um dann ihre Zwischenergebnisse nutzbringend für alle in das Team einzubringen. Dort tauschen sie sich im Expertenkreis aus, diskutieren, nehmen gern Anregungen auf und arbeiten kooperativ am Gesamtprojekt.

Ein Beispiel für die Kombination von Freundschafts-, Leistungs- und Visionsmotiv finden wir in der Person Albert Schweitzers. Er war bereit, zusätzlich zu seinen bereits abgelegten Examina in Theologie und Philosophie vergleichsweise spät eine medizinische Ausbildung zu absolvieren, um praktische Entwicklungshilfe leisten zu können. Sein Leistungsmotiv, aus dem seine hohe Motivation für den Erwerb von Fachwissen resultierte, ermöglichte es ihm, in allen drei Disziplinen Herausragendes zu erreichen. Die Arbeit für bessere Lebensbedingungen und Mitmenschlichkeit war für ihn ein selbstverständlicher Teil eines gelebten Glaubens. Mit seinem humanitären Einsatz in Gabun zeigte sich der Friedensnobelpreisträger als Freundschafts- und Visionsmotivierter, der seine Vision und seinen Einsatz für eine bessere Welt aus seiner Ethik der Ehrfurcht vor dem Leben ableitete.

Die Art und Weise, wie er die Arbeit in seinem Urwaldhospital organisierte, verweist deutlich auf sein Freundschaftsmotiv. Seinen einheimischen Mitarbeitern begegnete er mit Offenheit und Verständnis, ihre Fähigkeiten entwickelte er geduldig und mit Rücksicht und Toleranz gegenüber ihrer Lebensweise. Seine europäischen Assistenten wurden von ihm auf diesen grundsätzlichen Respekt der fremden Kultur gegenüber eingeschworen. Ihm war klar, dass er nur auf Basis von Vertrauen würde helfen und heilen können – viele Einheimische, die zum Teil noch tief in den Traditionen ihrer Glaubensrichtungen und des Schamanismus verwurzelt waren, standen der Schulmedizin des „weißen Doktors" zunächst skeptisch gegenüber.

Das Visionsmotiv half ihm, trotz zum Teil widriger Umstände nicht den Mut zu verlieren: Er und seine Frau fanden bei ihrer Ankunft statt des versprochenen Spitals nur Baracken vor, immer wieder beeinträchtigten die politischen Wirren in Europa und die beiden Weltkriege den Aufbau des Krankenhauses, weil etwa medizinisches Personal zum Frontdienst eingezogen wurde. Helene Schweitzer vertrug das Tropenklima schlecht und konnte sich aufgrund von gesundheitlichen Problemen in späteren Jahren nur zeitweise in Afrika aufhalten. Für die Eheleute bedeutete das lange und schmerzhafte Trennungsphasen. Schweitzer litt darunter, seine Frau in Europa zurückzulassen und nur noch selten Zeit mit ihr verbringen zu können. Doch sein Visionsmotiv trieb ihn dazu, die Arbeit in Gabun unermüdlich fortzusetzen. Seine Vision wurde Wirklichkeit und wirkt weit über Schweitzers Tod im Jahr 1965 hinaus nach. Das Urwaldhospital Lambaréné existiert noch heute, und Schweitzers Ideal, Hilfe zur Selbsthilfe zu leisten, wurde posthum verwirklicht. Im Jahr 1974 ging das Hospital in die Trägerschaft einer Stiftung über, in deren Vorstand die Republik Gabun die Mehrheit stellt.

5.2 Die Welt des Freundschaftsmotivierten

Freundschaftsmotivierte Menschen ordnen ihre Umwelt nach beziehungsthematischen Gesichtspunkten. Darin unterscheiden sie sich von Leistungsmotivierten, die Schwierigkeiten haben, Beziehungsgeflechte in Teams zu verstehen und adäquat auf sie zu reagieren. Freundschaftsmotivierte besitzen ein hohes Maß an Empathie und sind in der Lage, Anzeichen für Dissens in einem sehr frühen Stadium wahrzunehmen. Da allerdings auch sie aufgrund ihres Harmoniebedürfnisses zur Konfliktscheu neigen, sind sie eher zurückhaltend, wenn es darum geht, kritische Themen anzusprechen. Sie sind sehr darauf bedacht, Verletzungen zu vermeiden. Sie bringen Teams zusammen und wirken ausgleichend. Bei ihnen weint man sich aus. Sie sind in der Regel bestens informiert, lesen zwischen den Zeilen und sind gute Menschenkenner.

Für den Freundschaftsmotivierten steht der Mensch im Mittelpunkt allen Denkens und Handelns. Er ist dabei aber nicht Mittel zum Zweck – sprich: ein Faktor beim Erreichen eines bestimmten Zieles – sondern der eigentliche Zweck. Freundschaftsmotivierte gewähren gern Hilfe und emotionale Unterstützung. Persönliche Bitten schlagen sie nur selten ab, und wenn, dann widerstrebend. Sie sind Teamplayer und fühlen sich in Positionen unwohl, die ihnen abverlangen, ausschließlich allein an Lösungen zu arbeiten.

Aufgrund des hohen Stellenwertes, den zwischenmenschliche Beziehungen in ihrem Denken und Handeln einnehmen, können Freundschaftsmotivierte stark auf Illoyalität oder andere Verhaltensweisen reagieren, die sie als Affront gegen ihr eigenes freundschaftliches und kooperatives Auftreten empfinden. Das macht sie trotz ihres nahezu unerschütterlichen Glaubens an das Gute im Menschen nachtragend und unversöhnlich, wenn jemand gegen ihre Definition von Loyalität verstößt.

Das Freundschaftsmotiv ist in der Praxis nicht immer einfach zu erkennen. Freundschaftliches Verhalten wird von allen anderen Motivgruppen eingesetzt, wenn es dazu dient, bestimmte Ziele zu erreichen. Dieses Verhalten ist dann für den Laien von einem authentischen Freundschaftsmotiv nur schwer zu unterscheiden.

5.3 Was motiviert den Freundschaftsgetriebenen?

Damit Freundschaftsmotivierte ihr Bedürfnis nach sozialer Interaktion erfüllen können, benötigen sie folgende Voraussetzungen:

1. Gelegenheit zur Kooperation mit und Aufnahme freundschaftlicher Beziehungen zu anderen,
2. ein Umfeld, das genügend Freiraum bietet, um die Pflege dieser Beziehungen zu ermöglichen und
3. eine wertschätzende Haltung gegenüber ihren Bemühungen um Ausgleich, Freundschaft und Harmonie sowie ein positives Feedback, das aber hinsichtlich der Leistung

und Zielsetzung unspezifischer ausfallen kann als bei Leistungsmotivierten, weil der Freundschaftsmotivierte vor allem als Person geschätzt werden will.

5.3.1   Kooperation und Aufnahme freundschaftlicher Beziehungen zu anderen

Um motiviert zu sein, benötigen Freundschaftsmotivierte ein Umfeld, das ihnen die Interaktion und die Aufnahme positiver Beziehungen zu anderen ermöglicht. Bezogen auf ihr Arbeitsumfeld bedeutet das, dass zwischenmenschlicher Austausch für sie eine unerlässliche Voraussetzung ist, um sich wohl zu fühlen und gute Leistungen zu erbringen. Freundschaftsmotivierte müssen Teil einer Gruppe sein, in die sie ihre Fähigkeit zum diplomatischen Ausgleich und zur Herstellung eines guten zwischenmenschlichen Klimas einbringen können.

5.3.2   Pflege und Aufrechterhaltung von Beziehungen

Da die Pflege guter zwischenmenschlicher Beziehungen Zeit erfordert, ist es wichtig, dass der Austausch mit Kollegen auch auf einer persönlichen Ebene möglich ist und idealerweise ermuntert wird. Ständiger Zeit- und Leistungsdruck, aber auch täglich wechselnde Einsatzorte lassen die Motivation der Freundschaftsmotivierten schwinden, da ihnen in einer solchen Situation die Gelegenheit zum Aufbau der Beziehungen fehlt, auf die sie so viel Wert legen. Im Gegensatz zu Leistungs- oder Wettbewerbsmotivierten, die geradezu verbissen auf ein Ziel zusteuern können und sich dann auch keine Schonung mehr gönnen, ist eine akzeptable Work-Life-Balance für Freundschaftsmotivierte unerlässlich, da auch Familie und Freunde einen hohen Stellenwert in ihrem Leben haben.

Das perfekte Beispiel eines von zwei Freundschaftsmotivierten geführten Betriebes ist die Werbeagentur „Estudio Mariscal" in Barcelona. Javier und Santiago Mariscal ermöglichen ihren Mitarbeitern jeden denkbaren Freiraum, um Berufliches und Persönliches unter einen Hut zu bringen, von flexiblen Arbeitszeiten und -orten bis hin zu großzügigen Urlaubsregelungen. Erfolgreiche Unternehmensführung zeichnet sich für sie vor allem dadurch aus, dass die Arbeit in einem erträglichen Zeitrahmen erledigt werden kann und genügend Raum für Familie, Freunde und persönlichen Austausch zwischen den Kollegen bleibt. Gerade in der oft von 60-Stunden-Wochen geprägten Agenturwelt setzen die Brüder damit ein ungewöhnliches Beispiel. Warum sie das machen? „Die Chefs haben alle Kinder. Die haben einfach selbst noch was anderes als Arbeit im Kopf"[1], mutmaßt ein Mitarbeiter.

Sogar Menschlich-Allzumenschliches stößt auf Verständnis: „Am nächsten Morgen ist Alba nicht so gut drauf. Wir haben sie gestern Abend noch beim Trinken getroffen,

---

[1] Stolle (2013).

sie war dann noch länger aus, mit einem guten Freund, es ging um Trennungen, solche Sachen. Jetzt schaut sie durch ihren Bildschirm ins Leere. Javier streichelt ihr über die Backe: 'Was ist los?' Man spürt ehrliche Anteilnahme. 'Herzensdinge?' Kein Kommentar. Aber gleichzeitig ist völlig klar, dass Alba heute entschuldigt ist. Eine halbe Stunde später hat sie sich auf der Couch zusammengerollt, den Kapuzenpulli über den Kopf gezogen. Büroschlaf wegen Liebeskummers"[2], beschreibt ein Porträt das Umfeld. Und während andere spanische Unternehmen angesichts der Krise Bezüge kürzen, Mitarbeiter nur noch auf Honorarbasis beschäftigen oder die 45-Stunden-Woche wieder einführen, halten die beiden Mariscals stur an ihrer Politik einer guten Entlohnung, einer ausgewogenen Work-Life-Balance und eines Betriebsklimas zum Wohlfühlen fest. Und sie haben Erfolg, der Wirtschaftsflaute zum Trotz: Mariscal setzt drei Millionen Euro pro Jahr um und gewinnt regelmäßig internationale Designpreise. Die Arbeitsatmosphäre bezeichnet ein Mitarbeiter als „unschlagbar".[3]

Da die Kontinuität ihrer Beziehungen den Freundschaftsmotivierten sehr wichtig ist, sind sie tendenziell auch weniger mobil als andere. Wechselnde Einsatzorte sind zwar auch eine Gelegenheit, Menschen kennenzulernen und neue Beziehungen aufzubauen. Es zählt aber zu den Charakteristika der Freundschaftsmotivierten, dass oberflächliche Kontakte ihnen nicht genügen. Ihre Beziehungen – gleich ob beruflicher oder privater Natur – sind auf Langfristigkeit und Dauerhaftigkeit angelegt. In Unternehmen sind sie bis zur Spitze bekannt, sie selbst kennen jeden im Haus, vom Hausmeister bis zum Vorstand, und einmal etablierte Beziehungen werden von ihnen gehegt und gepflegt. Daher verfügen sie in der Regel auch über ein großes Netzwerk, was Ihnen im Berufsleben zugute kommt.

5.3.3   Wertschätzendes Umfeld und positives Feedback

Wichtig ist wie bei allen anderen Motiven, dass das Umfeld Freundschaftsmotivierten ermöglicht, ihre Bedürfnisse im Alltag umzusetzen. Unter einem stark leistungsmotivierten Vorgesetzten, der den persönlichen Austausch während der Arbeitszeit – etwa ein Gespräch über Hobbys oder Fußballergebnisse – für reine Zeitverschwendung hält, leiden sie oft. Das bedeutet jedoch nicht, dass sie keine Leistungsträger sind oder große Teile ihrer Arbeitszeit mit sinnlosem kommunikativem Geplänkel verbringen. In einem guten Betriebsklima und einem funktionierenden Team sind sie hocheffektiv. Persönliche Wertschätzung lässt sie zu Höchstleistung auflaufen.

Wie bereits erwähnt will dieser Typ als Mensch und Freund wahrgenommen und akzeptiert werden. Deshalb ist ihm positives Feedback zu seiner Person wichtig. Ein Vorgesetzter motiviert ihn besser, indem er seinen Beitrag zum Unternehmenserfolg würdigt, als wenn er ihm „nur" Anerkennung für ein gutes Ergebnis zollt.

---

[2] Ebenda.

[3] Ebenda.

5.4 Berufsbilder

Freundschaftsorientierte sind gut in Arbeitsumfeldern aufgehoben, in denen ihre Empathie, ihr Interesse an anderen Menschen und ihr diplomatisches Talent gefragt sind.

5.4.1 Experte oder Führungskraft?

Es ist ein großer Irrtum zu glauben, dass Freundschaftsmotivierte ungeeignete Führungskräfte sind – die Brüder Mariscal sind ein Beispiel dafür. Richtig ist, dass ein Mensch, der nur vom Freundschaftsmotiv getrieben ist, oft nicht das Bedürfnis hat, Führungsverantwortung zu tragen, weil er lieber „auf Augenhöhe" mit seiner Umwelt interagiert und deshalb allgemein nicht sonderlich viel von Hierarchien hält. Richtig ist aber auch, dass viele Menschen mit einem hohen Anteil des Freundschaftsmotivs in ihrem Profil über die für erfolgreiche Führung so wichtige Empathie und Menschenkenntnis verfügen und so das Vertrauen und die Loyalität ihrer Mitarbeiter mühelos gewinnen.

Das Freundschaftsmotiv tritt oft in Kombination mit einem der Motive „Leistung" oder „Vision" auf. Freundschaft und Vision finden wir in der Persönlichkeitsstruktur einiger legendärer Anführer. Der britische Forscher *Ernest Shackleton* (1874–1922), dessen meisterhafte Handhabung eines Schiffbruchs heute an Akademien für Führungskräfte als mustergültiges Beispiel für Krisenmanagement herangezogen wird, zählt zu dieser Gruppe. Er bewältigte die ausweglos erscheinende Situation ohne Verluste von Menschenleben[4]. Den leistungsorientierten Führungsstil der britischen Marine hatte er als junger Matrose und während seiner ersten Antarktisexpedition unter Robert Falcon Scott, der später sein Leben auf dem Rückweg vom Südpol verlieren sollte, hassen gelernt. Insbesondere das Erreichen von Zielen unter Einsatz von Menschenleben stieß Shackleton ab. Die Konsequenzen, die er aus diesen Erfahrungen zog, prägten eine Führungspersönlichkeit von für die damalige Zeit ungewöhnlicher Modernität. Zwar wollte Shackleton seine Visionen von der Erreichung des Südpols oder der Durchquerung des antarktischen Kontinents verwirklichen, jedoch nicht um jeden Preis und schon gar nicht unter Inkaufnahme unnötiger Risiken für seine Leute und sich. Er war es, der den legendären Satz „besser ein lebender Esel als ein toter Löwe"[5] prägte, als er auf der ersten von ihm geleiteten Expedition nur 180 Kilometer vor dem Pol umkehren musste.

Der von seinen Crews liebevoll „der Boss" Genannte setzte seine in seinem starken Freundschaftsmotiv begründete herausragende Menschenkenntnis ein, um nach dem Untergang des Expeditionsschiffes „Endurance" zu erkennen, welche Männer welche Aufgaben bei der Rettung übernehmen konnten, wer gefährdet war, sich aufzugeben und in Depressionen zu verfallen und welche potenziellen Unruhestifter und Meuterer er in seiner unmittelbaren Nähe behalten musste. Seinen Stellvertreter Frank Wild entwickelte er

---

[4] Morrell und Stephanie (2003).

[5] Huntford (1985, S. 300). Eigene Übersetzung.

mit viel Geduld zu einer Führungskraft, die ihm in nichts nachstand. Im Kampf gegen Kälte, Hunger und Demoralisierung war sich Shackleton für keine Aufgabe zu schade. Von ihm ist zum Beispiel bekannt, dass er eigenhändig kranke Crewmitglieder pflegte oder Jagdteams nach einer Nacht bei eisigen Temperaturen Tee zubereitete und servierte. Das Wohlergehen seiner Leute stand für ihn zu jedem Zeitpunkt an erster Stelle.[6]

Je nach Motivkombination sind Freundschaftsmotivierte auch geschätzte Experten. Das gilt besonders, wenn Freundschafts- und Leistungsmotiv zusammentreffen. Diese Persönlichkeiten sind oft ebenso kompetente wie beliebte Fachkräfte, die anderen helfen, exzellente Leistungen zu erbringen. Lesen Sie dazu auch Kap. 10.1.2.

5.4.2 Arbeitsumfelder

Unternehmen im Umbruch, die wenig Kontinuität bieten, sind keine motivierenden Umfelder für Freundschaftsmotivierte, weswegen auch Zeitarbeits- oder Personalleasingunternehmen für sie nicht die erste Wahl sind (auch wenn der Einstieg ins Berufsleben oder in eine neue Laufbahn immer öfter auf diese Weise erfolgt.) In meiner Praxis erlebe ich viele Freundschaftsmotivierte, die im öffentlichen Dienst tätig sind. Lesen Sie dazu auch die Abschn. 10.2.2, 10.3.2 und 10.4.2.

Ein gutes Beispiel für einen Wechsel in ein passendes Umfeld ist die Geschichte eines erfolgreichen McKinsey-Mitarbeiters, der bei dem bekannten Consulting-Haus ausstieg und unter erheblichen finanziellen Einbußen das Management einer neu gegründeten Kindertagesstätte übernahm. Das Unverständnis seines Umfeldes, wie man eine solche Karriereoption „sausen lassen" könne, nahm der Mann mit Gleichmut: Sein neues Arbeitsumfeld ermögliche ihm den ständigen partnerschaftlichen Dialog mit den anderen Mitarbeitern und erlaube ihm vor allem auch, mehr Zeit mit seiner Frau und seiner zweijährigen Tochter zu verbringen als der „Topjob", der ihn heute nach Zürich, morgen nach Frankfurt und übermorgen nach London geführt hatte.

Grundsätzlich ist jede Art von Teamwork geeignet, wenn nicht gerade Zeit- und Leistungsdruck so hoch sind, dass Interaktion schwer oder unmöglich wird. Ein weiteres Beispiel: Der britische Regisseur und Drehbuchautor Ken Loach beweist schon durch die Auswahl seiner Themen Solidarität mit den Schwachen und Ausgegrenzten. Im Interview offenbart er eine für Freundschaftsmotivierte typische Bescheidenheit in Bezug auf sein Werk, wenn er dessen Erfolg allein dem Einsatz seiner Schauspieler und seiner Crew zuschreibt. Für ein ausgeprägtes Freundschaftsmotiv spricht auch, dass Loach bei seiner Arbeit auf personelle Kontinuität setzt – in der Filmbranche nicht unbedingt selbstverständlich, da es oft zu Terminkollisionen kommt. Kameramann Barry Ackroyd und Drehbuchautor Paul Laverty gehören fast immer zum Team, die Produzentin Rebecca O'Brien produzierte seit der ersten Kooperation im Jahr 1990 nahezu alle Loach-Filme.

---

[6] Vgl. Morrell und Capparell (2003, S. 64 und S. 172).

Seine Darsteller sind oft Amateure ohne darstellerische Erfahrung. Ihm macht es nichts aus, diese Laienschauspieler am Set geduldig zu fördern und zu entwickeln. Professionelle Akteure würden ihm diesen Einsatz nicht abverlangen, doch Loach weist zu Recht darauf hin, dass der Einsatz von Amateuren enorm zur Authentizität seiner Erzählungen beiträgt, die stets im Milieu der „kleinen Leute" spielen. Im November 2012 lehnte Loach einen Preis des renommierten Filmfestivals Turin ab. Gefeuerte Reinigungs- und Sicherheitskräfte des Festivalträgers, die durch schlechter bezahlte Leiharbeitskräfte ersetzt wurden, hatten den Regisseur um seine Solidarität gebeten. Loach entsprach ihrer Bitte und erklärte schriftlich, er werde die Auszeichnung aufgrund dieser Vorgehensweise nicht annehmen.

5.4.3   Typische Profile

Freundschaftsmotivierte sind typischerweise in Berufen zu Hause, die ihre unterstützende und wertschätzende Einstellung schon von Hause aus voraussetzen. Dazu zählen natürlich pflegende und soziale Berufe, aber auch beratende Tätigkeiten und viele Dienstleistungsberufe. Diesen Laufbahnen ist gemeinsam, dass Menschen beraten, gepflegt, betreut, unterrichtet oder unterhalten werden, kurzum: Es sind Berufe, in denen der Mensch im Mittelpunkt steht.

Beispiele für geeignete Berufsbilder sind Altenpfleger, Arzt, Erzieher, Kundenberater, Lehrer, Masseur, Pastor, Physiotherapeut, Psychologe, Sozialarbeiter oder Fachkraft im Bereich Touristik, Hotelmanagement oder Gastronomie. Freundschaftsmotivierte haben damit das Glück, unter einer breitgefächerten Auswahl möglicher Tätigkeiten wählen zu können.

Freundschaftsmotivierte sind generell prädestiniert für das Reklamationsmanagement, da sie mit ihrer diplomatischen und beruhigenden Art viele potenzielle Konfliktsituationen schon im Ansatz entschärfen können.

5.5   Stärken

Freundschaftsmotivierte besitzen ein hohes Maß an emotionaler Intelligenz. Selten verfolgen sie eine harte Linie: Das Erreichen und Einhalten von Kompromissen ist mit ihnen im Allgemeinen gut möglich. Dennoch sind gerade freundschaftsmotivierte Führungskräfte auch in der Lage, deutliche Worte zu finden, wenn die Situation es erfordert. Der entscheidende Unterschied zu Machtmotivierten ist, dass sie stärker darunter leiden, im Kontext ihrer Arbeit gegen die Interessen anderer verstoßen zu müssen.

Catherine von Fürstenberg-Dussmann wurde nach dem schweren Schlaganfall ihres Mannes Peter Dussmann quasi über Nacht zur Firmenchefin. Die gebürtige Amerikanerin sagt im Interview ganz explizit: „Ich will, dass jeder mich mag, mindestens aber respektiert."[7]

---

[7] Hansen (2012).

Dieses Ideal hat sie nie aufgegeben. Als sie ihren Mann an der Konzernspitze ablöste, war für sie zwar noch unklar, wie sie ihre Arbeit gestalten würde, aber sie wusste, dass sie anders führen würde als er. Peter Dussmann galt als unerbittlich, als pedantischer Chef, der keinen Widerspruch duldete. Seine Frau begann ihren Arbeitsalltag mit einem Undercover-Einsatz als Putzfrau. Sie habe wissen wollen, wie das tägliche Leben der „kleinen" Mitarbeiter, der Teilzeitkräfte, der Schichtarbeiter aussehe, so Dussmann, und in Erfahrung bringen wollen, was sie brauchten, um auch in einem oft monotonen und harten Job gern zu arbeiten.

Das brachte der neuen Chefin natürlich große Sympathien ein. Doch auch sie musste akzeptieren, dass sie gezwungen war, einige der Führungskräfte der „alten Garde" zu entmachten, weil diese sich mit dem Wechsel an der Spitze und dem damit einhergehenden Wandel der Unternehmenskultur nicht abfinden mochten. Doch sie akzeptierte, dass sie sich nur aus einer einflussreichen Position heraus in ihrem wertschätzenden und partnerschaftlichen Führungsstil etablieren konnte – und ihren Einfluss eben auch nutzen musste, um diejenigen in die Schranken zu weisen, die zurück zum hierarchischen Stil wollten.

Ihre Ausgeglichenheit, Entspanntheit und Zufriedenheit macht Freundschaftsmotivierte zu positiven und angenehmen Zeitgenossen, mit denen Umgang und Zusammenarbeit leichtfallen. Im Gegensatz zu Leistungsmotivierten können sie Erfolge genießen.

Ein Freundschaftsmotivierter weiß aufgrund seiner empathischen Kompetenz und seiner Fähigkeit, Vertrauen zu gewinnen, häufig viel über andere. Er setzt dieses Wissen jedoch nicht ein, um Macht zu erlangen oder zu festigen. Die Ideen, Vorstellungen und Wünsche anderer haben für Freundschaftsmotivierte einen hohen Stellenwert und finden in ihren Handlungen deshalb Berücksichtigung. Sie loben gern und kritisieren wenig.

Sind Freundschaftsmotivierte in einer Führungsposition, geben sie oft dem Mitarbeiter, mit dem „die Chemie stimmt" den Vorzug gegenüber dem fachlich am besten Qualifizierten (sofern nicht zufällig beides zutrifft, was dem Harmoniebedürfnis des Freundschaftsgetriebenen am ehesten entspricht.) Das kann sowohl positiv als auch negativ sein. Die Personalauswahl freundschaftsmotivierter Menschen trägt mit Sicherheit zur Schaffung und Pflege eines guten Betriebsklimas bei, ist aber nicht immer geeignet, dem Unternehmen das Höchstmaß an Expertise zu sichern.

Die große Stärke dieses Typs liegt in seiner Empathie, seiner Teamkompetenz und seiner ausgleichenden Art. Sie ermöglicht es Trägern dieses Motivs, für Zufriedenheit zu sorgen – bei sich selbst und bei anderen. Mit ihrer positiven Ausstrahlung motivieren und begeistern sie.

5.6 Schwächen

Der Unwille freundschaftsmotivierter Menschen, die Bitten anderer um Unterstützung abzuschlagen und die Eigenschaft, eigene Bedürfnisse hinter die des Umfeldes zu stellen, können in extremer Ausprägung von der Stärke zum Handicap werden. Das ist dann der Fall, wenn der Freundschaftsmotivierte sich übernimmt, dauerhaft überlastet oder ausgenutzt wird. Die Umgebung trifft dann häufig Aussagen wie „er/sie kann nicht Nein sagen" oder „er/sie hat ein Helfersyndrom." Psychologen sprechen von einem Abgrenzungsproblem.

Freundschaftsmotivierte werden durch Kritik leicht verletzt und verunsichert. Deshalb kann es ihnen schwerfallen, Kritik anzunehmen und daraus Verbesserungen abzuleiten, selbst, wenn die Kritik sachlich, konstruktiv und frei von persönlichen Wertungen ist.

Die bereits erwähnten Bauchschmerzen der Freundschaftsmotivierten bei allen Entscheidungen, die andere Menschen in Mitleidenschaft ziehen, können sie zögern lassen und im Ernstfall ihre Entschlusskraft behindern. Auch hier ist der Grat zwischen positiver Ausprägung – überlegtem Handeln, berechtigter Abwägung von Interessen – und negativen Konsequenzen – Entscheidungsschwäche, Zögerlichkeit – schmal. Dieses Entwicklungsfeld müssen insbesondere Freundschaftsmotivierte bearbeiten, die Führungsverantwortung anstreben oder bereits innehaben. Meg Whitman, einst CEO von eBay und heute von Hewlett-Packard, hat in Interviews häufig betont, dass keine Führungskraft ausschließlich auf Basis guter zwischenmenschlicher Beziehungen erfolgreich sein könne. Whitman folgte Leo Apotheker an die Konzernspitze. Anders als ihm eilt ihr der Ruf voraus, ein gutes Gespür, großes Einfühlungsvermögen und vor allem ein offenes Ohr für die alteingesessenen Manager des Unternehmens zu haben.[8]

Weil sie freundschaftliche und zwischenmenschliche Beziehungen so überaus ernst nehmen, sind viele Freundschaftsmotivierte nachtragend, wenn ein Gegenüber ihr Vertrauen missbraucht, Loyalität verweigert oder die freundschaftliche Beziehung anderweitig verletzt. Durch „hinter dem Rücken reden", Intrigen oder Doppelzüngigkeit werden Freundschaftsmotivierte nachhaltig verprellt und können dann erstaunlich gnadenlos sein. Meist reparieren dann auch nachträgliche Entschuldigungen oder Wiedergutmachungsversuche den Schaden nicht mehr.

5.7   Tipps und konkrete Handlungsanweisungen

Die Entwicklungsfelder von Freundschaftsmotivierten liegen vor allem bei den Themen Konflikt- und Kritikfähigkeit, Entschluss- und Handlungskraft sowie Abgrenzung.

Die Fähigkeit, Kritik zu üben, unangenehme Wahrheiten anzusprechen und gegebenenfalls Konsequenzen zu ziehen, sollte trainiert und entwickelt werden. Das wird meist dann notwendig, wenn Freundschaftsmotivierte feststellen, dass durch das Hinauszögern und Vermeiden von Konflikten ein Problem entsteht.

Bedenken beim Treffen von Entscheidungen mit weitreichenden Konsequenzen können natürlich nicht per Knopfdruck abgeschaltet werden. Dennoch können Freundschaftsmotivierte lernen, auch sich selbst gegenüber eine wertschätzende Position einzunehmen und einen Entschluss, der ihnen schwerfällt, zu akzeptieren, indem sie sich immer wieder vor Augen führen: „Ich habe alles in meiner Macht Stehende getan, um Interessen zu berücksichtigen und Härten zu vermeiden. Ich muss aber auch Faktoren berücksichtigen,

---

[8] Zeitler (2011).

die ich nicht aktiv beeinflussen kann." So wird ihre Fähigkeit, sachlich abzuwägen und Sachentscheidungen in den Vordergrund zu rücken, gestärkt.

Im Interesse einer kontinuierlichen beruflichen Weiterentwicklung kann es notwendig werden, selbst eine höhere Toleranz für die Zwänge des Wirtschaftslebens zu entwickeln. Wer merkt, dass er mit sachlich richtigen Entscheidungen zu Lasten menschlicher Aspekte nicht klarkommt, muss daran arbeiten. Mitarbeiter, die dauerhaft zu wenig Leistung bringen, schaden dem Unternehmen und gefährden Arbeitsplätze von Kollegen. Ein solcher Gedankengang kann Freundschaftsmotivierten auch harte Personalmaßnahmen vereinfachen.

Der durch Abgrenzungsprobleme verursachte Leidensdruck kann sehr hoch werden. Menschen, die nicht Nein sagen können, laufen Gefahr, durch Überlastung auszubrennen oder Aufgaben zu übernehmen, die nicht in ihrem Verantwortungsbereich stehen. Sie sind damit ideale Opfer für manipulative Machttypen, die diese Schwäche ausnutzen und sie zusätzlich unter Druck setzen, indem sie an ihr Gewissen appellieren („Gerade von dir hätte ich jetzt nicht gedacht, dass du mich so hängen lässt…") Wer merkt, dass er auf diese Weise instrumentalisiert wird und nicht in der Lage ist, aktiv gegenzusteuern, sollte nicht zögern, die Dienste eines Coachs in Anspruch zu nehmen. Das Setzen von Grenzen, auch Nahestehenden gegenüber, ist erlern- und trainierbar.

Im Rahmen meiner Coachings muss ich Freundschaftsmotivierten leider häufig die Illusion rauben, dass sie als „Gutmensch" und „Fairplayer" automatisch Karriere machen. Freundschaftsmotivierte auf dem Weg nach oben müssen lernen, dass sie im Bewerbungsprozess eben auch einen lieb gewonnenen Kollegen überbieten müssen. Als besondere Herausforderung erleben Freundschaftsmotivierte die Tatsache, aus dem Team heraus zur Führungskraft ernannt zu werden. Sie müssen lernen, die richtige Balance zwischen Nähe und Distanz zu halten.

5.8 Beispiele: Kurzbiografien freundschaftsmotivierter Menschen

Freundschaftsmotivierte Menschen gelten zu Unrecht als zu weich und gutherzig, um wegweisende Entscheidungen zu treffen, erfolgreiche Unternehmen zu gründen und zu führen oder Machtworte zu sprechen. Stattdessen stellen sie regelmäßig unter Beweis, dass sie auch ohne den manchmal in Verbissenheit ausartenden Perfektionismus des Leistungsmotivierten oder das Einflussdenken Machtmotivierter Großes erreichen können – wie unsere drei Beispielpersönlichkeiten.

5.8.1 Geschichte: Werner von Siemens

In der Biografie des Erfinders und Industriellen Werner von Siemens (1816–1892) ist neben dem Leistungsmotiv auch ein Freundschaftsmotiv zu erkennen. Zufriedene und abgesicherte Mitarbeiter waren für ihn zwar auch eine Bedingung für nachhaltigen Unternehmenserfolg und dienten dem taktischen Ziel der langfristigen Mitarbeiterbindung.

Siemens' soziales Engagement war aber nicht nur Mittel zum Zweck und ging weit über das betriebliche Umfeld hinaus. So setzte er sich auch auf politischer und gesamtgesellschaftlicher Ebene mit hohem persönlichem Engagement für soziale Verbesserungen ein. Seine Mitarbeiter bezeichnete er 1868 als „treue Gehilfen"[9], die entscheidend am Erfolg der Firma beteiligt seien und somit auch ihren Anteil an den Gewinnen erhalten müssten. Der in der Mitte des 19. Jahrhunderts niedrige Lohn schien ihm keine ausreichende Würdigung der Leistung seiner Leute. So führte er eine frühe Form der Umsatzbeteiligung ein, gründete eine Pensions-, Witwen- und Waisenversicherung und bestand ab 1873 auf der Einhaltung eines Neun-Stunden-Arbeitstags. Mit seiner Unterstützung der Revolution 1848/1949 wandte er sich gegen die Restaurationspolitik der alten Feudaleliten und trat aktiv für die Herstellung demokratischer Strukturen ein.

5.8.2   Gastronomie: Jamie Oliver

Dass Jamie Oliver keine akademische Laufbahn einschlagen würde, stand schon relativ früh fest: Der berühmte Koch, der schon als kleiner Junge im Pub seines Vaters half, hat laut Winterbottom sowohl Legasthenie als auch ADHS.[10] Beides – die Lese-Rechtschreibschwäche und die Schwierigkeiten, sich lange auf einen bestimmten Gegenstand zu konzentrieren, machten ihm das Lesen dermaßen zur Qual, dass er nach seiner eigenen Aussage bis heute kein Buch außer seinem eigenen Debütwerk gelesen hat.[11] Doch Jamie, der sein jüngeres Selbst als „dieses dicke, dumme Kind"[12] bezeichnet, wuchs in einem liebevollen, unterstützenden Umfeld auf, mit Eltern, die ihm beibrachten, dass man alles erreichen kann, wenn man an sich glaubt. Damit hatte er gute Voraussetzungen, trotz seiner Handicaps seine Träume umsetzen zu können.

Das Kochen war nicht nur Jamie Olivers große Leidenschaft, es hatte für ihn auch immer eine ausgeprägte soziale Komponente. Er wollte kein Starkoch sein, der in exklusiven Sternerestaurants oder im Fernsehen für ein ausgewähltes Publikum mit einem großen Budget für exotische Zutaten den Kochlöffel schwang. Stattdessen wollte Oliver Menschen beibringen, wie man sich nicht nur gesund, sondern gleichzeitig auch schmackhaft, preiswert und schnell ernähren kann. Sein Freundschaftsmotiv wird auch anhand der Tatsache deutlich, dass es für ihn immer wichtig war, weiterzugeben, was er selbst erfahren hatte und damit andere Menschen stärker zu machen: In seinem Londoner Restaurant Fifteen bekommen arbeitslose Jugendliche die Chance auf eine bessere Zukunft. Meist handelt es sich um Auszubildende, die nicht so viel Unterstützung durch ihr Elternhaus erfuhren wie

---

[9] Feldenkirchen (1996, S. 199).
[10] Winterbottom (2012, S. 21, S. 101).
[11] Ebenda. S. 22.
[12] Ebenda. S. 22.

der junge Jamie Oliver. Mit seinem Ausbildungsprogramm handelt er gemäß seiner Maxime „empfangen, wenn man jung ist, und geben, wenn man älter ist."[13]

Eine besondere Freundschaft verbindet Oliver mit seinem deutschen Pendant Tim Mälzer. Beide lernten sich im Rahmen ihrer Ausbildung kennen. Obwohl sie beide seit über 15 Jahren in der wettbewerborientierten Gastronomieszene tätig sind, in der Konkurrenzgerangel an der Tagesordnung ist, sind die beiden befreundet und ihrer gemeinsamen Leidenschaft für gutes Essen treu geblieben. Diesen beiden Freundschafts- und Visionsmotivierten geht es um die Sache, für die ihr Herz schlägt.

5.8.3   Wirtschaft: Burkard und Frank Erbacher

Um sinnvolle Ernährung geht es auch den Erbacher-Brüdern. Die Erbacher Food Intelligence GmbH produziert Dinkelspezialitäten und wird von Frank Erbacher geleitet. Sein Bruder Burkard steht an der Spitze der Tiernahrungssparte der Firmengruppe, die unter dem Label „Josera" Futter für Heimtiere und Landwirtschaft vertreibt. Auch diese beiden Freundschaftsmotivierten treibt zusätzlich ein Visionsmotiv an: „Das Unternehmen soll dem Wohl der Menschen dienen"[14], lautet der hohe Anspruch ihrer Unternehmenskultur. Lebensmittel für Menschen und Tiere sollen nachhaltig, umweltfreundlich und qualitätsbewusst produziert werden, die Führung wertschätzend und werteorientiert sein.

Diese Leitlinien scheinen sich für die Erbacher-Gruppe auszuzahlen. Die Motivation der 250 Mitarbeiter des Mittelständlers ist hoch, sie schätzen die familiäre Atmosphäre, den partnerschaftlichen Führungsstil und die Gestaltungsfreiheit, die sie an ihrem Arbeitsplatz genießen.

Die Erbacher-Stiftung unterstützt weltweit Entwicklungshilfeprojekte, in deren Fokus häufig das Prinzip „Hilfe zur Selbsthilfe" steht, etwa, wenn Kenntnisse zur Veredelung, Weiterverarbeitung und Vermarktung von Agrarprodukten in Schwellenländern vermittelt werden. Geleitet wird die Stiftung von Burkards und Franks Schwester Birgit, gegründet wurde sie von der Großmutter der Geschwister. Es zählt zu den charakteristischen Zügen von Freundschaftsmotivierten, dass die Zusammenarbeit mit den nächsten Familienmitgliedern und Angehörigen für sie motivierend ist – dasselbe Phänomen wird Ihnen in Kap. 9.3 in der Biografie Bobby Dekeysers begegnen, der ebenfalls stolz darauf ist, ein echtes Familienunternehmen gegründet zu haben.

Burkard Erbacher ist nicht nur erfolgreicher Unternehmer, Familienmensch und für seinen wertschätzenden Stil geschätzter Chef. Der Diplom-Physiker offenbart auch Züge des analytischen Denkens und der Sachkenntnis eines Leistungsmotivierten. Wichtiger ist ihm aber eine nachhaltige Marktwirtschaft. Der Nutzen für Mensch und Umwelt steht im Fokus seines betriebswirtschaftlichen Ansatzes. Sein Bruder engagiert sich unter anderem

---

[13] Ebenda. S. 81.
[14] Erbacher (2012).

Abb. 5.1 Das Freundschaftsmotiv. (© Kai Felmy)

in einem Kooperationsprojekt mit den Philippinen, dessen Ziel darin besteht, langfristig höhere Hygiene und Qualität sicherzustellen und somit auch Arbeitsplätze zu erhalten.

Beide stellen zwei Dinge in den Mittelpunkt ihres Handelns: den Menschen und die Nachhaltigkeit von Entwicklungen. Damit verkörpern die Brüder einen Unternehmertyp, den man in Zeiten einer starken Ausrichtung auf kurzfristige Profite und Renditen und der zunehmenden Desintegration von stabilen Arbeitsstrukturen etwa durch Leiharbeit oder Minijobs fast schon für ausgestorben hielt und zeigen mit ihren Gewinnzahlen, dass Freundschaftsmotivierte nicht nur geschätzte und beliebte, sondern auch sehr erfolgreiche Unternehmer und Chefs sein können (Abb. 5.1).

Das Autonomiemotiv

6

Zusammenfassung

Das Autonomiemotiv bedingt das Streben nach Unabhängigkeit. Im Kern der Persönlichkeit des Autonomiemotivierten steht der Wunsch, Herr des eigenen Handelns zu sein. Abhängigkeit von anderen wird nach Möglichkeit vermieden, Freiheit und Selbstbestimmung sind für Autonomiemotivierte entscheidend. Historisch kann man vermuten, dass die Vordenker des im 17. Jahrhundert aufkommenden politischen und wirtschaftlichen Liberalismus autonomiemotivierte Persönlichkeiten waren. Für sie ist es typisch, die Freiheit, aber auch die Eigenverantwortlichkeit des Individuums zur zentralen Leitlinie allen Denkens und Handelns zu erheben. Dabei respektieren sie das Recht anderer Menschen auf Unabhängigkeit ebenso wie ihr eigenes.

6.1 Abgrenzung von anderen Motiven

Beim Autonomiemotiv handelt es sich um eine Variante des Machtmotivs, dem auch Wettbewerbs- und Visionsmotiv zuzuordnen sind. Für den Autonomiemotivierten steht allerdings nicht der Wunsch zu gewinnen im Vordergrund, der den Wettbewerbsmotivierten antreibt, noch der Gemeinschafts- und Gerechtigkeitssinn, der typisch für Visionsmotivierte ist. Autonomiemotivierten geht es um das Streben nach Selbstbestimmung. Nichts demotiviert sie mehr als ein starres Korsett aus Vorschriften und Prozeduren, wie es häufig in Behörden oder großen Konzernen zu finden ist.

Alles, was sie in ihrer Unabhängigkeit und Bewegungsfreiheit beeinträchtigen könnte, betrachten sie mit Argwohn, weswegen viele von ihnen Alkohol, Drogen, „oberflächliche" Zerstreuungen und materiellen Ballast jedweder Art meiden und eine Tendenz zu einer auf das Wesentliche konzentrierten Lebensweise zeigen. Schließlich ermöglicht das Reisen mit leichtem Gepäck den spontanen Aufbruch zu neuen Ufern. Der Bergsteiger Jon Kracauer ist ein gutes Beispiel: Bevor er heiratete und eine Familie gründete, ging es ihm nur darum, das Geld für seine nächste Tour zu verdienen und seine Bewegungsfreiheit zu

B. Haag, *Authentische Karriereplanung,*
DOI 10.1007/978-3-658-02513-7_6, © Springer Fachmedien Wiesbaden 2013

bewahren. Er nahm dafür jeden noch so unangenehmen Job an, gab für Wohnen, Essen und Kleidung nur das Allernotwendigste aus und kündigte, sobald er genügend gespart hatte, um wieder auf Achse zu gehen.[1]

Autonomiemotivierte verabscheuen es, auf andere Menschen angewiesen zu sein. Das Anbieten oder Annehmen von Rat und Hilfe steht im Widerspruch zu ihrer tiefen Überzeugung, dass jeder für sich selbst verantwortlich ist.

Wenn Autonomie- und Freundschaftsmotiv gemeinsam auftreten – was recht selten vorkommt – stillen Menschen mit dieser Kombination ihr Bedürfnis nach Nähe durch einen intensiven Kontakt zu ihrer Familie und einigen wenigen handverlesenen Freunden.

Das Autonomiemotiv kann in der Praxis häufig daran festgemacht werden, dass seine Träger als Individualisten auffallen. Sie heben sich von der Masse ab, sie sind „anders". Sie unternehmen ungewöhnliche und riskante Aktivitäten, neigen dazu, Grenzen auszuloten und fordern sich gnadenlos. Anders als Wettbewerbsmotivierte sprechen sie anderen das Recht zu, so zu sein, wie sie wollen. Sie gelten als tolerant und sie gewähren anderen die Freiheiten, die sie auch für sich selbst beanspruchen.

Leistungs- und Autonomiemotiv können in vieler Hinsicht zu ähnlichen Verhaltensmustern führen und deshalb verwechselt werden. So verbindet beide Gruppen eine große Abneigung gegen Routineaufgaben, das Desinteresse an Machtkämpfen und gesellschaftlichem Geplänkel und eine mitunter fast besessen wirkende Selbstdisziplin, die allerdings im Fall des Leistungsmotivierten der Erreichung eines beliebigen Ziels dient, während der Autonomiemotivierte sein ganz spezifisches Ziel der größtmöglichen Unabhängigkeit verfolgt.

Unterschiede zeigen sich im Verhältnis zu Regeln und Vorgaben. Diese werden vom Leistungsmotivierten streng eingehalten – schließlich will er das Ziel auf zuvor definiertem Weg und aufgrund der besten Leistung erreichen.

Der Autonomiemotivierte dagegen trotzt Vorschriften. Regeln, Normen oder auch Kleiderordnungen sind ihm von Natur aus suspekt (sie sind ja geeignet, die Autonomie des Individuums einzuschränken), werden kritisch hinterfragt und mitunter auch großzügig ausgelegt. Tragen Kollegen im Führungsteam den dunkelblauen Zweireiher und Krawatte und fahren einen 7er BMW, so bevorzugt der Autonomiemotivierte den schwarzen Rollkragenpullover von Prada und den alten Bentley. Typisches Beispiel dafür: Finanzinvestor Nicolas Berggruen, der in Kap. 6.8.2 im Porträt vorgestellt wird. Der Journalist Markus Feldenkirchen schreibt über ihn im Spiegel: „Die untersten Knöpfe seines Sakkoärmels hat er offen gelassen, die Manschetten auch. Der Kragen des Hemdes ist fransig, als habe eine Maus daran geknabbert. Es ist der Schick der alternativen Reichen, jener, die nicht mehr mitspielen müssen im kapitalistischen Gesellschaftsspiel mit seinen Etiketten, die es sich leisten können, unperfekt zu sein."[2] Oder: „Er trug schwarze Lederslipper, einen Cordanzug und wieder so ein fransiges Hemd wie in Zürich."[3] Alles, nur kein Business-Dresscode!

---

[1] Kracauer (2000).

[2] Feldenkirchen (2012).

[3] Ebenda.

Für Autonomiemotivierte besteht genau darin das erstrebenswerteste aller Statussymbole: es sich leisten zu können, von der Meinung oder Wertschätzung anderer unabhängig zu sein.

6.2 Die Welt des Autonomiemotivierten

Autonomiemotivierte Menschen strukturieren ihre Umwelt anhand der Themen „Einfluss" und „Selbstbestimmung". Materiellen Reichtum, Wissen oder Einfluss streben sie nicht als Selbstzweck an, sondern einzig und allein, damit sie ihr eigener Herr sein können und sich keine Vorschriften von anderen machen lassen müssen. Wenn sie Reichtum erwerben, nutzen sie ihn nicht, um damit andere zu beeindrucken, sondern nur, um sich von unerwünschter Einflussnahme auf ihr Leben zu befreien. Als Experte machen sie sich nicht wichtig und prahlen mit ihrem Wissen, sie genießen die Tatsache, dass sie autark sind – auch in der Einschätzung ihrer eigenen Leistung. Sie brauchen kein Lob von außen, um zu wissen, ob sie gut oder schlecht gearbeitet haben.

Ihrerseits erteilen Sie auch keine Ratschläge. Die Autonomie des Individuums ist ihnen nicht nur in Bezug auf sich selbst heilig, sondern wird auch bei anderen respektiert. Im Zentrum ihres Denkens steht die Idee, dass jeder sein darf, wie er will, tun und lassen kann, was er für richtig hält und die Konsequenzen, ob positiv oder negativ, selbst tragen muss. Auf Versuche, sie in ihrer Autonomie oder dem Streben danach zu beschneiden, reagieren Autonomiemotivierte mit Widerstand.

Autonomiemotivierten kann die freie Wahl von Arbeitszeit und -ort erheblich wichtiger sein als eine ansehnliche Gehaltserhöhung. Eine Karriere reizt sie sehr – aber maßgeblich, weil sie dann das Sagen haben und nicht den Anweisungen anderer Folge leisten müssen. Den teuren Dienstwagen und das exklusive Büro mit Vorzimmer lehnen sie als zu konventionell ab.

6.3 Was motiviert den Autonomiegetriebenen?

Damit Autonomiemotivierte ihr Bedürfnis nach Unabhängigkeit und Selbstbestimmung optimal erfüllen können, benötigen sie folgende Voraussetzungen:

1. ein Höchstmaß an Gestaltungs- und Entscheidungskompetenz,
2. ein Umfeld, das es Ihnen ermöglicht, sich als ihr eigener Herr zu fühlen und sich von niemandem Vorschriften machen lassen zu müssen und
3. ein Anforderungsprofil, das es ihnen erlaubt, auch einmal ungewöhnliche Wege frei von Konventionen zu gehen.

6.3.1   Gestaltungs- und Entscheidungskompetenz

Um motiviert zu sein, benötigen Autonomiemotivierte das Gefühl der Entscheidungs- und Gestaltungsfreiheit. Das kann auf unterschiedlichen Ebenen gegeben sein, zum Beispiel in Form einer freien Zeiteinteilung bei der Abwicklung eines Projektes, der Übernahme von Budgetverantwortung oder Freiheiten hinsichtlich dessen konkreter Ausgestaltung und Abwicklung. Autonomiemotivierte legen Wert auf nachvollziehbare, transparente und faire Prozesse; Machtspiele belächeln sie mitleidig.

6.3.2   Selbstbestimmung und Unabhängigkeit

Autonomiegetriebene reagieren unwillig auf starre Regelwerke. Werden sie in ein Korsett aus Normen, fremdbestimmten Prozessen oder von außen definierten Vorschriften gepresst, leidet ihre Motivation, und Leistungsblockaden können auftreten.

Das Aufgabenfeld autonomiemotivierter Menschen muss ihnen ermöglichen, Einfluss zu nehmen. Sind sie zu sehr auf Hilfe von außen angewiesen oder behindern umständliche Genehmigungsprozesse die Erfüllung ihres Motivs, können sie abweisend reagieren und mit ihrem Umfeld kollidieren. Sie ignorieren in einem solchen Fall vorgeschriebene Abläufe einfach.

Da sie Probleme selbst in den Griff bekommen möchten, ziehen sie nur ungern andere zu Rate. Sie belehren auch nicht, es sei denn, sie werden um Rat gefragt. Sie delegieren großzügig und gewähren viel Handlungsspielraum. Von anderen werden sie häufig bewundert für ihre Selbstdisziplin. Projekte, die sie sich vorgenommen haben, ziehen sie gnadenlos durch. Sie sind echte Arbeitstiere und begeistern ihre Umwelt durch ihr Charisma und ihre Individualität. Sie vertrauen auf sich und ihre Fähigkeiten und strahlen das auch aus, ohne überheblich zu wirken.

Sie arbeiten absolut selbstständig. Kontrolle engt sie von Natur aus ein. Ein hohes Maß an Empathie zeichnet auch sie aus.

6.3.3   Mehrung von Selbsterkenntnis, Selbstverständnis und Wissen

Autonomiemotivierte möchten, ähnlich wie Leistungsmotivierte, erleben, dass sie besser werden, wobei das in ihrem Verständnis bedeutet, unangreifbarer zu werden. Während sich das Streben nach mehr Wissen beim Leistungsmotivierten auf die Erweiterung seiner Fach- und Problemlösungskompetenz bezieht, ist es beim Autonomiemotivierten der Wunsch, unabhängig vom Wissen und Können anderer zu sein, der im Vordergrund steht. Der Autonomiemotivierte stellt altbewährte Vorgehensweisen und Konventionen in Frage. Das gilt auch für seine eigene Persönlichkeit. Er will mehr über sich erfahren, zu mehr Selbsterkenntnis gelangen und auf Basis eines verbesserten Selbstverständnisses noch mehr die Kontrolle über seine Emotionen, Handlungen und Entscheidungen erlangen.

Den Erwerb fachlichen Wissens schätzt er als ein weiteres Stück Unabhängigkeit, das es ihm erlaubt, das Annehmen von Hilfe zu minimieren.

6.4   Berufsbilder

Autonomiegetriebene motiviert ein Arbeitsumfeld, in dem die genannten Faktoren gegeben sind. Deshalb sind unter ihnen viele Freiberufler und Selbstständige zu finden, aber auch Mitarbeiter in dynamischen Unternehmen mit flachen Hierarchien.

6.4.1   Experte oder Führungskraft?

Als Experten sind Autonomiemotivierte meist geschätzt. Schließlich folgen sie ihrem Drang, ihr Wissen und Können ständig zu vermehren, wenn auch aus anderen Gründen als Leistungsmotivierte. Das macht sie zu Experten mit hoher Fachkompetenz. Somit eignen sie sich für Positionen in verschiedenen Spezialistenlaufbahnen. Im Fokus steht dabei aber nicht die Beschäftigung mit der „harten" Materie, sie interessieren sich für die „weiche" Materie, den Menschen. Vergleichen Sie dazu auch Kap. 10.1.3.

6.4.2   Arbeitsumfelder

Große Konzerne stellen nicht das ideale Arbeitsumfeld für autonomiemotivierte Menschen dar. Hierarchiegeprägte Strukturen, langwierige Genehmigungsverfahren und das Festhalten an altbewährten Arbeitsweisen blockieren sie. Auch Behörden oder andere öffentliche Einrichtungen, in denen schwerfällige und en detail reglementierte Prozesse den Arbeitsalltag prägen, fallen als motivierende Umfelder aus.

Besser geeignet sind innovative Arbeitgeber, etwa im Bereich Neue Medien oder Werbung. Start-ups, die eine hohe Eigeninitiative fordern und in denen Prozesse noch nicht definiert sind, sprechen Autonomiemotivierte in hohem Maß an. Machtspiele sind dort zu Beginn auch eher selten. Autonomiemotivierte arbeiten häufig bis zur Erschöpfung, solange sie selbst darüber bestimmen können, ob sie früh morgens, an einem Sonntag, mitten in der Nacht oder vierundzwanzig Stunden am Stück tätig sein wollen.

6.4.3   Typische Profile

Viele Menschen mit diesem Motivationsprofil sind selbstständig oder gehören den freien Berufen an. Somit gibt es unter den Ärzten, Rechtsanwälten, Architekten, Designern, Programmierern, Journalisten, Unternehmensberatern und Psychologen einen hohen Anteil von Menschen mit diesem Motiv. Aber natürlich sind sie auch talentierte Unternehmenslenker.

Stärker als andere Motivtypen neigen Autonomiegetriebene zu extremen Sportarten, die sie auch allein ausüben können. Deshalb überrascht es nicht, dass das Autonomiemotiv häufig in den Erzählungen und Reiseberichten von Bergsteigern (Reinhold Messner, Edmund Hillary, Jon Kracauer) oder Extremabenteurern (Arved Fuchs, Børge Ousland oder Mike Horn) zutage tritt. Der Norweger Ousland, ein ehemaliger Marinesoldat und Tiefseetaucher, lässt schon im Titel seines Berichtes über seine Abenteuer in Arktis und Antarktis keinen Zweifel daran, was ihn antreibt: „Solo durchs ewige Eis: Erstdurchquerung der Pole im Alleingang" ist die exemplarische Schilderung eines Autonomiegetriebenen in Reinform, dem Everest-Bezwinger Edmud Hillary attestierte: „Er sucht das Abenteuer nicht des Ruhmes oder des Geldes wegen. Nicht um den Kampf gegen die Elemente geht es ihm, sondern um den Kampf gegen sich selbst."[4] Selbsterkenntnis, Selbsterfahrung und Selbstverbesserung stehen stets im Mittelpunkt von Ouslands Reisen.

Nun sind Berufsbilder wie Marinetaucher, Extrembergsteiger, Fallschirmspringer oder Polarforscher relativ selten, und nicht bei jedem Träger des Autonomiemotivs führt es zu einer so „drastischen" Berufswahl. Es fällt aber auf, dass Autonomiemotivierte häufig eher unkonventionelle Tätigkeiten ausüben.

6.5   Stärken

Für die Karriereplanung hat ein starkes Autonomiemotiv viele Vorteile. Auf der Haben-Seite des Autonomiemotivierten stehen seine Disziplin und seine Selbstbeherrschung. Er ist in der Lage, sich selber gnadenlos zu immer neuen Höchstleistungen anzutreiben, wenn er sich davon verspricht, seinem Ziel der Selbsterkenntnis und -bestimmung näher zu kommen. Für Vorgesetzte haben Autonomiemotivierte zwei Seiten. Sie sind einerseits engagierte Mitarbeiter, die von allein laufen. Andererseits lassen sie sich aber nicht ohne Weiteres Vorschriften machen und können unbequem sein, denn sie haben keine Angst vor Konflikten mit übergeordneten Hierarchien. Sie geben sich nicht mit einfachen Antworten zufrieden, sondern hinterfragen kritisch Entscheidungen.

Als Vorgesetzte erkennen Autonomiemotivierte die Eigenverantwortlichkeit anderer an und sind damit ideale Chefs für selbstständige Mitarbeiter. Schwieriger wird es für Mitarbeiter, die klare Vorgaben, Anweisungen und „Ansagen" benötigen, um ihre Aufgaben gut zu bewältigen. Denn die werden sie von ihrem autonomiemotivierten Chef selten bekommen, da das seinem Menschenbild und seinem unerschütterlichen Glauben an die Selbstbestimmung und Eigenverantwortung anderer zuwiderläuft.

Zu den starken Seiten des Autonomiemotivierten gehört auch, dass er sich im Zuge seiner Selbsterkenntnis- und Selbstverbesserungsprozesse hinterfragt, sein Wissen und seine Kompetenz erweitert und in der Lage ist, ohne zusätzliche Impulse von außen hart an sich zu arbeiten. Sein Streben nach einem größeren Selbstverständnis und sein Wille zur Selbstbestimmung geben ihm vor, dass er ständig besser werden muss.

---

[4] Ousland (2007, S. 10).

Aufgrund des Desinteresses an „banalen" gesellschaftlichen Aktivitäten sind Autonomiemotivierte häufig stark auf ihre Arbeit fixiert und gleichzeitig völlig unberührt von Intrigen, Machtkämpfen, Klatsch und Tratsch. Wie schon erwähnt, meiden sie alles, was einen Verlust der Selbstkontrolle nach sich ziehen und zu Abhängigkeit führen kann, etwa Alkohol oder Drogen. All das macht sie zu effizienten, hart arbeitenden und kompetenten Mitarbeitern.

6.6 Schwächen

Die größten Stärken des Autonomiemotivierten sind in ihrer extremen Ausprägung auch seine größten Schwächen. So kann die Härte dieser Menschen gegen sich selbst Überlastungs- und Erschöpfungssyndrome bedingen. Sie überhören regelmäßig Warnsignale und gönnen sich keine Rast. Menschen in ihrem Umfeld bewundern oder beneiden ihren scheinbar pausenlosen und unermüdlichen Einsatz.

Die Anerkennung der Autonomie anderer kann in einen Unwillen, andere zu führen und anzuleiten umschlagen, was für autonomiemotivierte Chefs zum Problem werden kann. Sie überfordern damit gelegentlich Menschen, die gern unter enger Anleitung arbeiten, weil sie daraus Sicherheit gewinnen.

Auch die Tatsache, dass sich Autonomiemotivierte ungern Rat im Team holen und sich schnell eingeengt fühlen, kann andere Teammitglieder frustrieren und Irritationen bis hin zu offenen Konflikten auslösen.

Routineaufgaben lassen Autonomiemotivierte schnell die Geduld verlieren – ebenso wie Leistungsmotivierte. (Auch das ist ein sehr anschauliches Beispiel dafür, dass unterschiedliche Motive gleiche Verhaltensweisen bedingen können.) Sie halten sich zudem ungern an Regeln, was selbst dann gilt, wenn diese objektiv sinnvoll sind.

6.7 Tipps und konkrete Handlungsanweisungen

Das große Entwicklungsfeld für Autonomiemotivierte besteht darin, ihren starken Drang nach Unabhängigkeit zu zügeln. In diesem Zusammenhang müssen sie erkennen, dass etwa das Annehmen von Hilfe oder auch Ratschlägen keine Schwäche darstellt. Sie sollten auch akzeptieren, dass gewisse Abhängigkeiten unumgänglich sind. Ihre Sorge, nicht mehr unabhängig zu sein oder sich angreif- und verletzbar zu machen, erschwert Partnerschaften im Beruflichen wie im Privaten.

Autonomiemotivierte müssen auch daran arbeiten, sich Auszeiten zu gönnen und den Anspruch an sich auf ein Normalmaß zu reduzieren, bevor sie ausbrennen. Auch, dass Regeln und Strukturen von Fall zu Fall ihre Berechtigung und nicht per se den Zweck haben, das Individuum einzuengen, müssen sie annehmen, ebenso wie die Tatsache, dass es im Berufsleben nachteilig sein kann, Konventionen wahllos über den Haufen zu werfen. Hier gilt es zu unterscheiden, wann man sich besser (und sei es zähneknirschend) unterordnet.

Denn schließlich ist es meist ein weiter Weg bis zu einer Position, in der das große Ziel der Unabhängigkeit halbwegs verwirklicht ist. Leider handelt es sich um einen Weg, auf dem es wohl oder übel mitunter notwendig ist, „mit den Wölfen zu heulen" und sich an Vorgaben zu halten, bis man diese selber festlegen kann. Hierarchien werden Sie überall vorfinden, es sei denn, Sie wagen gleich den Sprung in die Existenzgründung.

Für Autonomiemotivierte kann es auch nützlich sein, in gewissem Maß zu taktieren und zu lernen, sich im Wettbewerb mit Kollegen zu behaupten. Auch wenn sie das alles als Zeitverschwendung empfinden, können sie diese Fähigkeiten mit dem Ziel der größtmöglichen Unabhängigkeit vor Augen trainieren.

6.8   Beispiele: Kurzbiografien autonomiemotivierter Menschen

Neben den bereits erwähnten Sportlern und Abenteurern Reinhold Messner, Arved Fuchs, Edmund Hillary, Mike Horn oder Børge Ousland wären an dieser Stelle die meisten Abenteurer und Extremsportler passende Beispiele, wobei viele von ihnen als geradezu prototypische Beispiele für das Autonomiemotiv bereits in anderen Publikationen zum Thema zitiert wurden.

6.8.1   Geschichte: Amelia Earhart

Ein interessantes historisches Beispiel ist die Pilotin, Flugpionierin und Frauenrechtlerin Amelia Earhart (1897–1939). Earhart, die im Alter von 23 Jahren das erste Mal in einem Flugzeug mitflog, erkannte das Fliegen von der ersten Sekunde an als ihre Berufung. Weil die Eltern ihr die Unterstützung für eine so „unweibliche" Tätigkeit verweigerten, sparte und lieh sie sich das Geld für eine Pilotenlizenz und ein kleines Flugzeug. International bekannt wurde sie durch den ersten Transatlantikflug einer Frau, der aber als PR-Aktion inszeniert wurde und bei dem sie zu ihrem lebenslangen Verdruss nur Passagierin war, während zwei männliche Kollegen die Maschine flogen.

Die wiederholten Heiratsanträge ihres späteren Mannes und langjährigen Mentors George Putnam ignorierte sie jahrelang, bis sie im Alter von 34 Jahren – „widerstrebend", wie sie nicht versäumte zu erklären,[5] – nachgab und Putnam ehelichte, allerdings nur unter der Bedingung einer offenen Ehe und des Verzichts auf Kinder. Earhart fürchtete, als Mutter in ihrem Beruf als Pilotin und Dozentin eingeschränkt zu werden.

Bekannt ist Amelia Earhart auch für ihr permanentes Engagement für die Gleichberechtigung der Geschlechter. Als typische Autonomiemotivierte erweist sie sich in diesem Zusammenhang dadurch, dass sie ihre Geschlechtsgenossinnen radikal in die Pflicht nimmt, an ihre Eigenverantwortung und Selbstbestimmung appelliert und sich weigert, sie als Opfer männlicher Dominanz zu sehen. Nach ihrer Auffassung waren es keineswegs die

---

[5] Patterson-Neubert (2013).

Männer, die die Frauen in ihrer unterlegenen gesellschaftlichen Position hielten. Vielmehr machten diese sich selbst zum vermeintlich schwachen Geschlecht. Earhart betonte, dass sie mit ihren Rekordflügen beweisen wolle, dass Frauen technisch und sportlich nicht unterlegen seien und auf allen Gebieten genauso viel erreichen könnten wie Männer.[6] Zu ihren Rekorden zählen dabei die jeweils ersten Alleinflüge eines Menschen auf den Strecken Hawaii-Kalifornien und Mexico City-Newark.

6.8.2   Nicolas Berggruen

Den deutlichsten Hinweis auf das Autonomiemotiv des Milliardärs Nicolas Berggruen liefert die Tatsache, dass er seine privaten Immobilien im Jahr 2000 auf einen Schlag verkaufte. Der Mann, der sich problemlos Villen, Penthouse-Appartements mit Blick über den Central Park oder auch ganze Inseln leisten kann, zieht es vor, sich nicht mit materiellem Ballast zu befrachten. Sein Privatflugzeug erlaubt es ihm, heute hier, morgen dort zu sein. Seit über zehn Jahren wohnt er nur in Hotelzimmern, und in den USA gilt er, einer der reichsten Menschen der Welt, als obdachlos. Stillstand ist für ihn gleichbedeutend mit Stagnation, Bewegung dagegen mit Leben, Weiterentwicklung, Veränderung, Verbesserung. Auch diese Rastlosigkeit ist typisch für Autonomiemotivierte – wer sich zu lange an einen Ort, ein Haus oder gar andere Menschen bindet, läuft Gefahr, die Unabhängigkeit, die sie suchen, zu verlieren. Berggruen sagt, er besitze einige Papiere, ein paar Bücher, ein paar Hemden, Jacketts, Sweatshirts. „Es würde alles in einen Paperbag passen."[7] Sein Leben hat das Gewicht einer vollen Papiertüte.

Auch feste zwischenmenschliche Bindungen sind nichts für Berggruen. Wie viele Menschen dieses Typs ist er ein Einzelgänger. Bindungslosigkeit und Mobilität der globalisierten Welt passen zum Autonomiemotiv des Exzentrikers, der – bevor er in New York Finanzwirtschaft und internationale Betriebswirtschaft studierte – in seiner Jugend Marx, Lenin, Sartre und Camus las und von sich selbst sagt, er sei damals linksorientiert, unangepasst und rebellisch gewesen.

Berggruen kommt nicht aus einer Unternehmerdynastie, er begann auch nicht bereits als Kind oder Teenager, Geschäftsmodelle zu entwickeln, wie das von anderen Milliardären wie Warren Buffet oder Bill Gates bekannt ist. Stattdessen begegnete der Sohn des Journalisten, Autors und Kunstsammlers Heinz Berggruen – der aufgrund seiner jüdischen Abstammung Berlin im Jahr 1936 verließ und zeitlebens mit Künstlern und Intellektuellen verkehrte – bereits im Kindesalter Pablo Picasso, auch sein Bruder und seine beiden Halbgeschwister sind Künstler bzw. Kunsthistoriker, seine Mutter Bettina Moissi war Schauspielerin.

Dieses Umfeld mag seinen Drang zur Unabhängigkeit und seine eigenwillige Denkweise, die ihn von anderen Finanzinvestoren unterscheidet, mitgeprägt haben. Berggruen ist

---

[6] Zu Earharts feministischen Ansätzen vgl. Ware (1993).
[7] Feldenkirchen (2011, S. 38).

nicht nur Autonomie- sondern auch Visionsmotivierter; sein Nicolas Berggruen Institute gründete einen „Rat für Nachhaltigkeit", über den er versucht, die mächtigsten Politiker der Welt von seinen Visionen zu überzeugen – zunächst auf regionaler Ebene in Kalifornien, wo er aufgrund seines Ansehens durchaus Erfolge erzielen konnte.

Man weiß nicht, ob man „Mister Karstadt" für eine echte Ikone einer menschlicheren, demokratischeren und sozialeren Marktwirtschaft oder schlicht für größenwahnsinnig halten soll, wenn er seine politischen Ambitionen darlegt: Einem „Rat für Europa" und einem „Rat für den Kongo" soll zu guter Letzt ein „Rat für die Welt" folgen. Noch bevor der Begriff geprägt war, setzte Berggruen in großem Stil auf SRI (Socially Responsible Investment). Schließlich will er der Welt über seinen Tod hinaus etwas Bleibendes hinterlassen, Verbesserung im Sinne der Gemeinschaft bewirken. Damit ist er nicht die absolute Ausnahmeerscheinung unter den Investoren, als die er sich gern sieht. Einige seiner Projekte wurden von hartnäckigen Journalisten entzaubert: Wind- und Wasserkraftanlagen blieben im Planungsstadium stecken und führten zu Protesten der einheimischen Bevölkerung und renommierter Umweltwissenschaftler. Ein ungewöhnlicher Geschäftsmann bleibt Berggruen allemal. Für seinen Think Tank konnte er Persönlichkeiten wie *Gerhard Schröder und Tony Blair* gewinnen, mehr und mehr sieht er sich als Politikberater der krisengeschüttelten westlichen Welt. Es wird spannend bleiben zu sehen, welche Impulse jemand mit seinem unabhängigen Denken und seinen Ideen für die festgefahrene Debatte um mögliche Auswege aus der Währungs- und Finanzkrise liefern kann.

6.8.3   Richard Branson

Im Gegensatz zu Berggruen hat Richard Branson seine Privatimmobilien und seine Insel nicht verkauft. Auch der Filmproduzent, Extremabenteurer und Unternehmer ist Milliardär. Was er sich mit Berggruen außerdem noch teilt, ist der Hang zu unkonventionellen Outfits – es gibt Aufnahmen von ihm, auf denen er mehr an Jeff Bridges in seiner legendären Rolle in „The Big Lebowski" erinnert als an einen erfolgreichen Geschäftsmann – und das starke Autonomiemotiv. Aktuelle Branson-Projekte umfassen kommerzielle Ausflüge ins Weltall, Tiefsee-Ausflüge mit dem eigenen U-Boot und möglicherweise den Versuch, den Rekord von Felix Baumgartners Stratosphärensprung (hinter dem mit Red Bull-Titan Dietrich Mateschitz eine weitere autonomiegetriebene Persönlichkeit steht) zu korrigieren.

„Es werde ihm eine Freude sein, Red Bull das Fürchten zu lehren"[8], motiviert der Brite seine Pläne, mit Anfang 60 aus seinem privaten Raumschiff zu springen. In den Medien wird Branson gern als „der verrückteste Milliardär der Welt"[9] bezeichnet, und auch wenn es auf diesen Titel durchaus andere Anwärter gibt – Mateschitz wäre einer davon – hätte er, käme es je zur Verleihung eines entsprechenden Preises, vermutlich gute Chancen.

---

[8] Branson (2013). Eigene Übersetzung.
[9] Böll (2009).

Branson legte den Grundstein für sein beachtliches Vermögen nämlich nicht etwa mit IT-Produkten, Online-Plattformen oder Energydrinks, sondern mit Punkrock. Keine Geringeren als die legendären Sex Pistols waren nämlich die ersten Klienten von Bransons in den siebziger Jahren noch völlig unbekanntem Independent-Label Virgin Records. Damals wohnte er auf einem Hausboot und hatte sich den Widerstand gegen den Vietnamkrieg auf die Fahnen geschrieben. Ohne die Sex Pistols, erklärt Branson, würde er heute weder eine Fluggesellschaft noch eine Bank besitzen.[10] Das dürfte zwar kaum in der Absicht der gegen das Establishment rebellierenden Musiker gelegen haben, ebnete Branson jedoch den Weg in die für den Autonomiemotivierten so wichtige Unabhängigkeit.

Die nutzt er, um, wie Journalist Uwe Jean Heuser es formuliert, „die Welt zu retten"[11]. Neunzig Prozent seiner Zeit verbringe er heute mit dem Aufbau gemeinnütziger Organisationen, so Branson.[12] An Ruhestand denkt er ebenso wenig wie eine andere von ihm betreute Band – die Rolling Stones. Sein besonderes Anliegen ist der Kampf gegen den Klimawandel, den er für ein „ernstes Problem"[13] hält. Daher gibt es die Initiative Carbon War Room, in der er Wirtschaft, Wissenschaft, Politik und Investoren an einen Tisch bringen will, um mit vereinten Kräften gegen die Erderwärmung zu kämpfen.

Auch wenn er sein Visionsmotiv erst mit der wirtschaftlichen Unabhängigkeit voll ausleben konnte, stellte es bereits früh eine entscheidende Triebfeder für seinen Erfolg dar: „Ich glaube, der Begriff des Unternehmers oder Geschäftsmannes führt in die Irre. Was ist denn Geschäft? Im Wesentlichen, dass jemand mit einer Idee aufwartet, die für andere Menschen eine Verbesserung in ihrem Leben ist"[14], erklärt Branson die Wurzeln seines Firmenimperiums. Auch er gehört zu den Menschen, die erfolgreich sind, weil sie lieben, was sie tun – und die begriffen haben, wie erfolgskritisch diese Tatsache ist: „Spaß und Abenteuer sind mir wichtig. Ohne Spaß sind Sie nicht so gut in dem, was Sie tun. Gerade habe ich mit meinen Kindern den Mont Blanc bestiegen, um beim Start ihrer gemeinnützigen Initiative zu helfen. Das hat ebenso viel Spaß gemacht wie das Treffen hier in Berlin"[15], erklärt er im Interview.

Gleichzeitig zeigt der Vergleich zwischen Berggruen und Branson anschaulich, wie die unterschiedliche Ausprägung gleicher Motive gänzlich unterschiedliche Persönlichkeiten bedingen kann. Bei Berggruen steht das Autonomiemotiv klar im Vordergrund und prägt eine Persönlichkeit mit einem radikalen Unabhängigkeitsansatz, der so weit geht, dass selbst eine feste Wohnung schon als zu viel Einschränkung empfunden wird. Erst danach kommt das Visionsmotiv zum Tragen. Bei Branson scheinen Autonomie und Vision dagegen etwa gleich stark zu sein und sich gegenseitig zu bedingen: Ohne Idee/Vision kein Geschäft und mithin keine Autonomie, ohne Autonomie keine Möglichkeit, Visionen zu

---

[10] Heuser (2013).

[11] Heuser (2012).

[12] Ebenda.

[13] Ebenda.

[14] Ebenda.

[15] Ebenda.

Abb. 6.1 Das Autonomiemotiv.
(© Kai Felmy)

verwirklichen. In Bransons Profil scheinen sich auch jeweils eine Spur Wettbewerb (darauf deutet zumindest der Wettbewerbscharakter seiner zahlreichen Rekorde und Rekordversuche hin) und Freundschaft (eigenen Aussagen zufolge legt er Wert auf gemeinsame Aktivitäten mit seinen Kindern, die ihn eines Tages auch auf seinen Weltraum- und Unterwasserreisen begleiten sollen, wenn die Technik ausgereift genug ist,[16]) zu mischen (Abb. 6.1).

---

[16] Ebenda.

Das Wettbewerbsmotiv

7

Zusammenfassung

Auch der Wettbewerbsmotivierte strukturiert seine Umwelt – wie der Autonomiemotivierte und der Visionsmotivierte – nach einflussthematischen Gesichtspunkten. Sein Fokus gilt dabei allerdings den Menschen, nicht der Unabhängigkeit oder einem objektiv wichtigen Ziel. Ohne Geführte keine Führer – Einfluss macht er daran fest, wie viele Mitarbeiter er führt und wie sehr andere ihm Tribut zollen. Um das Wettbewerbsmotiv ranken sich Vorurteile und Halbwahrheiten. Sich über errungene Siege offen zu freuen oder Macht ungehemmt zur Schau zu stellen, gilt in der europäischen Unternehmenskultur als verwerflich. Erfolg mit Statussymbolen zu demonstrieren, ist gesellschaftlich zumindest umstritten. Es gibt nur einen Ort, an dem sich das Wettbewerbsmotiv in quasi ritualisierter Form austoben darf: den Sportplatz. Das Fußballstadion ist in Deutschland die populärste Stätte institutionalisierten und akzeptierten Wettbewerbsdenkens und -verhaltens. Im folgenden Kapitel geht es nicht zuletzt darum, mit den Vorurteilen rund um das Wettbewerbsmotiv aufzuräumen. Noch einmal sei hier daran erinnert, dass es keine guten oder schlechten Motive gibt.

7.1 Abgrenzung von anderen Motiven

Das Bestreben zu gewinnen, andere zu beeinflussen sowie Macht, Status und Prestige zu besitzen, gilt als verpönt. Im Beruf fällt jemand, der sich offen darüber freut, einen Mitbewerber aus dem Feld geschlagen zu haben, tendenziell unangenehm auf und ruft Neider auf den Plan. Wenn jemand regelmäßig in Teams eigeninitiativ die Führungsrolle übernimmt und den Ton vorgibt, erntet er Missbilligung.

Das Klischee vom unangenehmen, machtfixierten Wettbewerbsmenschen soll in diesem Buch entschärft werden – ebenso wie das andere Extrem, das besagt, dass nur Menschen mit einem starken Wettbewerbsmotiv Führungskräfte werden können. Zwar kommt kein Manager je ganz ohne die Verhaltensweisen aus, die das Wettbewerbsmotiv fast „au-

B. Haag, *Authentische Karriereplanung,*
DOI 10.1007/978-3-658-02513-7_7, © Springer Fachmedien Wiesbaden 2013

tomatisch" bedingt: Es wurde bereits gezeigt, wie selbst die freundschaftlichsten, altruistischsten und partnerschaftlichsten Konzernlenker akzeptieren mussten, dass kein Boss auf die Ausübung von Macht verzichten kann. Das bedeutet aber nicht, dass die Träger der anderen vier Motive nicht in der Lage wären zu führen oder erst gar keine Führungsverantwortung anstreben sollten. Es bedeutet lediglich, dass sie wie jede andere Motivgruppe Entwicklungsfelder bearbeiten und Verhaltens- und Bewältigungsstrategien gezielt trainieren müssen.

Menschen, die von einem Wettbewerbsmotiv angetrieben werden, *können* skrupellos, selbstverliebt oder gar tyrannisch auftreten. Aber auch Leistungs- und Visionsmotivierte können sehr unangenehm werden, wenn sie ihr Ergebnis gefährdet sehen. Darf man den Aussagen ihrer jeweiligen Mitarbeiter Glauben schenken, konnte der leistungsmotivierte Jeff Bezos ein ebenso „terroristischer" Chef sein wie der charismatische Visionär und Machtmensch Steve Jobs (vgl. Abschn. 3.1.2 bzw. 3.1.3). Auf die Videoaufnahme von Martin Winterkorn, der einen Mitarbeiter in Grund und Boden zusammenstaucht, haben wir schon verwiesen. Und selbst die vermeintlich netten, verbindlichen und beliebten Freundschaftsmotivierten können hart, zynisch und nachtragend sein, wenn sie sich verletzt fühlen.

Allerdings sind Wettbewerbsmotivierte auch charismatisch, motivierend und engagiert. Sie verfügen über Menschenkenntnis und häufig über genügend Charme, um die Aufmerksamkeit eines ganzen Raumes voller Menschen zu fesseln. Sie können mitreißen und auf diese Art die rückhaltlose Unterstützung anderer gewinnen. Keineswegs sind sie nur die gefürchteten Antreiber, als die sie fälschlicherweise gesehen werden. Im Gegenteil: Sie können einfühlsam und empathisch auftreten und verfügen über das Selbstbewusstsein und das Durchsetzungsvermögen, große Veränderungen zu bewirken. In Kap. 9.4 werden Sie mit Götz Werner, dem Gründer der Drogeriekette dm, einem (unter anderem) Wettbewerbsmotivierten begegnen, der unter seinen Mitarbeitern und für seine Verdienste um eine einzigartige Unternehmenskultur hohes Ansehen genießt.

Das Wettbewerbsmotiv kann bei einer reinen Verhaltensanalyse mit praktisch allen anderen Motiven verwechselt werden. Das liegt daran, dass der Wettbewerbsmotivierte alle Register ziehen kann, wenn es gilt, sein Ziel – sprich: den Sieg – zu erreichen bzw. zu erringen. Er kann hart arbeiten und von Mitarbeitern Höchstleistungen und unermüdlichen Einsatz einfordern wie der Leistungsmotivierte. (Auch der kann seinerseits „aggressiv" und „wettkämpferisch" wirken, wenn es darum geht, sein objektiv besseres Ergebnis unter die Leute zu bringen. Jeff Bezos ließ z. B. Plakate direkt vor den Schaufenstern kleiner Buchläden anbringen, auf denen er die Kunden provokant fragte: „Haben Sie das gesuchte Buch nicht gefunden? www.amazon.de.") Immer wieder werden auf Basis einer reinen Verhaltensanalyse Wettbewerbs- und Leistungsmotiv verwechselt. Bei Widerstand oder Leistungsverweigerung wird ein wettbewerbsmotivierter Chef allerdings unangenehm, droht mit Sanktionen und lässt den Ankündigungen auch Taten folgen. Wer nicht für ihn ist, ist gegen ihn und braucht dann auch keine Schonung mehr zu erwarten – so einfach ist das.

Konkurrenten schaltet der Wettbewerbsmotivierte gnadenlos aus, am Stuhl der Vorgesetzten sägt er regelmäßig. Und im Unterschied zum Freundschaftsmotivierten, der diskret und verschwiegen ist, nutzt der Machtmotivierte seine sozialen Kompetenzen für sein Vorankommen und setzt kompromittierende Informationen schon mal ein, um einen Konkurrenten zu eliminieren.

Anders als der Autonomiemotivierte will er andere beherrschen. Selbsterkenntnis interessiert ihn nicht sonderlich. Wozu auch? Seiner Meinung nach ist er ja bereits unschlagbar. Unabhängig ist er nicht – weder von Anerkennung, noch von Statussymbolen. Er will nach außen hin zeigen, was er erreicht hat. Deshalb haben Schmeichler, die wissen, wie sie sein Ego streicheln können, manchmal leichtes Spiel mit ihm. Ebenso wie ein Visionsmotivierter kann er Menschen auf seine Person einschwören. Dabei geht es ihm aber nicht zwingend um das Wohl der Sache, sondern häufig um eigene Ziele.

7.2   Die Welt des Wettbewerbsmotivierten

Der Wettbewerbsmotivierte liebt, wie der Name sagt, den Wettstreit. Er legt sich für sein Leben gern an. Er will gewinnen und beeindrucken. Ob er den Sieg dabei aufgrund der besten Leistung, der Schwäche der Gegner oder zufälliger Umstände erringt, die außerhalb seines Einflussbereiches liegen, spielt für ihn keine Rolle. Das grenzt ihn vom Leistungsmotivierten ab, den Erfolg nur dann freut, wenn er der Meinung ist, ihn sich aufgrund seiner Leistung verdient zu haben.

Für den Wettbewerbsmotivierten ist die Vorstellung, einer unter vielen zu sein, ein absolutes No-Go. Er will der Anführer sein. Er polarisiert durch seine Persönlichkeit, kann machthungrig und skrupellos sein, aber auch mitreißend und motivierend. Er wird geliebt und gehasst – mitunter beides gleichzeitig.

7.3   Was motiviert den Wettbewerbsgetriebenen?

Damit Wettbewerbsmotivierte ihr Bedürfnis nach dem Ausüben von Macht und Einfluss über andere optimal erfüllen können, benötigen sie folgende Voraussetzungen:

1. Macht, Einfluss und Weisungsbefugnis gegenüber anderen,
2. den Wettstreit und das Kräftemessen mit Konkurrenten und
3. Prestige und Status als sichtbare Zeichen für Macht und Überlegenheit.

7.3.1 Macht, Einfluss, Weisungsbefugnis

Wettbewerbsmotivierte haben persönliche Machtziele. Sie möchten anordnen, Aufgaben verteilen und dabei erleben, dass andere ihren Weisungen folgen. Für Vorgesetzte ist es wichtig zu wissen, dass wettbewerbsmotivierte Mitarbeiter es mitunter auf ihre Position abgesehen haben. Sie brauchen Tätigkeitsfelder, wo sie sich aus der Masse abheben können. Die Gefahr, dass Machtmotivierte mit ihrem dominanten Verhalten im Team anecken, ist hoch. Im Zweifelsfall bietet es sich an, einem Wettbewerbsmotivierten die Projektleitung für die Weihnachtsfeier, den Betriebsausflug oder die Aufstellung einer firmeninternen Fußballmannschaft zu übertragen. In dieser Funktion kann er dann in aller Ruhe und völlig legitim Rollen und Aufgaben verteilen und die anderen nach seiner Pfeife tanzen lassen, ohne in den Kompetenzbereich des eigentlichen Vorgesetzten einzudringen.

7.3.2 Wettkampf und Kräftemessen

Im Gegensatz zu Leistungsmotivierten sind Wettbewerbsmotivierte eben nicht ihre eigene Benchmark. Sie wollen vielmehr wissen, wo sie im Vergleich zu anderen stehen. Das ist im Berufsleben nicht immer möglich und vor allem nicht immer erwünscht, etwa, wenn der Erfolg einer Aufgabe vom Zusammenwirken eines Teams oder mehrerer Abteilungen abhängt. Für wettbewerbsmotivierte Menschen ist es daher wichtig, sich zurückzunehmen, bis die Zeit für einen Karrieresprung gekommen ist.

7.3.3 Status und Prestige

Status und Prestige haben für Wettbewerbsmotivierte einen hohen Stellenwert. Anders als Autonomiemotivierte freuen sie sich über Statussymbole und legen Wert darauf, dass diese für jedermann sichtbar sind. Der Dienstwagen, das Vorzimmer und jede andere Form moderner Rangabzeichen sind deshalb wichtige Motivatoren. Auch eindrucksvolle Titel oder die (eher innerhalb der amerikanischen Unternehmenskultur übliche) Auszeichnung als Mitarbeiter des Monats sind Anreize.

7.4 Berufsbilder

Wettbewerbsmotivierte benötigen Arbeitsumfelder und Aufgaben, in denen sie ihr Wettbewerbsmotiv ausleben können. Für sie ist es wichtig, an exponierter Stelle zu stehen, zu führen, Aufgaben verteilen und anleiten zu können.

7.4.1   Experte oder Führungskraft?

Wenig überraschend sind Wettbewerbsmotivierte häufig in der Spitzenpolitik und den Zentren wirtschaftlicher und gesellschaftlicher Macht zu finden. Sie benötigen Aufgaben, die ihr Motiv ansprechen und ihnen die Möglichkeit geben, sich stärker und einflussreicher als andere zu fühlen. Sie streben nach Führungsverantwortung und sind häufig auch in der Lage, die Managerrolle gut auszufüllen. Als Führungskräfte sind Wettbewerbsmotivierte in ihrem Element. Eine detaillierte Darstellung finden Sie unter 10.1.4.

Seltener sind Wettbewerbsmotivierte in Expertenpositionen zu finden. Für den akribischen und langwierigen Erwerb von Detailwissen fehlt ihnen die Geduld. Außerdem langweilt sie die reine Beschäftigung mit Sachfragen. Es ist ihnen nicht wichtig, das beste Produkt zu entwickeln, sie wollen Menschen überzeugen, sie als Kunden gewinnen und das mächtigste Unternehmen am Markt werden.

7.4.2   Arbeitsumfelder

Wettbewerbsmotivierte brauchen den Kontakt zu anderen. Anders als Freundschaftsmotivierten geht es ihnen dabei aber nicht um partnerschaftliche Beziehungen auf Augenhöhe. Das „Durchbeißen" auf dem Weg nach oben, das anderen ein lästiges Übel ist, spricht das Motiv an und prädestiniert Wettbewerbsmotivierte für eine Konzernlaufbahn. Lesen Sie zu diesem Thema auch 10.2.4, 10.3.4 und 10.4.4.

7.4.3   Typische Profile

Wettbewerbsmotivierte fühlen sich in Berufen wohl, in denen sie andere anleiten und anweisen können und in denen die Möglichkeit besteht, Einfluss auszuüben und zu Ansehen zu gelangen. So findet man sie in Politik und Wirtschaft, im Spitzensport und im Militär.

Krug und Kuhl weisen auf einen sehr interessanten Sachverhalt hin: Untersuchungen scheinen zu bestätigen, dass Umwälzungen (auf betrieblicher, wirtschaftlicher oder gesamtgesellschaftlicher Ebene) häufig von Leistungsmotivierten in Gang gesetzt, aber dann von Wettbewerbsmotivierten gleichsam annektiert werden. Sie führen das auf die Tatsache zurück, dass meist eher regelkonforme Leistungsmotivierte sich nur aus einer großen Unzufriedenheit über mangelnde Effizienz heraus gegen herrschende Verhältnisse auflehnen, dann aber von Machtmotivierten verdrängt werden. Wettbewerbsmotivierte neigen dazu, auf fahrende Züge aufzuspringen und sich, wenn nötig, auch ungeniert die Vorarbeit anderer zunutze zu machen.[1]

---

[1] Krug und Kuhl (2006, S. 52 f.).

An dieser Stelle sei noch einmal auf Steve Jobs verwiesen. Die Vorstellung, er habe nicht nur Apple gegründet, sondern auch den Mac, das iPhone und den iPod höchstpersönlich erfunden, hält sich hartnäckig. Dabei war Jobs niemals Techniker oder gar Programmierer, sondern vor allen Dingen Ideengeber und Marketinggenie. Letzteres nicht zuletzt in eigener Sache.

7.5   Stärken

Das Wettbewerbsmotiv hat in höherem Ausmaß als die anderen Motive eine helle und eine dunkle Seite: Jede seiner Stärken kann je nach Ausprägung auch zur Schwäche und zum Stolperstein werden.

Wettbewerbsmotivierte Menschen sind geborene Motivatoren. Sie können andere dazu bringen, für sie durchs Feuer zu gehen und ihnen bedingungslos zu folgen. Das macht sie natürlich zu erfolgreichen Anführern (mit zum Teil verheerenden Konsequenzen, wie das Beispiel zahlreicher Diktatoren und ihrer (zunächst) faszinierten und geblendeten Anhänger zeigt). Wird diese Begabung jedoch positiv eingesetzt, etwa, wenn es gilt, ein Unternehmen durch eine schwere Krise zu steuern und die Loyalität und Motivation der Mitarbeiter trotz unvermeidlicher Härten zu behalten, kann sie eine erfolgsentscheidende Eigenschaft sein.

Der Wettbewerbstyp besitzt eine hervorragende Menschenkenntnis. Er sieht seine Aufgabe darin, anderen den Weg aufzuzeigen. Trägt man der Tatsache Rechnung, dass Teams nur dann erfolgreich sind, wenn sie klare Regeln und eine definierte Rollenzuteilung haben, so wird er dieser Aufgabe in vollem Umfang gerecht.

Unter Karrieregesichtspunkten sind viele typische Verhaltensweisen von Wettbewerbsmotivierten vorteilhaft. Sie sind entscheidungsstark, risikoaffin und furchtlos. Selbstzweifel, Bauchschmerzen oder Ängste, die manch anderen bis zur Handlungsunfähigkeit blockieren, verspüren sie kaum. Erinnern Sie sich noch einmal an den in Kap. 6 angesprochenen Richard Branson, der unter anderem auch ein Wettbewerbsmotiv hat: Er stellte sich bei seinen ersten geschäftlichen Unternehmungen und auch später gar nicht erst die Frage, ob er damit auch Schiffbruch erleiden könnte und was dann passieren würde. Seine Einstellung: Man hoffe halt, dass am Ende des Jahres mehr reingekommen als ausgegeben worden sei.[2] Seine privaten Abenteuer geht er mit der gleichen Haltung an.

Wettbewerbsmotivierte bewähren sich deshalb vor allem in Krisensituationen, wenn schnelles Handeln gefragt ist. Sie begreifen die Krise als Herausforderung und damit als Wettkampfsituation, und einer solchen würden sie nie aus dem Weg gehen. Im Gegenteil – sie führen solche Situationen sogar aktiv herbei. Dadurch erregen sie Aufmerksamkeit, werden bemerkt und deshalb seltener als andere übersehen oder übergangen. Und weil sie im Gegensatz zu Leistungsmotivierten nicht das geringste Problem haben, Aufgaben zu delegieren, können sie auch sehr effizient sein.

---

[2] Heuser (2012).

Oft wird vergessen, wie viel Wettbewerbsmotivierte mit ihrer unbeirrbaren Art und Weise erreichen. Der frühere Porsche-Chef Wendelin Wiedeking, den Sie in Kap. 10 näher kennenlernen werden, arbeitet gerade am Manager-Comeback mit einer Gastronomiekette. Nachdem er in einem „Kampf der Titanen" Ferdinand Piëch unterlegen war, wurde er als größenwahnsinniger Zocker wahrgenommen. Gegen ihn und seinen Finanzchef Holger Härter wird sogar ermittelt.

Auf der anderen Seite ist Wiedeking aber auch ein Ausnahmemanager, der zum deutschen und europäischen Manager des Jahres gekürt wurde, zahlreiche Auszeichnungen für seinen Führungsstil erhielt, Porsche Anfang der 90er Jahre aus einer tiefen Krise führte und sich gegen kurzlebige Investments und einseitige Fokussierung von Unternehmen auf Aktieneigner aussprach – Kunden und Mitarbeiter schätzten ihn dafür. Ebenso stattete er mehrere gemeinnützige Stiftungen aus und gilt privat als bodenständig. Mit seinen neuesten Projekten will er es noch einmal wissen, und ihm ist durchaus zuzutrauen, dass das Comeback gelingt.

7.6 Schwächen

Wettbewerbsmotivierte können tyrannisch, launisch, unbeherrscht und ebenso selbstwie ungerecht sein. Der Drang zu herrschen und zu gewinnen kann sie unüberlegt und emotional reagieren lassen – schwere Imageschäden für die eigene Person und das Unternehmen sind dann nicht ausgeschlossen. Bei Machtverlust schlägt dieser Typ mit einiger Wahrscheinlichkeit wild um sich und kennt buchstäblich „keinen Freund und keinen Feind mehr". Der Verlust jeglicher Bodenhaftung und eine ausgeprägte Beratungsresistenz sind möglich, bis zu dem Punkt, an dem Wettbewerbsmotivierte glauben, quasi unangreifbar zu sein und über allen Regeln zu stehen.

Eine sehr unangenehme Eigenschaft mancher Wettbewerbsmotivierter ist in solchen Zusammenhängen ihre Willkür. Geht es um andere, pochen Sie bisweilen auf die Einhaltung von Regeln, selbst wenn sie sich längst vom allgemeinen Konsens über zulässige Verhaltensweisen entfernt haben.

Es gibt unzählige Beispiele für Rücktritte einstmals mächtiger Entscheidungsträger, die sich bei etwas „erwischen ließen", was sie an anderer Stelle lauthals verurteilt hatten. So werden die spektakulären Imageschäden und öffentlichen „Demontagen" angesehener Persönlichkeiten aus Wirtschaft und Politik verständlich, deren Zeuge wir durch die Medien immer wieder werden.

Auch Josef Ackermann ist in dieser Hinsicht ein Negativbeispiel. Das legendäre Victory-Zeichen des einstigen Deutsche Bank-Chefs, seine arrogante Haltung gegenüber Kollegen, die auf staatliche Hilfen zurückgreifen mussten, die er selbst befürwortet hatte, das Kanzleramts-Dinner, bei dem er sogar in Kauf nahm, den Ruf der Kanzlerin zu beschädigen, sein fehlendes Taktgefühl, als er den Abbau von über 6.000 Stellen ankündigte und gleichzeitig die Erhöhung des Nettogewinns seiner Bank um 87 % feierte – all das diskreditierte ihn immer wieder. Wer so auftritt, braucht sich nicht zu wundern, wenn ihm bei öffentlichen Anlässen Tomaten und Beschimpfungen um die Ohren fliegen. Ackermanns Name ist quasi zum Synonym für eine überholte Führungskultur geworden.

Wettbewerbsmotivierte können freundliche und gütige Herrscher sein, aber eben auch Despoten. Zwischen diesen beiden Polen gibt es zahlreiche Facetten, nur eines ist der Wettbewerbsmotivierte in jedem Fall: Machthaber. Wettkämpfe und Diskussionen sind sein Lebenselixier, und auch das gilt im Guten wie im Schlechten. Diskussionen führt er leidenschaftlich, Konflikte scheut er nicht, aber in beiden Fällen muss damit gerechnet werden, dass ihn die Meinung des Gegenübers nicht interessiert.

Die Loyalität ihrer Mitarbeiter ist Wettbewerbsmotivierten wichtig. Das führt zu spürbaren Ungerechtigkeiten und Zurücksetzungen, die manche Menschen in die innere Kündigung treiben können. Nicht der beste Mitarbeiter wird gefördert, sondern der loyalste – und im Zweifelsfall derjenige, dem es am besten gelingt, den Wettbewerbsmotivierten in seiner Selbstwahrnehmung zu bestärken. Darin liegt eine enorme Gefahr, weil er so schlimmstenfalls kein ehrliches Feedback mehr erhält und so immer mehr und mehr den Blick für die Realität verliert.

7.7 Tipps und konkrete Handlungsanweisungen

Wettbewerborientierte Menschen haben vor allem ein Entwicklungsfeld: Sie müssen akzeptieren, dass sie nicht immer die Ersten sein können. Nicht jeder will von ihnen geführt werden. Ebenso müssen sie Widerspruch zulassen, Feedback anderer einholen sowie deren Ansichten gelten lassen.

Statt sich auf persönliche Machtziele zu konzentrieren, sollten sie ihre Arbeit stärker in den Dienst des Unternehmens und dessen Mitarbeitern stellen. Sie müssen berechnend und nachvollziehbar in ihren Entscheidungen werden, und auch ein wenig mehr echte Menschlichkeit und Uneigennützigkeit stünde ihnen gut zu Gesicht.

7.8 Beispiele: Biografien wettbewerbsmotivierter Menschen

Wettbewerbsmotivierte haben zu allen Zeiten große und erfolgreiche Firmenimperien gegründet, sportliche Höchstleistungen erzielt, politische Meilensteine gesetzt und Geschichte geschrieben. Im Folgenden stellen wir Ihnen je ein Beispiel aus den Bereichen Forschung/Entdeckung, Politik und Wirtschaft vor.

7.8.1 Geschichte/Wettlauf um die Pole 1: Robert Edwin Peary

Ein gutes Beispiel für wettbewerbsmotiviertes Handeln ist der Wettlauf um die Pole, der ab der Mitte des 19. Jahrhunderts stattfand und auch als „Golden Age of Exploration" bezeichnet wird. Er rief ganze Heerscharen hochgradig wettbewerbsmotivierter Forscher,

Marinesoldaten und Privatabenteurer auf den Plan. Immerhin waren Nord- und Südpol die letzten großen geografischen Ziele, die es noch zu erobern galt.

Der blühende Nationalismus sorgte dafür, dass sich Regierungen oder private Sponsoren fanden, die die waghalsigsten Abenteuer finanzierten: Schließlich würde der Ruhm des „Bezwingers" eines der beiden Pole auch auf dessen Herkunftsland zurückstrahlen. Unter den vielen Wettbewerbsmotivierten dieser Ära sticht der Amerikaner Robert Edwin Peary (1856–1920) besonders heraus. Pearys Behauptung, im Jahr 1909 als erster Mensch den Nordpol erreicht zu haben, ist bis heute Gegenstand zahlreicher Kontroversen. Er selbst konnte den endgültigen Beweis nie führen.

„Wettbewerb" war praktisch Pearys zweiter Vorname. Mit 24 Jahren schrieb der junge Marineoffizier an seine Mutter: „Ich wünsche nicht zu leben und zu sterben, ohne etwas zu erreichen, das mich über den begrenzten Kreis einiger Freunde hinaus bekannt macht."[3] Der Nordpol rückte erst in den Fokus von Pearys Aufmerksamkeit, als er in ihm nach halbherzigen Forschungsreisen in Nicaragua die Chance erkannte, seinen Namen unsterblich zu machen.

Bei seinen ausgedehnten Reisen war Peary immer in Begleitung, doch er achtete mit größter Sorgfalt darauf, niemals Menschen mitzunehmen, die ihm aus seiner Sicht ebenbürtig waren. So waren seine Begleiter meist Inuit-Jäger. Sein Weggefährte Matthew Henson (1866–1955) war ein Untergebener aus Pearys aktiver Navy-Zeit, den er schon aufgrund seiner afroamerikanischen Herkunft nicht als gleichgestellt betrachtete. Fergus Fleming bringt es in seinem Bericht auf den Punkt: „Men, in fact, similar to himself – but not equal."[4] Ähnlich – aber nicht seinesgleichen.

Peary beeindruckte seine Sponsoren und seine einflussreichen Freunde, denen er es unter anderem zu verdanken hatte, dass die Navy ihn zwei Jahrzehnte lang bei voller Bezahlung freistellte. Dabei spielte er keineswegs immer mit fairen Mitteln. Einige seiner „Entdeckungen" (etwa der Peary-Kanal oder Crocker-Land) stellten sich später als pure Fiktionen heraus. Es ist bis heute unklar, ob er von einem der in der Hocharktis häufig auftretenden Refraktionseffekte getäuscht wurde oder schlicht erfundene Ergebnisse präsentierte, um seine Unterstützer bei Laune zu halten.

Lebenslang fühlte sich Peary von realen und eingebildeten Wettbewerbern verfolgt. Sein Hass auf „forestaller"[5] („Zuvorkommer") – konkurrierende Wissenschaftler, die ein Ziel vor ihm erreichten – ging so weit, dass er gezielt falsche Informationen ausstreute: Dem Forscher Otto Sverdrup (1854–1930) erzählte er bei einem Treffen auf dem Packeis, eine bestimmte Meerenge sei zugefroren und nicht passierbar. Er fürchtete, Sverdrup wolle ihm den Pol streitig machen. (Sverdrup, seinerseits das Paradebeispiel eines Leistungsmotivierten, dachte gar nicht daran. Ihn interessierten nur seine Forschungsergebnisse.)

Pearys angeblicher Erreichung des Nordpols folgte eine wüste öffentliche Schlammschlacht mit Dr. Frederick Cook (1865–1940), der behauptete, den Pol fast ein Jahr frü-

---

[3] Herbert (1989, S. 45), Fleming (2002, S. 285). Eigene Übersetzung.

[4] Fleming (2002, S. 289).

[5] Fleming (2002, S. 286).

her erreicht zu haben. Er konnte noch weniger stichhaltige Beweise liefern als Peary, der zudem die stärkere Lobby hatte. Cooks angebliche Erstbesteigung des Mt. McKinley, die zweifelsfrei als Erfindung entlarvt werden konnte, war der endgültige Todesstoß für seine Glaubwürdigkeit. Heute wird vermutet, dass Peary, Henson und die sie begleitenden Inuit zwar nahe an den Pol herankamen, ihn aber nicht erreichten. Auch der US-Admiral Richard Evelyn Bird blieb den Beweis für seine Behauptung, den Nordpol überflogen zu haben, schuldig. Zweifelsfrei gesichert ist erst die Überfliegung Umberto Nobiles, Roald Amundsens und Lincoln Ellsworths mit dem Luftschiff Norge. Tatsächlich dauerte es aber bis 1969, als der Brite Walter William Herbert als erster Mensch den Nordpol nachweislich zu Fuß erreichte.

7.8.2   Zeitgeschichte/Politik: Franz-Josef Strauß

Ein zeitgenössischeres Beispiel ist der bayerische Politiker Franz-Josef Strauß (1915–1988). Wenn von ihm die Rede ist, fallen häufig Begriffe wie „Übervater"[6] oder „Säulenheiliger der CSU"[7]. Diese Idealisierung durch andere ist typisch für wettbewerbsmotivierte Machtmenschen.

Strauß polarisierte während seiner gesamten politischen Laufbahn. Er hatte glühende Anhänger und erbitterte Gegner, erfuhr Zustimmung und Ablehnung in gleichem Maß und hatte immer eine stark ambivalente Wirkung auf seine Zeitgenossen. „Wenn es um Strauß geht, um Franz Josef den Starken, um seine Skandale und seinen Machtmissbrauch, gibt es selbst im Jahr 2009 niemand, der neutral bleiben kann. Für die einen war er ein vergöttertes Vorbild, für die anderen ein untragbar korrupter Machtpolitiker,"[8] schreibt der Journalist Wolfgang Luef. Skandale und Affären konnten Strauß' Ansehen in den Augen seiner Anhänger nichts anhaben, sondern trugen eher noch zur Zementierung seines Mythos bei. Nur so ist erklärbar, dass Strauß' Karriere nach der Spiegel-Affäre, bei der er immerhin den Bundestag belogen hatte, nicht sofort beendet war.

Der Starfighter-Skandal schadete seinem Image, ein Milliardenkredit für die DDR stieß selbst bei Anhängern auf Unverständnis. In dieser Zeit erscheint Strauß als Verkörperung des Wettbewerbsmotivierten, der die Bodenhaftung verloren hat und keiner Einflussnahme von außen mehr zugänglich ist. Dennoch gilt er vielen Menschen auch als Visionär, der den Erfolg des Wirtschaftsstandorts Bayern entscheidend geprägt hat.

Als klassischen Wettbewerbsmotivierten zeigen ihn seine Aussagen zu Helmut Kohl, den er als „Filzpantoffel-Politiker"[9] verunglimpfte und über den er in seiner Wienerwald-Rede – die nicht zur Veröffentlichung gedacht war, sondern von einem Unbekannten mitgeschnitten und dem Nachrichtenmagazin DER SPIEGEL übergeben wurde – sagte: „[Er]

---

[6] Luef (2010).

[7] Ebenda.

[8] Ebenda.

[9] Leinemann (2009).

wird nie Kanzler werden. Er ist total unfähig, ihm fehlen die charakterlichen, die geistigen und die politischen Voraussetzungen. Ihm fehlt alles dafür."[10] Nach der Wahlniederlage 1976 beendete er sogar die Fraktionsgemeinschaft mit der CDU. Dieser Machtkampf allerdings wurde am Ende von Kohl gewonnen, der seinerseits drohte, in diesem Fall einen bayerischen CDU-Landesverband zu initiieren. Es heißt, Strauß habe den Wahlsieg des Widersachers nie verwunden und diesem nie verziehen.

7.8.3 Wirtschaft: Reinhold Würth

In der Region Hohenlohe gilt der „Schrauben-Würth" als Inbegriff des bodenständigen Unternehmers und Selfmade-Mannes. Auch, dass er als engagierter Förderer von Kultur und Wissenschaft viel zur Attraktivität der Kleinstädte Künzelsau und Schwäbisch Hall beigetragen hat, bringt ihm Sympathiepunkte. Reinhold Würth ist der Mann, der einen Zwei-Personen-Betrieb in ein Weltunternehmen verwandelte, mit der Stiftung Würth Künstler, Museen, Theater und Bibliotheken unterstützt und sich mit seiner privaten Kunstsammlung einen Namen als Schöngeist machte.

Wer ihm begegnet, beschreibt Würth als charmant, witzig, engagierend und mitreißend. Sein Sinn für Humor, so Mitarbeiter und Geschäftspartner, trage dazu bei, manchen Konflikt zu entschärfen. Er erregt Bewunderung und Aufmerksamkeit, wurde vielfach ausgezeichnet – und polarisiert. So sehr die Bürger Künzelsaus Würths Verdienste um ihre Stadt schätzen, gibt es doch Kritik an seinem seit Jahrzehnten ungebrochenen Einfluss auf fast alle Bereiche. Denn was dem als konservativ geltenden Patriarchen nicht gefällt, hat kaum eine Chance, beachtet, gefördert oder ausgestellt zu werden.

Mitarbeiter seines Unternehmens äußern Kritik aber nur vorsichtig. Ganz der Wettbewerbsmotivierte, kann der Chef auch mit fast 80 Jahren noch aus der Haut fahren, wenn er das Gefühl bekommt, dass man gegen ihn arbeitet. Dann neigt er zum motivtypischen Poltern. Eines seiner Rundschreiben an die Belegschaft, in denen Würth seine Außendienstler angesichts einer für seinen Geschmack zu mager ausgefallenen Umsatzsteigerung zusammenstauchte, landete unter großem Medienecho in der Presse. Würths Führungskräften bleibt in solchen Momenten nur, gute Miene zum bösen Spiel zu machen – auch wenn der Senior damit ihrem Ansehen schadet. Der Respekt vor Würths Lebensleistung ist ungebrochen, und seine Rage stieß bei manchem sogar auf Verständnis. Das Unternehmen ist auch deshalb so erfolgreich, weil es, seit Würth nach dem Tod seines Vaters das Ruder übernahm, stets auf Umsatzwachstum setzte und die gesteckten Ziele dabei immer erreichte. Sein „Brandbrief" trug Würth allerdings nur eine Debatte über betriebliche Mitbestimmung ein.

Zwischenzeitlich musste Würth sich auch fragen lassen, wie genau er es denn mit Gesetzen und Regeln nimmt. 2008 wurde er vom Amtsgericht Heilbronn zu einer Steuernachzahlung plus Bußgeld verurteilt. Aufgrund der Akzeptanz der Geldstrafe wurde das

---

[10] Strauß (1976).

„Wohl noch nie was von freiem Wettbewerb gehört?!"

Abb. 7.1 Das Wettbewerbsmotiv. (© Kai Felmy)

Verfahren wegen Steuerhinterziehung eingestellt. Die Geldstrafe stellte im Vergleich zu einem jahrelangen Rechtsstreit und einer möglichen Vorstrafe das kleinere Übel dar, das der Unternehmer schließlich in Kauf nahm. Dennoch fällt es ihm schwer, mit dem Fleck auf seinem Image zu leben. Schließlich, so Würth, habe der Staatsanwalt festgestellt, dass er keine Vorteile erlangt habe: „Wenn ich jünger gewesen wäre, hätte ich mich vor Gericht gewehrt!"[11], gibt sich der Firmenpatriarch gegenüber der FAZ kampfeslustig (Abb. 7.1).

[11] Meck (2009).

Das Visionsmotiv

8

Zusammenfassung

Auch das Visionsmotiv zählt zu den Machtmotiven. Allerdings bezieht es sich auf ein Machtstreben, das „gemeinschaftsdienlicher" Natur ist. Zu den positiven Seiten Visionsmotivierter zählen ihre unermüdliche Bereitschaft, sich mit ganzem Einsatz für ein Ziel einzusetzen und dabei anderen Kraft und Selbstbewusstsein zu vermitteln. Die Schattenseiten des Motivs sind die Neigung seiner Träger zum Missionieren, zum Bagatellisieren von Sachthemen und zum Verlust der Bodenhaftung. Visionsmotivierte sind überall zu finden, wo etwas bewegt werden kann. Nicht selten bekleiden sie einflussreiche Positionen in Politik, Wirtschaft und Gesellschaft.

8.1 Abgrenzung von anderen Motiven

Der Begriff Visionsmotiv lässt uns an Menschen wie Mahatma Gandhi (1869–1948), Nelson Mandela oder Martin Luther King (1929–1968) denken, die sich, angetrieben von ihrer jeweiligen Vision, auf eindrucksvolle Weise für gesellschaftliche Reformen und für eine bessere Welt einsetzten. Gandhi entwickelte bereits früh den Wunsch, sein Leben als Rechtsanwalt oder Richter in den Dienst der Gerechtigkeit zu stellen. Auch andere Aspekte seiner Persönlichkeit deuten bereits in Kindheit und Jugend auf ein Visionsmotiv hin. So lehnte er Gewalt ebenso vehement ab wie Alkohol und andere Genussmittel (Letzteres ist für viele Autonomie- und einige Visionsmotivierte typisch, da sie darin eine Gefahr für die Selbstdisziplin sehen, die sie für unerlässlich halten, um ihr Ziel zu verfolgen). Doch erst, als er in Südafrika die Ungerechtigkeiten der Rassentrennung und die Diskriminierung seiner Landsleute sah, wurde aus seinen Idealen die echte Vision, von nun an gegen jede Form der Unterdrückung und die „Krankheit des Rassenvorurteils"[1] Widerstand zu leisten. Mandela und Martin Luther King teilten diese Vision einer Welt ohne Rassegrenzen

---

[1] Gandhi (1983, S. 70), Meyer (2010).

B. Haag, *Authentische Karriereplanung,*
DOI 10.1007/978-3-658-02513-7_8, © Springer Fachmedien Wiesbaden 2013

103

und setzten auf gewaltfreien Widerstand, um sie zu verwirklichen, wobei King sich ausdrücklich auf Gandhi berief.

Doch es waren keineswegs nur diese unvergesslichen Persönlichkeiten, die das Visionsmotiv in sich trugen. Viele Menschen verwirklichen im Kleinen Großes, indem sie sich zum Beispiel in Kindergärten und Schulen für die Ausbildung und Zukunft ihrer Kinder engagieren oder positive Veränderungen auf betrieblicher, lokaler und regionaler Ebene voranbringen. Oft verbirgt sich dahinter ein Visionsmotiv, das seine Träger dazu bringt, Projekte oder Ideen zum Besten der Allgemeinheit oder einer größeren Gruppe vorantreiben zu wollen.

Das Visionsmotiv hat mit dem Wettbewerbsmotiv gemeinsam, dass beide Typen Einfluss ausüben und andere Menschen anleiten möchten. Der Visionsmotivierte verfolgt dabei jedoch keine persönlichen Machtziele (die hat er entweder bereits vorher erreicht oder sie sind ihm unwichtig). Er sieht sich zu etwas Größerem verpflichtet als eigenen Interessen, seien es Organisationen, Menschen oder Ideen. Sein Anspruch reicht damit weiter als der des Wettbewerbsmotivierten und hat somit auch eher das Potenzial, Menschen zu begeistern und zu mobilisieren. Das, was er umsetzen will, ist seiner Auffassung nach nicht nur gut für ihn, sondern für sein gesamtes Umfeld, das Unternehmen oder schlichtweg die Gesellschaft. Ob das im Einzelfall tatsächlich so ist, bleibt zu überprüfen, er selbst ist jedenfalls davon überzeugt.

Da Visionsmotivierte ebenso wie alle Macht- und Freundschaftsmotivierten über ausgeprägte soziale Kompetenzen verfügen, wird das Verhalten eines Visionsmotivierten manchmal fälschlicherweise mit dem des Freundschaftsmotivierten verwechselt. Ich erlebe in der Praxis, dass beide Motive häufig zusammen auftreten. Beide agieren im Sinne Dritter. Dem Freundschaftsmotivierten fehlt dabei jedoch der Wunsch, andere zu steuern und an exponierter Stelle zu stehen.

Im Vergleich zu Wettbewerbsmotivierten ist das Interesse von Visionsmotivierten an anderen Menschen uneigennütziger. Willkür ist untypisch für den Visionsmotivierten. Im Gegenteil – er ist ein regelrechter Gerechtigkeitsfanatiker, kann aber auch predigen und moralisieren. Mitunter ist er geradezu besessen von der Idee, andere zu bekehren. Allemal vermittelt er seinen „Getreuen" Kraft und Selbstvertrauen. Er ist angetrieben von der Idee, dass sie ihn brauchen und dass er etwas Sinnvolles leistet. Aus dieser Überzeugung leitet er seinen Führungsanspruch ab.

Ein wichtiges Unterscheidungskriterium zum Autonomie- oder Wettbewerbsmotiv ist die Haltung des Visionsmotivierten gegenüber Institutionen und Regeln. Wo diese vom Autonomiemotivierten abgelehnt und vom Wettbewerbsmotivierten zumindest in Bezug auf die eigene Person gern ignoriert oder großzügig ausgelegt werden, hat der Visionsmotivierte Achtung vor ihnen. Er hält sich selbst an Vorgaben und erwartet das entsprechend auch von anderen.

8.2   Die Welt des Visionsmotivierten

Der Visionsmotivierte strukturiert seine Umwelt wie alle Machtmotivierten nach ein-flussthematischen Gesichtspunkten. Seine Bereitschaft, eigene Ziele denen von Gruppen unterzuordnen, ist deutlich höher als die von Wettbewerbsmotivierten. Visionsmotivierte schöpfen Stolz, Zufriedenheit und Motivation aus dem Gefühl, einem übergeordneten Ziel oder einer großen Idee zu dienen.

Wenn dieser Typ andere führt, schwört er sie auf die gemeinsame Mission ein und erweckt damit auch in ihnen den Stolz, Teil eines großen Plans sein zu dürfen. Dadurch gelingt es ihm, ein starkes Wir-Gefühl zu erzeugen und ein Team zusammenzuschweißen. Visionsmotivierte können ungeheuer inspirierend sein und eine hohe Verbindlichkeit und Loyalität erzeugen. Barack Obama, wohl einer der bekanntesten und populärsten Visions-motivierten unserer Zeit, perfektionierte diese Stärken im Wahlkampf 2008.

In seiner negativen Ausprägung bedingt das Motiv keine Visionäre, sondern Missio-nare, die ihrer Umwelt durch ihre belehrende Art und ihr Sendungsbewusstsein auf die Nerven gehen. Ist das der Fall, steht dieser Typ dem Wettbewerbsmotivierten an Kritikun-fähigkeit und Beratungsresistenz in nichts nach. Dann spricht er etwa den „Abtrünnigen" den nötigen Weitblick ab, die Richtigkeit und Relevanz seiner Vision zu erfassen oder er-klärt schlicht alle, die ihm nicht folgen wollen, für kurzsichtig und naiv.

Der Visionsmotivierte handelt in der Überzeugung, dass alles, was er tut, letztlich dem Ziel dient, Großes zu erreichen. Er geht darin auf, andere vom richtigen Weg zu überzeu-gen und übersieht dabei im Eifer gelegentlich, dass er damit bei seinem Gegenüber gehörig anecken kann.

8.3   Was motiviert den Visionsgetriebenen?

Damit Visionsmotivierte ihr Bedürfnis, große Ideen zu realisieren, optimal erfüllen kön-nen, benötigen sie folgende Voraussetzungen:

1. die Möglichkeit, ihre Arbeit in den Dienst einer großen Idee oder eines übergeordneten Ziels zu stellen,
2. Einfluss auf andere, denen sie Stärke, Kraft und Selbstvertrauen vermitteln und die sie davon überzeugen können, was gut für sie ist.

8.3.1   Arbeit für ein großes Ziel

Visionsmotivierte benötigen eine Aufgabe, die ihnen das Gefühl vermittelt, über einen rein materiellen Nutzen hinaus einer Idee zu folgen. Prestige, ein hohes Einkommen oder Status allein treiben sie nicht an. Im Rahmen einer Tätigkeit als Führungskraft oder auch als Mitarbeiter fühlen sie sich dem Erfolg des Unternehmens und den im Arbeitsprozess involvierten Menschen verpflichtet, nicht aber der Sicherung der eigenen Machtposition oder einem Einzelergebnis.

8.3.2   Einfluss auf andere

Wie alle Machtmotivierten möchten Visionsmotivierte Einfluss nehmen. Sie möchten Menschen fördern und unterstützen und sind so prädestiniert für Führungsaufgaben insbesondere auf einer höheren Ebene. Aber auch auf Mitarbeiterebene eignen sie sich gut für die Rolle eines Mentors oder Ausbildungsbeauftragten, der zum Beispiel Trainees und Berufseinsteiger auf ihrem Weg begleitet, anleitet oder vernetzt. Für viele Menschen ist die Erziehung der eigenen Kinder das selbstverständlichste und naheliegendste Feld, auf dem sie ihre Zukunftsorientierung und ihren Wunsch zu fördern umsetzen können.

8.4   Berufsbilder

Visionsgetriebene sind wie Wettbewerbsmotivierte meist dort anzutreffen, wo sie Einfluss auf die Geschicke anderer nehmen können.

8.4.1   Experte oder Führungskraft?

Ihre Überzeugung, Dinge zum Positiven verändern zu können, macht Visionsmotivierte zu geeigneten Führungskräften. Das gilt zumindest so lange, wie die Stärken des Motivs nicht in Schwächen wie Fanatismus, missionarischen Eifer oder den Verlust des Realitätssinns umschlagen. Erinnern Sie sich noch einmal an Steve Jobs, der besonders zu Zeiten seines großen Zerwürfnisses mit John Sculley reihenweise fähige Mitarbeiter vergraulte – darunter viele leistungsmotivierte Spezialisten, denen es gegen den Strich ging, nicht für das beste Ergebnis arbeiten zu können. Visionsmotivierte müssen also stets darum bemüht sein, nicht über das Ziel hinauszuschießen. Detaillierte Informationen finden Sie unter 10.1.5.

Bei Kombination mit einem Leistungsmotiv können Visionsmotivierte kompetente Spezialisten sein. Herausragende technische oder wissenschaftliche Leistungen sind möglich. Allerdings müssen Visionsmotivierte ebenso wie Wettbewerbsmotivierte nicht zwangsläufig über Detailkenntnisse verfügen, um ihre Vision umzusetzen. Ihre Stärke besteht darin, klar zu erkennen, wer ihnen die Fachkompetenz liefert (in der Regel der Leistungsmotivierte) und wie sie andere von der Idee überzeugen können.

8.4.2 Arbeitsumfelder

Ihre beiden Stärken – der Mut, in großen Dimensionen zu denken und das Talent, andere für ihre Ideen zu gewinnen und einzusetzen – machen Visionsmotivierte zu angesehenen Führungskräften. Sie stehen nicht nur erfolgreichen Unternehmen vor, sondern z. B. auch einer Partei, Gewerkschaft oder Non Profit-Organisation. Informieren Sie sich unter 10.2.5, 10.3.5 und 10.4.5 über die Vor- und Nachteile verschiedener Arbeitsumgebungen!

8.4.3 Typische Profile

Visionsmotivierte sind häufig in Politik, Wirtschaft und Medien zu finden – also in Arbeitsumfeldern, in denen sie auf die eine oder andere Art „die Welt verändern" können. Ebenso kommen pädagogische und didaktische Tätigkeiten in Frage, denn Visionsmotivierte möchten nicht nur Wege aufzeigen und Selbstvertrauen vermitteln, sondern auch ihr zukunftsorientiertes Denken in ihre Arbeit einbringen. Zahlreiche Psychologen, Theologen, Coaches und Berater zählen zu den Visionsmotivierten, wobei das höhere Ziel und die Stärkung und Entwicklung anderer Menschen dann zusammenfallen.

8.5 Stärken

Visionsmotivierte besitzen ein Talent, Ideen zu entwickeln und umzusetzen. Das lässt sie Dinge bewegen, verbessern und positive Entwicklungen verfolgen – Eigenschaften, die sie zum Gewinn für viele Unternehmen machen.

Träger des Visionsmotivs sind gut darin, andere Menschen für das gesetzte Ziel zu begeistern und zu motivieren. Das Gefühl, für eine gute und richtige Sache zu arbeiten, vermitteln sie auch nach außen. Für Mitarbeiter sind sie inspirierende Chefs und Vorbilder, die geradezu idealisiert und verehrt werden. In diesem Zusammenhang noch einmal ein Verweis auf Steve Jobs: Nach seinem Tod fürchteten viele Apple-Mitarbeiter, der Konzern werde ohne seinen genialen Ideengeber nicht mehr die Größe früherer Tage erreichen. Jobs' Nachfolger Tim Cook steht nicht im Ruf, ein visionärer Vordenker zu sein, was dem neuen CEO bei seinem Antritt einiges Misstrauen eintrug. Ein Statement von ihm zeigt den Personenkult, den es im Unternehmen um den verstorbenen Gründer gibt: „Steve lässt ein Unternehmen zurück, das nur er hätte erschaffen können, und sein Geist wird für immer das Fundament von Apple sein."[2] Man kann daraus erahnen, wie herausragend Jobs darin gewesen sein muss, den gesamten Konzern auf seine Person einzuschwören.

Visionsgetriebene besitzen häufig, was in Wirtschaft, Politik, Wissenschaft und Gesellschaft gebraucht wird: (neue) Ideen und Rezepte für die Zukunft und den Mut, diese konsequent und notfalls auch gegen den Mainstream umzusetzen. Willy Brandts (1913–1992)

---

[2] Postinett et al. (2011).

Ostpolitik ist so ein Beispiel und weist ihn als Visionsmotivierten aus. In einer Zeit, in der die allgegenwärtige Furcht vor der Ausdehnung des Kommunismus durch die Köpfe der Menschen geisterte und unzählige politische Entscheidungen davon diktiert wurden, bedurfte es einer gehörigen Portion Mut, sich mit einem von vielen als radikal empfundenen Paradigmenwechsel gegen diese kollektive Angst zu stellen. Die zumindest staatsrechtliche Anerkennung der DDR bedeutete eine Abkehr von der bis dahin geltenden Hallstein-Doktrin, die den Alleinvertretungsanspruch der Bundesrepublik 1955 in Stein gemeißelt hatte. Die unter Brandt auf den Weg gebrachte mutige Abkehr von diesem Denken ab 1969 bereitete den Weg für die späteren Ostverträge, die unter anderem den Grundstein für eine Kooperation auf den Gebieten Wirtschaft, Wissenschaft, Kultur und Sport mit der DDR und anderen Staaten des Ostblocks legte.

Wenn Visionsmotivierte von der Richtigkeit ihrer Idee überzeugt sind, können sie ein beeindruckendes Maß an Engagement entfalten, unermüdlich für „ihre" Sache kämpfen und scheinbar mühelos allen Widerständen trotzen. Auch die Fähigkeit, gut und stringent zu argumentieren, zählt zu ihren positiven Eigenschaften. Die Gründe, die sie selbst bewogen haben, sich auf ein bestimmtes Ziel zu fokussieren, können sie auch anderen schlüssig darlegen.

8.6 Schwächen

Wir haben bereits gesehen, dass Visionsmotivierte im Extremfall zu unangenehmen „Predigern" mutieren und sich dann jeder abweichenden Sichtweise verschließen. Sie nehmen für sich in Anspruch, von anderen die Einhaltung von Normen oder das Erreichen von unrealistischen Zielen einzufordern. Sie unterscheiden auch nicht mehr, wen sie ermahnen – Mitarbeiter, Gleichgestellte oder Vorgesetzte. Das kann ihre Position in einem Unternehmen gefährden. Manche gute Idee wurde auf diese Art zu Fall gebracht, und mancher Visionsmotivierte musste in einer solchen Phase des Größenwahns einen Karriereknick oder schmerzliche Verluste hinnehmen (denken Sie daran, wie Steve Jobs 1985 – blind und taub für Kritik und Einwände – den Machtkampf gegen John Sculley verlor).

Aus meiner Erfahrung erlebe ich Visionsmotivierte manchmal als realitätsfern. In ihrem Glauben, zu Höherem berufen zu sein, vernachlässigen sie die Tatsache, dass Führen auch bedeuten kann, seine Position zu sichern, sich vor Neidern zu schützen und um den Aufstieg zu kämpfen. Der Fokus Visionsmotivierter liegt oft ganz auf der Beziehungsgestaltung. Dabei besteht die Gefahr, dass Sachthemen vernachlässigt werden und z. B. Produktoptimierung oder -weiterentwicklung zu kurz kommen. Visionsmotivierte laufen Gefahr, die Bodenhaftung zu verlieren und sich unangreifbar zu fühlen. Konkurrenz nehmen sie dann nicht ernst und sehen es als unter ihrer Würde, sich mit Wettbewerbern zu messen. All das traf auf Steve Jobs zu, der sämtliche Hinweise auf die technische Unzulänglichkeit des Macintosh ausblendete.

Barack Obama hingegen scheint das erkannt zu haben und in seiner zweiten Amtszeit auf weniger Vision und mehr Sachlichkeit zu setzen. Aktuell ist er gezwungen, politische

Ideen in einem schwierigen Umfeld auf den Weg zu bringen und eine Politik der kleinen Schritte zu verfolgen, was seiner Persönlichkeit eigentlich nicht entspricht. Damit zeigt er, dass es möglich ist, aus pragmatischen Erwägungen heraus Verhaltensmuster bewusst zu ändern.

Seine erste Handlung im Amt des Präsidenten war die Anordnung der Schließung des Gefangenenlagers Guantanamo, das zum Synonym für Menschenrechtsverletzungen im „Krieg gegen den Terror" geworden war – verübt von einem Land, das für sich in Anspruch nimmt, so großen Wert auf das Recht auf „Leben, Freiheit und das Streben nach Glück" zu legen. Doch die Umsetzung scheiterte am Widerstand des Kongresses. Die Kontroversen mit der republikanischen Partei überschatteten Obamas gesamte erste Amtszeit, ebenso wie die verheerende Wirtschaftskrise nach der Pleite der Investmentbank Lehman Bros.

Steigende Arbeitslosenzahlen und ein sinkendes Steueraufkommen änderten die Voraussetzungen und engten den Spielraum des Präsidenten für die Umsetzung seiner Ideen mehr und mehr ein. Steuererhöhungen für Gutverdiener scheiterten ebenfalls am Widerstand der Republikaner. Als Obama auf eine Stellungnahme zur iranischen Revolution verzichtete, enttäuschte der Mann, der nicht nur von seinen Landsleuten, sondern von der ganzen Welt als Hoffnungsträger gesehen worden war, viele seiner Anhänger. Seine Ehrung mit dem Friedensnobelpreis war im Hinblick auf die Kriege in Irak und Afghanistan umstritten, sein Engagement für nachhaltige Energie und Klimaschutz blieb ergebnislos, bei seinem großen Projekt – der Gesundheitsreform – musste er schmerzhafte Abstriche hinnehmen, die nicht spurlos an ihm vorübergingen.[3]

In vielen seiner Ansprüche und Wahlversprechen zunächst gescheitert, musste sich Obama, der mit Schlagworten wie „Change" und „Hope" angetreten war, vor allem als Krisenmanager beweisen. Begeistern kann er immer noch, dennoch offenbart er heute mehr Reife und Pragmatismus, wenn er erklärt, man könne die Probleme von Jahrzehnten nicht im Hauruckverfahren lösen – und seine Anhänger um Geduld und Zeit bittet. Er ist das Beispiel eines Visionsmotivierten, der lernen musste, seine Aufmerksamkeit auf Sachthemen zu richten und radikalen Gegnern zu zeigen, dass er seine Wettbewerbsseite auch jenseits des Wahlkampfes herauskehren kann.

8.7 Tipps und konkrete Handlungsanweisungen

Visionsmotivierte müssen lernen, dass Vision nicht gleich Mission ist und dass andere das Recht haben, ihre Ziele in Frage zu stellen oder andere Ziele zu verfolgen. Entscheidend für die Aktivierung der positiven Seiten des Visionsmotivs ist, dass sein Träger nicht belehrend oder aufdringlich wird und noch in der Lage ist, andere Meinungen, Ideen und Ziele zuzulassen. Ebenso muss er sich auch heraushalten können, wenn sein Rat gerade nicht erwünscht ist.

---

[3] Schmitt-Sausen (2012).

Visionsmotivierte müssen sich mitunter an die Kandare nehmen, um Sachthemen nicht zu bagatellisieren. Einwände von Spezialisten sollten sie zum Anlass nehmen, notfalls auch mal das Konzept zu überdenken und zu modifizieren, selbst wenn das Zeit kosten sollte. Darin liegt im Grunde ihre zentrale Herausforderung. Das enthusiastische Drauflosstürmen des Visionsmotivierten kann Großes auf den Weg bringen, aber auch Probleme oder sogar Schaden verursachen. Je nach Tragweite des Projektes ist hier Augenmaß gefordert. Wird „nur" ein unzulängliches Produkt auf den Markt gebracht, bedeutet das im harmloseren Fall auch „nur" einen finanziellen Schaden und einen Imageverlust. Wird aber etwa ein Transportmittel ohne ausreichende Tests eingesetzt oder werden Kranke mit einem Medikament behandelt, dessen Nebenwirkungen nicht vollständig geklärt sind, sind die Folgen manchmal weitreichender. Dazu ein zeitgeschichtliches Beispiel:

Als aufgrund eines technischen Defektes die Astronauten Edward H. White, Virgil I. Grissom und Roger B. Chaffee mit der Raumkapsel Apollo 1 bei einem Testlauf auf der Startrampe verbrannten, wurde US-Präsident Lyndon B. Johnson (1908–1973) vorgeworfen, das Tempo des Weltraum-Programms zu sehr forciert und dabei Risiken für die Besatzung in Kauf genommen zu haben. Am Anfang der Entwicklung, die zu dem Unfall führte, stand allerdings schon das 1961 gegebene Versprechen des stark Visions- und Wettbewerbsmotivierten John F. Kennedys (1917–1963), bis zum Ende des Jahrzehnts einen Amerikaner auf den Mond zu bringen und so die Sputnik-Schlappe gegenüber den Sowjets wettzumachen.

Die Männer aus dem Astronautencorps – allesamt Testpiloten mit hochkarätiger militärischer und technischer Ausbildung, Ingenieursabschlüssen und zum Teil auch mit Raumflugerfahrung aus den vorangegangenen Mercury- und Gemini-Programmen, mit anderen Worten also echte Experten – hatten unermüdlich auf die technischen Mängel der Raumkapsel hingewiesen. Die Tragödie um Apollo 1 illustriert, wie Verantwortliche Expertenwarnungen in den Wind schlugen, um eine Vision voranzutreiben, die ihnen von „ganz oben" vorgegeben worden war. Es zeigt, dass Umsicht, Augenmaß, Geduld und eine gewisse Flexibilität im Fall des Auftretens zwingender sachlicher Gründe relevante Eigenschaften sind, wenn aus einer guten Idee nicht das Gegenteil werden soll. Getreu der alten Weisheit: Gut gemeint ist das Gegenteil von gut.

Mitunter kann es Visionsgetriebenen auch gut tun, etwas mehr Egoismus zu entwickeln, ihre strenge Selbstdisziplin zu lockern und die eigenen Ziele und Bedürfnisse nicht ganz in den Hintergrund zu drängen. Das ist vor allem dann der Fall, wenn das Visionsmotiv von anderen Machtmenschen (etwa einem Wettbewerber) instrumentalisiert wird und seine Träger glauben, sich im Dienst ihrer guten Sache keinerlei Schonung mehr gönnen zu dürfen.

Möchten Visionsmotivierte erfolgreich führen, müssen sie außerdem lernen, mehr Wettbewerb zu wagen. Es wurde bereits im vorigen Kapitel festgestellt, dass keine Führungskraft jemals ohne Wettbewerb auskommt (schon deshalb, weil sie sonst schnell von einem Wettbewerbsmotivierten verdrängt wird). Da die Führung anderer und damit auch das Kräftemessen mit ihnen aber notwendig aus jeder Vision resultiert, wenn sie denn verwirklicht werden soll, müssen Visionsmotivierte diesen Punkt bearbeiten.

8.8   Beispiele: Biografien visionsmotivierter Menschen

Wer Visionen hat, solle den Arzt aufsuchen – das empfahl Ex-Bundeskanzlers Helmut Schmidt im Wahlkampf 1980. Unsere Beispiele zeigen aber, dass Visionsmotivierte keinesfalls die realitätsfernen Träumer sind, für die sie oft zu Unrecht gehalten werden, sondern mit ihren Ideen viel erreichen und nachhaltige Veränderungen anstoßen können. Gleichzeitig aber können sie auch massiv an der Unvereinbarkeit ihrer hohen Ansprüche mit den äußeren Umständen leiden.

8.8.1   Geschichte/Wettlauf um die Pole 2: Fridtjof Nansen

Liest man die Biografie des norwegischen Friedensnobelpreisträgers Fridtjof Nansen (1861–1930), so entsteht zunächst eher das Bild eines Wettbewerbsmotivierten. Im Umgang mit der Crew, die ihn bei der jahrelangen Drift des Forschungsschiffes Fram durch das arktische Packeis begleitete, gab er sich oft willkürlich und launisch. Obwohl er Naturwissenschaftler war, ging es Nansen nicht in erster Linie um einen Erkenntnisgewinn für Forschung und Bildung. Vielmehr wollte er wie zahlreiche Zeitgenossen als erster Mensch den geografischen Nordpol erreichen, dessen Eroberung mehr und mehr zum prestigeträchtigen Wettkampf zwischen Nationen und zum persönlichen Kräftemessen zwischen Individuen geworden war.

Es war seiner Begeisterungs- und Motivationsfähigkeit, seinem Charme und seinem Enthusiasmus zu verdanken, dass er hochkarätige Wissenschaftler und hervorragende Seeleute bewegen konnte, ihm auf dieser Fahrt ins Ungewisse zu folgen. Doch die endlosen Tage der erzwungenen Untätigkeit brachten auch die Schattenseiten seines damals zweifellos vorhandenen Wettbewerbsmotivs zutage, sodass nicht wenige Zeugnisse seiner Reisegefährten mehr oder weniger verhaltene Kritik an seiner Willkür, Launenhaftigkeit und Arroganz enthalten.

Nansen verließ schließlich zusammen mit Hjalmar Johansen (1867–1913), einem exzellenten Skifahrer, das Schiff, um den Nordpol auf Skiern zu erreichen. Auch Johansen fühlte sich – das geht aus seinen Tagebüchern hervor – während der anstrengenden Reise zunächst einsam und fand keinen gemeinsamen Nenner mit seinem Chef, den er oft als unzugänglich und überheblich erlebte. Nansen schien dagegen große Stücke auf seinen Gefährten zu halten und bestand später darauf, dass dieser Roald Amundsen (1872–1928) auf seiner Reise zum Südpol begleiten durfte, obwohl Johansen zu diesem Zeitpunkt bereits dem Alkohol verfallen war und als unzuverlässig galt.

Die Expedition scheint Nansens Persönlichkeit enorm geprägt zu haben. Nachdem die beiden Männer nur durch Zufall dem Tod im Packeis entkommen waren, schienen die launischen und herrischen Züge aus seinem Wesen zu verschwinden. Wesentlich bescheidener als vor dieser Erfahrung unterstützte Nansen andere Forscher und Draufgänger, die den Pol erreichen wollten, mit seinem Wissen und seiner Erfahrung. Angriffen von Wettbewerbern, die seine Leistung (er hatte immerhin die bis dahin höchste nördliche Breite erreicht und hielt diesen Rekord einige Zeit) schmälern wollten, begegnete er mit Gelassenheit, wo er früher die Konfrontation gesucht hätte. Selbst für Kritiker wie den bereits erwähnten Peary hatte er freundliche Worte und praktische Tipps übrig. Er unternahm noch weitere Forschungsreisen, die aber einen stärkeren wissenschaftlichen Fokus hatten, und verfolgte dann eine akademische Karriere als Zoologe.

Im Gedächtnis bleibt er vielen Menschen aber eher aufgrund seiner diplomatischen, politischen und humanitären Verdienste. Sein Nansen-Pass, der zahlreichen Kriegsflüchtlingen und -gefangenen die Heimkehr ermöglichte, gilt als einzigartige und unübertroffene Leistung auf dem Gebiet der Flüchtlingshilfe. In seinen späteren Jahren engagierte er sich unermüdlich für Verfolgte und Flüchtlinge und unterstützte das vom Genozid des osmanischen Reiches betroffene armenische Volk.

Der Mann, der bei seinem Tod vom britischen Völkerbundspräsidenten Lord Cecil als „furchtloser Friedensstifter, Freund der Gerechtigkeit, Anwalt für die Schwachen und Leidenden"[4] gewürdigt wurde, schien kaum noch etwas mit dem jungen Nansen gemein zu haben, über den Johansen schrieb: „Er ist zu egozentrisch, um irgend jemandes Freund zu sein, und die Geduld wird auf eine harte Probe gestellt. (…) Der Kerl ist unsozial, ungehobelt und in höchstem Maß egoistisch."[5] Es deutet also einiges darauf hin, dass Fridtjof Nansens Motivationsprofil sich vom Wettbewerbsmotiv seiner Jugendjahre zum Visionsmotiv späterer Tage verschob – eine nicht untypische Entwicklung, die tatsächlich, wie Krug und Kuhl vermuten, für ein Phasenmodell der Machtmotive sprechen.

8.8.2 Wirtschaft 1: Mark Zuckerberg

Facebook-Gründer Mark Zuckerberg werden viele vermutlich nicht auf Anhieb als Visionsmotivierten identifizieren. Das mag unter anderem daran liegen, dass das Image des erfolgreichen Jungunternehmers und Milliardärs sehr von dem Spielfilm „The Social Network" geprägt wurde, der allerdings aus der Sicht zweier anderer heutiger Unternehmer erzählt, die mit Zuckerberg studierten und sich von ihm um ihre Idee geprellt fühlen. In dieser Darstellung erscheint er natürlich zwingend eher als wenig sympathischer Wettbewerbstyp, der skrupellos das geistige Eigentum anderer nutzt, um selbst Erfolg zu haben. Ob es sich dabei um die Wahrheit, den Demontageversuch von Neidern oder etwas in der Mitte zwischen diesen beiden Polen handelt, lässt sich nicht zweifelsfrei klären.

Aus den wenigen Aussagen, die von dem zugegebenermaßen vergleichsweise zurückhaltenden und öffentlichkeitsscheuen Zuckerberg (was eher untypisch für einen Visionsmotivierten ist) bekannt sind, lassen sich jedoch durchaus Hinweise auf ein Visionsmotiv ableiten. Facebook, so Zuckerberg anlässlich des Börsengangs in einem Brief an die Aktionäre, möge heute ein kapitalstarkes Unternehmen sein, sei aber gegründet worden, um

---

[4] Reynolds (1932).

[5] Huntford (1997).

„eine soziale Mission zu erfüllen – die Welt offener und vernetzter"[6] zu machen: „Es gibt einen riesigen Bedarf, jeden auf der Welt zu verbinden, jedem eine Stimme zu geben und ihm zu helfen, die Gesellschaft für die Zukunft zu verändern"[7], so Zuckerberg. In diesen Worten offenbaren sich Zukunftsorientierung und der Drang nach Größerem, der für Visionsmotivierte so typisch ist. Im Fall Zuckerbergs dürfte auch ein Leistungsmotiv dazukommen, zumindest legt dies seine Fürsprache für das, was er den „Ansatz der Hacker"[8] (die zu Unrecht in den Medien einen schlechten Ruf hätten) nennt, nahe, den er zur Führungsphilosophie erhoben hat: „Beim Ansatz der Hacker geht es um ständige Verbesserung. Hacker glauben, dass etwas immer verbessert werden kann."[9] Den meisten großartigen Leuten gehe es darum, große Dinge zu entwickeln und Visionen zu verwirklichen.

Zuckerberg unterstützte auch den zweiten Wahlkampf Barack Obamas und ergreift offen Partei für dessen Politik und gegen die reaktionären Kräfte in der republikanischen Partei. Weitere Indizien für ein Visionsmotiv sind seine trotz des Erfolges recht zurückhaltende Lebensweise, sein Engagement für den Aufbau einer Bildungsstiftung, die Tatsache, dass er (was kaum jemand weiß) neben Informatik im zweiten Hauptfach Psychologie studierte und eine Aussage seines Vaters Ed, der sich lachend an Marks Kindheit erinnert und dabei die Fähigkeit des Sohnes, mitzureißen und zu überzeugen, besonders betont: „Wenn er etwas wollte und du zu ihm Nein gesagt hast, konntest du dich auf starken Gegenwind gefasst machen. Abgesichert mit Fakten, Erfahrungen, Logik und wirklich guten Argumenten. Wir dachten immer, der wird einmal Anwalt."[10]

8.8.3 Wirtschaft 2: Niko Paech

Der Ökonom Niko Paech gilt als radikaler Wachstumskritiker, der durch seine Forderungen polarisiert. In einer Welt, die stets nach dem Motto „schneller, höher, weiter" zu leben scheint, verwundert es kaum, dass Ideen wie die Schließung von Flugplätzen, die Stilllegung von Autobahnen oder die Einführung einer verbindlichen 20-Stunden-Woche bei vielen Menschen höchstens ein Stirnrunzeln hervorrufen und nicht gerade dafür prädestiniert sind, von Entscheidungsträgern in Politik und Wirtschaft sonderlich Ernst genommen zu werden.

Gerade deshalb versteht Paech seine mahnende Stimme als notwendiges Korrektiv zum Mainstream. Mit dem Vorwurf „Miesepeter der Nation"[11] kann er leben. Schließlich sieht er seine Mission nicht darin, den Menschen ihren durch viele Jahrzehnte kontinuierlichen Wirtschaftswachstums erreichten Lebensstandard schlecht zu reden, sondern auf die

---

[6] El-Sharif (2012).

[7] Ebenda.

[8] Ebenda.

[9] Ebenda.

[10] Feldhaus und Schirmer (2012).

[11] Kriener und Thomma (2012).

„Unser Visionär will mal wieder die Welt verbessern."..

Abb. 8.1 Das Visionsmotiv. (© Kai Felmy)

Kehrseiten hinzuweisen: Klimawandel, Ressourcen-Raubbau, Umweltzerstörung, Zivilisationskrankheiten wie Depression und Burnout, Konsumzwang, Leistungsdruck. Immer nach dem Motto: Das musste ja auch mal gesagt werden.

Als Ökonom, der die Grundlagen seiner Disziplin in Frage stellt, ist Paech eine echte Ausnahmeerscheinung. Auf ihn passen aber auch keine Klischee-Etiketten wie „Öko-Spinner", „Umwelt-Guru" oder „Aussteiger". Im Gegensatz zu vielen anderen Visionsmotivierten offenbart er ein beeindruckendes Bewusstsein der möglichen Schattenseiten des Motivs: „Ich will die Leute nicht indoktrinieren"[12] – die scharfe Abgrenzung zwischen Mission und Missionieren ist ihm extrem wichtig und stärkt seine Glaubwürdigkeit. Dabei geht er sogar so weit, Angebote als FH-Dozent auszuschlagen, weil ihm sehr wohl bewusst ist, dass sich sein Ansatz kaum mit der etablierten Lehrmeinung verträgt: „Ich möchte nicht als Ketzer den Ruf dieser Hochschulen schädigen. So weit kann man in der traditionellen Betriebs- und Volkswirtschaftslehre nicht querdenken."[13] Was er dagegen möchte, ist mögliche Alternativen vorleben: Konsumverzicht, Fahrrad statt Auto, Leben ohne Smartphone. Das alles ist, wie er zugibt, nicht neu. Wer das nicht originell genug findet, muss spätestens aufhorchen, wenn Paech in seinem gewohnt pointierten und scharfzüngigen Stil darlegt, wovor er die Welt retten will: nämlich in erster Linie vor selbsternannten Weltenrettern,

---

[12] Etscheit (2012).

[13] Ebenda.

vor „dieser Nachhaltigkeitsschickeria" die Wasser predige und Wein trinke, also Nachhaltigkeit einfordere und dieser Idee durch die eigene Lebensweise entgegenarbeite.[14]

Das Paech ein waschechter Visionsmotivierter ist, beweist er in dem bezeichnenden Ausspruch „Ich glaube, eine klare Lösung zu haben."[15] Dazu steht er, und auch wenn er missionarischen Eifer vehement ablehnt, ist er doch ganz im Geist des Visionsmotivs der Meinung, derjenige zu sein, der ein Quäntchen mehr verstanden hat als alle anderen und deshalb verpflichtet ist, seine Stimme zu erheben und für den Richtungswechsel zu sprechen. Die Tatsache, dass er daraus keinen unbedingten Führungsanspruch ableitet, spricht für ein zusätzlich vorhandenes Freundschaftsmotiv, denn, wie Paech unumwunden zugibt: Ein Patentrezept, wie man die Leute zum Handeln bringe, sehe er nicht (Abb. 8.1).[16]

[14] Paech (2012).
[15] Etscheit (2012).
[16] Ebenda.

Motivkombinationen

9

Zusammenfassung

Wie McClelland selbstkritisch bemerkte, verführt die Motivtheorie natürlich in gewissem Maß zum Schubladendenken. Menschen lassen sich weder durch diese noch durch andere Motivationstheorien tatsächlich in diese oder jene Kiste einsortieren, die dann mit einem einfachen Etikett versehen wird. Motivprofile verfolgen das Ziel, individuelle Ausprägungen zu skizzieren und so ein besseres Verständnis für das, was uns antreibt, zu ermöglichen. In der Realität wird man selten ein einzelnes Motiv als den prägenden Bestandteil einer Persönlichkeit identifizieren können. Wesentlich häufiger wirken Kombinationen mehrerer Motive zusammen, greifen Verhaltensäußerungen, die auf diese verschiedenen Motive zurückgehen, ineinander. Das Zusammenspiel zweier oder sogar dreier Motive hat einige der schillerndsten Persönlichkeiten in Politik, Wirtschaft, Unterhaltung, Geschichte und Sport geprägt. In diesem Kapitel finden Sie Beispiele von Biografien, aus denen Rückschlüsse auf mögliche Motivkombinationen gezogen werden können.

9.1 Das Leistungsmotiv

Das Leistungsmotiv kann in Kombination mit allen vier anderen Motiven auftreten. Die Verbindung von Leistung und Freundschaft bringt Persönlichkeiten mit emotionaler und analytischer Intelligenz hervor; in meinem Alltag sind unter ihnen viele Naturwissenschaftler zu finden. Träger der Motive Leistung und Autonomie setzen auf die Eigenverantwortung anderer und hinterfragen kritisch. Treffen Leistung und Wettbewerb aufeinander, ist es wichtig zu wissen, welche Ausprägung dominiert. Die Antwort darauf entscheidet darüber, ob Experten- oder Führungslaufbahn die bessere Wahl ist. Im Wesen dieser Menschen verbinden sich empathische und analytische Fähigkeiten. Das Motivduo Leistung und Vision bedingt ähnliche Persönlichkeitsstrukturen. Hinzu kommt bei diesem Typ das zukunftsorientierte Denken und Handeln.

B. Haag, *Authentische Karriereplanung*,
DOI 10.1007/978-3-658-02513-7_9, © Springer Fachmedien Wiesbaden 2013

9.1.1   Leistung, Freundschaft, Vision: Michael Jackson (1958–2009)

Michael Jacksons Kompositionen und Choreographien beeinflussen bis heute die Entwicklung von Soul, Funk und Pop und inspirieren über seinen frühen Tod hinaus zahlreiche Künstler und Bands. Der „King of Pop" war schon zu Lebzeiten eine Legende, Hits wie „Billie Jean", „Black or White" oder „Beat it" und sein Kult-Tanzschritt Moonwalk machen ihn unsterblich. Was motivierte den Megastar?

Obwohl Vater Joseph Michael und dessen Geschwister früh ins Rampenlicht drängte und seine Kinder einem enormen Leistungs- und Erfolgsdruck aussetzte, entwickelte der spätere Superstar keinen Widerwillen gegen Leistungsansprüche. Im Gegenteil: Michael löste Joseph schon als Jugendlicher in der Rolle als sein eigener härtester Antreiber ab. Fasziniert von Soul-Legende James Brown (1933–2006) lernte er – schon damals perfektionistisch in einem Maß, das ans Unmenschliche grenzte – dessen Bewegungsmuster auswendig.

„(Ich sah) den Stars aufmerksam zu, weil ich von ihnen soviel wie möglich lernen wollte. (…) Nachdem ich von den Kulissen aus James Brown studiert hatte, kannte ich jeden Schritt, jeden Laut, jede Bewegung und jede Drehung. (…) Die beste Ausbildung der Welt ist es, den Meistern bei der Arbeit zuzusehen. (…) Ich bin von ganzem Herzen Künstler. Ich habe wirklich alles auf der Bühne gelernt"[1], schreibt Jackson in seiner Autobiografie „Moonwalk".

Michael Jackson entwickelte seinen eigenen Stil, doch die Einflüsse dieser frühen Idole sind in seiner Arbeit klar zu erkennen. Der Perfektionsdrang des Leistungsmotivierten, sein unbändiger Wille, von Experten zu lernen und dabei selbst besser zu werden, spricht deutlich aus diesen Zeilen. Die Anerkennung seiner Vorbilder bedeutete dem jungen Michael Jackson alles. Auch in dieser Hinsicht war er ganz der Leistungsmotivierte, den Anerkennung dann freut, wenn sie von jemandem kommt, dessen Sachkenntnis und Können auf einem Gebiet er respektiert und bewundert. Weitere Hinweise auf ein starkes Leistungsmotiv geben Jacksons Detailversessenheit auf der Bühne und die Tatsache, dass er zeitlebens nie mit dem, was er erreicht hatte, zufrieden war, was Aussagen seiner Mitarbeiter und Weggefährten bestätigen.

Michael Jackson wurde immer wieder als Perfektionist an der Grenze des Manischen und Selbstzerstörerischen beschrieben. Während er in seinem gesellschaftlichen und humanitären Engagement – auf sein Freundschaftsmotiv werde ich noch zu sprechen kommen – großes Mitgefühl für andere an den Tag legte, war er sich selbst gegenüber rücksichtslos. Eines der wichtigsten Entwicklungsfelder des Leistungsmotivs besteht darin, Achtsamkeit im Umgang mit sich selbst zu entwickeln. Diese Tatsache war Michael Jackson entweder nicht bekannt, oder sie interessierte ihn nicht. Bis zuletzt gönnte er sich, obwohl körperlich angegriffen, nicht die geringste Schonung und trainierte buchstäblich bis zum Umfallen für die geplante Comeback-Tour.

---

[1] Jackson und Michael (2009, S. 44).

Für seine Crew muss sein Perfektionsdrang anstrengend gewesen sein. „Treibende Kraft war (er) selbst. Er legte den Finger in die Wunden, gab sich perfektionistisch wie zu seiner besten Zeit. Hier passte ein Akkord nicht, dort fiel der Einsatz des Klaviers knapp aus. Jackson wusste in jeder Sekunde, was er wollte."[2] Nämlich das perfekte Ergebnis – und auf gar keinen Fall eines, das auch nur ein Jota davon abwich. Auch diese Schilderung einer Probe kurz vor Jacksons Tod beschreibt den Leistungsmotivierten, der vom Ziel her denkt, das er erreichen möchte: „Mit selbstzerstörerischem Arbeitsethos trieb er das Team, noch den verstiegensten Ideen bedingungslos zu folgen"[3], heißt es weiter. Und das Team folgte – Michael Jackson war längst selbst ein Idol geworden, eine überlebensgroße Legende, zu der seine Bühnentänzer aufsahen wie der junge Michael zu James Brown.

Immer wieder brachte er andere Künstler, die mit ihm arbeiteten, zur Verzweiflung. Der Rapper Akon, selbst ein so großer Jackson-Verehrer, dass er sagte, mit ihm in einem Raum zu sein, habe bedeutet „alles zu erreichen, was ich im Leben wollte"[4], erinnerte sich beim Tod des „King": „Er war nie zufrieden. Wir hatten Ideen, von denen ich wusste, dass sie großartig sind. Er sagte dazu: ‚Nein, nein – wir müssen etwas *noch* Besseres daraus machen.' Wir konnten es aber nicht besser machen, weil seine Ansprüche zu hoch waren. Wir waren fast so weit, dass wir ein Album hatten, an das ich geglaubt und es einfach herausgebracht hätte, aber es kam nie heraus, weil er immer und immer glaubte, wir könnten es noch besser machen."[5]

Dabei sehnte sich der Star, der vielen so unnahbar erschien wie ein Wesen aus einer anderen Welt, nach nichts so sehr wie einem stabilen sozialen Umfeld. Auf Jacksons Freundschaftsmotiv kann man aufgrund seines freundlichen, bescheidenen Wesens – beispielsweise im Umgang mit Medienvertretern – und aus der Tatsache schließen, dass familiäre Bindungen für ihn ebenso wichtig waren wie professionelle Kooperationen mit langjährigen Partnern. Trotz seiner schwierigen Jugend brach er nie mit dem Elternhaus, immer wieder unterstützte er seine Geschwister, und häufig nutzten Menschen aus seinem Umfeld seine Hilfsbereitschaft und die mangelnde Abgrenzungsfähigkeit, die für manchen Freundschaftsmotivierten zum Problem wird, hemmungslos aus.[6] Michael war dafür bekannt, keinem Menschen etwas abschlagen zu können. Einsam war er dennoch – und litt darunter, wie seine eigenen Aufzeichnungen belegen. Wie sollte ein Superstar dieser Größenordnung, der ständig im Fokus der Medien stand, normale Freundschaften oder Beziehungen führen, und wie sollte er zwischen echten und falschen Freunden unterscheiden?

Erst im Kreis seiner eigenen Familie fand er in den letzten Jahren vor seinem Tod die verlässlichen, liebevollen Beziehungen, die er lange gesucht hatte. „Die Kinder waren Michaels Leben,"[7] so sein langjähriger Vertrauter Mike La Perruque in einem Interview.

---

[2] Köck und Samir (2009).

[3] Ebenda.

[4] Massoth (2009).

[5] Ebenda.

[6] Halperin (2009).

[7] Weigelt (2009).

„Wenn man eines über Michael sagen kann, dann, dass er ein wirklich guter Vater war."[8]
Jackson schien felsenfest entschlossen, seinen Kindern die normale Kindheit zu bieten, die
ihm gefehlt hatte. Bat seine kleine Tochter ihn, ihr den „Moonwalk" beizubringen, übte
er geduldig stundenlang mit ihr, doch er versuchte niemals von sich aus, seine Kinder auf
Showbiz-Kurs zu bringen, und er hielt seinen legendären Perfektionismus im Zaum, wenn
er mit ihnen zusammen war. Alle drei Kinder haben ihr Leben mit dem Vater in guter Er-
innerung und kritisieren die Art und Weise, wie einige von Jacksons Geschwistern mit seinem Vermächtnis umgehen. Zu seinen wenigen echten Freunden dürfte Elizabeth Taylor
(1932–2011) gehört haben, deren Biografie viele Parallelen zu der Michael Jacksons auf-
weist. Taylor erzählte in einem Fernsehinterview, der Star habe sich auf Touren verkleidet,
um unerkannt und ohne Medienbewachung schwer kranke Kinder in Krankenhäusern zu
besuchen. Taylor sagt auch, die Medienkampagnen der Neunziger hätten Jackson das Herz
gebrochen und ihn verzweifelt und depressiv werden lassen.

Neben dem vermutlich dominierenden Leistungs- und dem sekundären Freundschaftsmotiv kann aus Michael Jacksons gesellschaftlichem Engagement auch auf ein Visionsmotiv geschlossen werden. Die Förderung benachteiligter Kinder und die Bekämpfung
schwerer Krankheiten wie Krebs und Aids waren für ihn von besonderer Bedeutung. Un-
vergessen ist der Welthit „We Are The World", den er gemeinsam mit Lionel Richie schrieb
und mit Showgrößen wie Stevie Wonder und Diana Ross einspielte. Mit dem Erlös wurden
die Opfer der Hungersnot in Äthiopien 1984–1985 unterstützt. Jackson setzte sein soziales
Engagement sogar fort, als er selbst wegen finanzieller Probleme seine Neverland-Ranch
aufgeben musste.

Fazit: Jacksons Leistungsmotiv zeigt sich in seinem unerbittlichen Perfektionismus, der
Tatsache, dass er zum Teil schon veröffentlichungsreifes Ton- oder Bildmaterial vernich-
tete, weil er stets ein noch besseres Ergebnis anstrebte und dem Stellenwert, den die Anerkennung seiner eigenen Vorbilder für ihn hatte. Die Kehrseite: Die extreme Ausprägung
des Leistungsmotivs, die seinen Erfolg mit bedingte, wurde ihm am Ende auch zum Ver-
hängnis. Obwohl gesundheitlich zu geschwächt für das Trainingsprogramm, das er sich für
seine geplante Tour auferlegt hatte, und getrieben von der Angst, seinen unrealistischen
Anforderungen an sich selbst nicht entsprechen zu können, arbeitete Jackson wie ein Be-
sessener an seiner Bühnenshow und überlastete sich damit hoffnungslos. Sein lebenslanger Einsatz für humanitäre Anliegen unterstreicht sein Visionsmotiv.

9.2   Das Freundschaftsmotiv

Zum Freundschaftsmotiv gesellen sich häufig die Motive Leistung oder Vision. Die Stärken, die sich aus der Kombination Freundschaft und Leistung ergeben, haben Sie bereits
kennengelernt. Treffen Freundschaft und Vision in ein und derselben Persönlichkeit aufeinander, so tendiert diese dazu, Führungsverantwortung innerhalb ideeller oder gemein-

---

[8] Ebenda.

nütziger Projekte zu übernehmen und dabei Menschen zu entwickeln und zu fördern. Je
nachdem, wie ausgeprägt das Freundschaftsmotiv ist, ordnen diese Menschen ihr Harmoniebedürfnis der Realisierung ihrer Vision unter.

9.2.1   Freundschaft, Vision, Leistung: Robert Bosch

Robert Bosch (1861–1942) gilt – ähnlich wie der bereits vorgestellte Werner von Siemens
– als Musterbeispiel eines sozial denkenden Industriellen und Philanthropen. Die Keimzelle zur heute weltweit operierenden Robert Bosch GmbH bildete die 1886 in Stuttgart
eröffnete Werkstätte für Feinmechanik und Elektrotechnik. Dort gelang es Bosch und seinem Mitarbeiter Arnold Zähringer, einen Magnetzünder an einen hochtourigen Motor
anzupassen und so eine der großen Herausforderungen auf dem Weg zum modernen Au-
tomobil zu bewältigen. Bosch expandierte rasch ins Ausland. Bereits 1913 besaß sein Unternehmen Niederlassungen auf allen fünf Kontinenten, erwirtschaftete 88 % seines Um-
satzes über diese und konnte so die wirtschaftlichen Einbrüche der Zeit nach dem ersten
Weltkrieg relativ gut bewältigen. Diese Erfahrung bewog Bosch, die Internationalisierung
konsequent fortzusetzen und die Produktpalette durch weitere Innovationen auszuweiten.
Zu diesem Zeitpunkt machte sich bereits sein Visionsmotiv bemerkbar: Bosch wollte mehr
als „nur" ein Unternehmen schaffen. Er träumte von Produkten, die weltweit den Alltag
der Menschen verändern und verbessern würden, und er strebte für seine Werke Arbeitsbedingungen an, die auch die Lebensqualität des einzelnen erhöhen sollten.

   Im zweiten Weltkrieg erlebte das Unternehmen durch die Nachfrage der Luftwaffe
nach Einspritzpumpen eine weitere Blütezeit. Allerdings beschäftigte es unter der Diktatur der Nationalsozialisten auch Zwangsarbeiter, und zumindest von einer Tochterfirma
sind medizinische Experimente an den Frauen unter ihnen bekannt. Für Bosch war das
Wissen darum unerträglich. Das empathische Wesen und das ausgeprägte Mitgefühl des
Freundschaftsmotivierten bereiteten ihm angesichts der Übergriffe des Regimes schlaflose
Nächte, und er kam bis zu seinem Tod nicht darüber hinweg, dass er seine Mitarbeiter
nicht hatte schützen können. Dabei machte er während der Kriegsjahre seinen gesamten
Einfluss geltend, um eine schützende Hand über die jüdischen Angestellten des Konzerns
und deren Familien zu halten. Der politisch engagierte Unternehmer hatte im Vorfeld der
nationalsozialistischen Machtübernahme noch versucht, Adolf Hitler persönlich von der
Notwendigkeit einer Annäherung an Frankreich zu überzeugen – was ihn als einen der
Visionäre ausweist, die früh verstanden hatten, dass die deutsch-französische Aussöhnung
als Keimzelle eines stabilen und friedlichen Europa alternativlos war. Als er aber begriff,
dass Hitler mit Sicherheit kein Mann des Friedens war und die Vernichtungspolitik seines
Regimes sich bereits abzeichnete, suchte Bosch den Kontakt zum liberalen Widerstand,
beispielsweise zur Gruppe um Carl Goerdeler.

   Laut seinem Biographen, dem späteren ersten Bundespräsidenten der Bundesrepublik
Deutschland Theodor Heuss (1884–1963), lernte Robert Bosch bereits in seinem Elternhaus, „den Anderen, den Armen mit der Selbstverständlichkeit der Gutmütigkeit oder

Güte in das Mitsorgen"[9] einzubeziehen. Unabhängiges Denken, familiäre Werte und soziales Engagement prägten seine Überzeugungen; gedankliche Unabhängigkeit, bürgerliche Familientradition und die frühe Beschäftigung mit den gesellschaftlichen Herausforderungen seiner Zeit prägten das Umfeld, in dem sein Freundschaftsmotiv immer mehr zur entscheidenden Triebfeder seines Denkens und Handelns wurde.

Freundschafts- und Visionsmotiv machten sich in der Persönlichkeit Boschs bei Weitem nicht erst unter dem Eindruck des Genozids bemerkbar. Bereits als junger Unternehmer legte er großen Wert auf die Aus- und Weiterbildung sowie auf die aktive Entwicklung und Förderung seiner Mitarbeiter. Zusätzlich war er der größte deutsche Stifter seiner Zeit. Für Bosch erschöpfte sich unternehmerisches Denken und Handeln nicht im wirtschaftlichen Erfolg. Sein visionäres Anliegen ging weit über Umsatz- und Gewinnzahlen hinaus und beinhaltete den Anspruch, aktiv auf die Gestaltung von Staat und Gesellschaft einzuwirken und eine Verbesserung der Lebensbedingungen für alle anzustreben.

Für das Visionsmotiv gibt es weitere Indizien. So war es Bosch wichtig, die einmal errungene Macht, die er einsetzen konnte, um anderen zu helfen und seine Visionen voranzutreiben, zu festigen. Um die Unabhängigkeit seines Unternehmens von Hitler und seinen Gefolgsleuten zu gewährleisten, wandelte er es beizeiten von einer Aktiengesellschaft in eine GmbH um. Die Erfahrungen der beiden Weltkriege, der Zwischenkriegszeit und der damit einhergehenden wirtschaftlichen, politischen und sozialen Erschütterungen dürften das Bewusstsein für die Bedeutung von Unabhängigkeit in ihm zusätzlich verstärkt haben.

Am deutlichsten wird sein Visionsmotiv anhand einer Beschreibung auf der Website der noch heute bestehenden Robert Bosch Stiftung, die sich in allen außerwirtschaftlichen Lebensbereichen – Wissenschaft, Politik, Gesellschaft, Gesundheit, Kunst und Kultur – engagiert: „Dabei verfolgte er kein strategisches Ziel oder Programm. Wichtig war ihm sicherzustellen, dass seine Unterstützung andere dazu bewegte, ihre Fähigkeiten einzusetzen und auf die Herausforderungen der Zeit zu antworten. Handeln anderer nicht zu ersetzen, sondern anzustoßen, war auch seine Absicht gegenüber dem Staat."[10]

Bosch war jedoch kein Steve Jobs, der die technischen Innovationen anderen überließ, um dann zumindest teilweise deren Lorbeeren einzuheimsen. Er versuchte nie, den Anteil seiner Mitarbeiter an einer bestimmten Erfindung oder am Erfolg des Konzerns zu verheimlichen. Doch auch er selbst hatte sein Handwerk buchstäblich von der Pike auf gelernt und zunächst eine Mechanikerlehre absolviert, ehe er in verschiedenen Technologieunternehmen (z. B. Edison und Siemens) tätig war. Somit kann auch ein Leistungsmotiv angenommen werden, etwa, wenn er sagt: „Es war mir immer ein unerträglicher Gedanke, es könne jemand bei der Prüfung eines meiner Erzeugnisse nachweisen, dass ich irgendwie Minderwertiges leiste. Deshalb habe ich stets versucht, nur Arbeit hinauszugeben, die jeder sachlichen Prüfung standhielt, also sozusagen vom Besten das Beste war."[11] Dieses Zitat gibt uns einen Hinweis auf ein ebenfalls vorhandenes Leistungsmotiv – auch wenn

---

[9] Heuss (1946, S. 185).

[10] Bosch-Stiftung (2013).

[11] Ebenda.

Freundschaft und Vision zu etwa gleichen Teilen bei Bosch die dominierenden Triebfedern gewesen zu sein scheinen.

Fazit: Freundschafts- und Visionsmotiv scheinen sich in Boschs Profil die Waage zu halten und halfen ihm, auch während des Dritten Reichs seine moralische Integrität zu wahren, im Rahmen des Möglichen an seinen Visionen und Zielen festzuhalten und mit seinem Einfluss Verfolgte zu schützen. Vor und nach der nationalsozialistischen Diktatur trieb er seine visionären Ideen, die stets die Verbesserung des Alltags für die gesamte Gesellschaft im Blick hatten, mit aller Entschlossenheit voran, indem er sich für Weiterentwicklungen auf den Gebieten Medizin, Technologie, Forschung, Bildung und soziale Sicherheit einsetzte.

9.3 Das Autonomiemotiv

Auch das Autonomiemotiv tritt in den unterschiedlichsten Kombinationen auf; von denen Freundschaft und Leistung bereits umrissen wurden. Was passiert aber, wenn sich das Autonomiemotiv mit einem der beiden anderen Machtmotive – Vision oder Wettbewerb – paart? Das Duo Autonomie-Vision bedingt Persönlichkeiten, die davon getrieben sind, Dinge voranzutreiben. Selbstkontrolle und Disziplin sind bei diesem Typ ähnlich stark ausgeprägt wie bei Leistungsmotivierten, und auch deren tiefe Abneigung gegen Intrigen und Machtkämpfe wird von den Trägern der Kombination Autonomie und Vision geteilt. Zu den Stärken dieses Typs gehören außerdem ein starker Gerechtigkeitssinn und ein grundlegender Respekt vor anderen, der Kraft und Selbstvertrauen vermittelt, aber auch in die Pflicht nimmt.

9.3.1 Autonomie, Vision und Freundschaft: Bobby Dekeyser

Eines Tages erhob sich Robert „Bobby" Dekeyser im Schulunterricht, um Lehrer und Klassenkameraden zu verkünden, die Schule sei nichts für ihn. Der spätere Profi-Torwart und Unternehmer hatte nach eigenen Aussagen nach der Scheidung seiner Eltern eine chaotische, aber nicht unglückliche Kindheit durchlebt[12], die unter anderem Stationen in Belgien, Deutschland und Österreich mit sich brachte und insgesamt neun Schulwechsel bedingte.

Die Zeugen dieser Schlüsselszene im Leben Dekeysers fanden den spontanen Ausbruch amüsant. Keiner kaufte dem erst 15-jährigen ab, dass er Konsequenzen aus seiner Feststellung ziehen würde. Es war wohl das erste Mal, dass eine scheinbar impulsive und unüberlegte Aussage Dekeysers nach dem Motto „der kriegt sich schon wieder ein" müde belächelt wurde, aber es würde nicht das letzte Mal sein. Die Anekdote liefert ein erstes Indiz für das Autonomiemotiv, dessen Träger Zwänge, Vorschriften und Vorgaben von

---

[12] Dekeyser und Krücken (2012).

oben verabscheuen – weswegen unter ihnen trotz ihrer späteren Erfolge auch viele Schulabbrecher oder scheinbar leistungsschwache Schüler sind.

Der Fußballplatz hatte bis dahin die einzige Konstante in Dekeysers unstetem Leben
dargestellt. Dort hatte er Selbstvertrauen gewonnen, dort wollte er künftig seine Energie
einsetzen. Nun beschließen viele Jugendliche, Schauspieler, Model, Popstar oder Fußballprofi zu werden. Bei den meisten bleibt es beim Beschluss, selbst wenn Talent und Ehrgeiz
durchaus vorhanden sind. Doch Bobby Dekeyser steuerte, nachdem sein Entschluss einmal
gefasst war, geradlinig sein Ziel an und gewann prompt einen Fußballwettbewerb. Dieser
erste Erfolg sicherte ihm einen Trainingsaufenthalt an der New Yorker Fußballschule seines
Idols Pelé, der sein Talent förderte und ihn darin bestätigte, seinen eigenen Weg zu gehen.

Und so gehörte der Belgier nur etwas über ein Jahr nach dem unkonventionellen Ende
seiner Schulkarriere der Jugendmannschaft des deutschen Erstligisten 1. FC Kaiserslautern
an. Als echter Einzelkämpfer stand Dekeyser im Tor und legte so den Grundstein für eine
über zehn Jahre dauernde, schillernde Profikarriere bei deutschen und belgischen Vereinen. Doch die Profisport-Karriere passte auf Dauer nicht zum Autonomiemotiv: „(Ich
habe) mich nie richtig wohl gefühlt in diesem System, in dem man mir dauernd sagte, was
ich machen sollte und durfte",[13] zieht er Bilanz, und „Nach einer schweren Verletzung auf
dem Fußballplatz gab es für mich die Chance, das zu sein, was ich bin: ein Unternehmer."[14]

Dekeyser wäre nicht Dekeyser, wenn sich nicht auch hinter dieser harmlos anmuten-
den Aussage eine Geschichte verbergen würde. Denn die Art, in der er seine Profikarriere
beendete, erinnert stark an seinen schulischen Abgang, zeigt aber auch, dass ein verletztes
Freundschaftsmotiv dabei ebenfalls eine Rolle spielte. Dekeyser erholte sich im Kranken-
haus von einer Verletzung – und ärgerte sich. Keiner der Teamkollegen von 1860 München kam zu Besuch oder erkundigte sich auch nur nach ihm, und als der Rekonvaleszent
der Zeitung entnehmen musste, dass bereits ein Nachfolger für ihn gesucht wurde, war
das Maß voll. Noch vom Krankenbett aus tat Dekeyser zweierlei: Er erklärte dem Verein
gegenüber seinen Rücktritt und gründete ein Unternehmen. Angebote, auf den Rasen zu-
rückzukehren, lehnte er kategorisch ab, auch wenn seine Konsequenz ihn vorübergehend
nahe an die Pleite brachte. Der Autonomiemotivierte in ihm hatte im Grunde bereits auf
die Gelegenheit gewartet, der Zwangsjacke Profisport zu entfliehen, der Freundschaftsmotivierte reagierte mit der charakteristischen Unversöhnlichkeit, die dieser Motivtyp bei
tatsächlichen oder vermeintlichen Verletzungen an den Tag legt.

Der Outdoor-Möbel Hersteller Dedon, dessen Produkte in 80 Länder vertrieben werden, ist heute so erfolgreich, dass selbst Hollywoodstar Julia Roberts sich zum Fan von
Dekeysers Gartenmöbeln erklärt. Das war allerdings nicht immer so, und die schwierige
Anfangsphase war auch der vorsichtig formuliert leichten Planlosigkeit des Gründers ge-
schuldet. Denn der war in seinen Überlegungen mit der gleichen Logik, mit der er erkannt
hatte, dass die Schule nichts für ihn war, bislang nur bis dahin gediehen, dass Unternehmer
das Richtige sei. Wie vielen Autonomiemotivierten, die sich für eine Unternehmerlauf-

---

[13] Kost (2012).

[14] Ebenda.

bahn entscheiden, ging es ihm auch weniger darum, ein bestimmtes Produkt an den Mann zu bringen – sein eigentlicher Beweggrund bestand in dem Wunsch, sich endlich keine Vorschriften mehr machen lassen zu müssen: „Zuerst hatten wir mit bemalten Skiern angefangen – ein totaler Flop. Dann erst kamen die Möbel. Mein Opa hatte eine kleine Produktion für die Tragegriffe von Waschmittelkartons. Die Idee war, dass wir aus dieser Endlosfaser das Wohnzimmer für draußen machen. Wir haben jahrelang von der Hand in den Mund gelebt"[15], erinnert sich Dekeyser fröhlich an die Anfangszeiten von Dedon. Einen Wettbewerbsmotivierten würde der Verzicht auf Prestige und Status über einen so langen Zeitraum demotivieren. Da es dem Autonomiemotivierten aber primär darum geht, sein eigener Herr zu sein, setzen ihm solche Durststrecken weit weniger zu.

Die folgende Interviewpassage ist so charakteristisch für Dekeysers zentrale Motive Autonomie, Freundschaft und Vision, dass sie im Folgenden ungekürzt wiedergegeben sei[16], um anhand seiner Aussagen die einzelnen Motive zu identifizieren:

„BZ   Haben Sie in der Zeit nie bereut, mit dem sicheren Job als Fußballer aufgehört zu haben?

Dekeyser   Nein. Für mich ist das Wissen, dem eigenen Gefühl gefolgt zu sein, der Kern aller Dinge. (A) Man muss dazu aber Optimist sein, und wer es nicht schafft, Probleme zu verdrängen und sich auch mal selbst zu belügen, sollte sich nicht als Unternehmer versuchen.

BZ   Und wie geht so etwas ohne Ausbildung?

Dekeyser   Klar, es soll im Unternehmen gut laufen, und dazu muss auch ich nach gewissen Regeln spielen. Aber ich habe dafür meine Leute, die sehr gut organisiert sind und viel besser wirtschaften als ich. Das Vertrauen in gute Leute – ich glaube, das macht es aus. (F)

BZ   Was genau ist dann Ihr Job bei Dedon?

Dekeyser   Unternehmer sind Rahmenbauer. Es gibt Ausnahmen wie Armani oder Ralph Lauren, die sind sehr im Detail drin. Das bin ich vom Typ her aber nicht. Also halte ich mich aus dem Operativen raus. (A, V) Mein Ziel ist es nicht, mir immer etwas zu beweisen.

BZ   Sondern? Was treibt Sie an?

Dekeyser   Die Sehnsucht nach Abenteuer. (A)

BZ   Nicht Geld? Nicht Erfolg?

Dekeyser   Mir war es immer wurscht, ob Dedon ein Weltunternehmen ist oder nicht. Ich wollte im richtigen Umfeld arbeiten, Freude daran haben, was wir tun, und davon leben können. (A, F)

BZ   Das können Sie leicht sagen. Dedon macht Millionenumsätze. Sie leben sehr gut.

Dekeyser   Okay, aber den Erfolg bekommt man nicht geschenkt. Den muss man sich erarbeiten. Und woran bemisst sich Erfolg denn? Doch nicht nur an Äußer-

---

[15] Ebenda.

[16] Kost (2012).

lichkeiten. Sondern daran: Bin ich glücklich? Mit meinem Umfeld im Reinen? Mache ich das, was ich mache, mit Leidenschaft? Das sind die Gradmesser für mich. Der große Durchbruch von Dedon war für mich eher ein Misserfolg, weil ich keine Zeit mehr hatte für meine Familie, Freunde, Mitarbeiter. Erfolg ist für mich wirklich Vertrauen und Freundschaft. (F)

BZ   Man hört immer vom guten Betriebsklima bei Ihnen: Für die Mitarbeiter gibt es kostenloses Essen, Sportstätten, ein tolles Ambiente, und wer mit dem Sportwagen des Chefs fahren will, kann jederzeit den Schlüssel haben. Warum sind Sie so sozial?

Dekeyser   Für mich bleibt alles ein Geben und Nehmen. Unsere Idee war es, eine Firma für Lebensfreude zu schaffen. Und wenn ich das vermitteln möchte, muss ich auch Lebensfreude bieten. Darum ist es bei uns tatsächlich wie in einem kleinen Club Med. Es gibt keine Verordnungen, sondern für alle die Chance zum aktiven Miteinander. (F)

BZ   Aber braucht ein Unternehmen, zumal Ihrer Größe, nicht auch mal eine harte Hand?

Dekeyser   Ich sehe den Sinn nicht. Warum sollte man zum Beispiel die Kosten drücken? Um noch mehr Gewinn zu machen? Was hat das mit Unternehmertum zu tun? Ich sehe meine Aufgabe darin, langfristig zu handeln. Darum kommen auch Billigprodukte nicht in Frage. Die gehen nur auf Kosten der Menschen, die sie produzieren. (F, V)"

Dass Bobby Dekeyser auch ein starkes Visionsmotiv hat, bringt er an anderer Stelle zugespitzt auf den Punkt: „Was sind Gewinne wert, wenn sie nicht einer größeren Sache dienen?"[17]. 2009 gründete er Dekeyser & Friends, eine Stiftung, deren Ziel darin besteht, „junge Menschen zu inspirieren, ihre eigenen Träume zu verfolgen und die Welt zu verändern."[18] In seinen sozialen Aktivitäten ganz der Visionsmotivierte, möchte Dekeyser dazu beitragen, andere zu entwickeln, zu fördern und stärker zu machen.

Dass sich Vision und Freundschaft bei ihm ungefähr die Waage halten, wird aus der Entstehungsgeschichte seiner Stiftung deutlich. Dekeyser hatte Dedon ursprünglich veräußert, um das Startkapital für Dekeyser & Friends aufzubringen und sich der Arbeit für die Stiftung zu widmen. Doch die Reue folgte auf dem Fuß. „Dem Betrieb und vor allem den Mitarbeitern taten die ‚Heuschrecken' nicht gut. Bobby litt, dafür war das Betriebsklima zu familiär gewesen, trotz Tausender Mitarbeiter."[19] Angestellte beschreiben Dedon als „Großfamilie"[20], häufig essen alle gemeinsam zu Mittag oder treffen sich außerhalb des Betriebes. Bei allem Engagement für seine Vision konnte Dekeyser nicht ertragen, dass all das

---

[17] http://www.welt.de/print/wams/vermischtes/article106344122/Ja-und-dann-ist-meine-Frau-gestorben.html. Zugegriffen am: 23.04.2013.

[18] Dekeyser und Friends Foundation (2013).

[19] Griese (2012).

[20] Ebenda.

unter den neuen Eigentümern zunichte gemacht werden sollte. Mit Hilfe eines Schweizer Millionärs gelang der Rückkauf. Heute wird Dedon wieder getreu nach dem Unternehmensmotto geführt: „mit Freunden und Familie arbeiten."[21]

Familiäre und freundschaftliche Beziehungen nehmen in Dekeysers Biografie eine zentrale Funktion ein: Seine Frau Ann-Kathrin lernte er bereits im Teenageralter kennen und war bis zu ihrem frühen Tod fast 30 Jahre lang mit ihr zusammen. Der erwachsene Dekeyser ist ein Familientier, er geht auf in der Rolle als Ehemann, Vater und Bruder, wohnt zeitweilig mit mehreren Verwandten unter einem Dach, überträgt seiner Schwester wichtige Geschäfte.

Als Ann-Kathrin Dekeyser im Alter von nur 44 Jahren völlig überraschend verstarb, brauchte der Witwer lange, um den Schock zu überwinden. Ein Ortswechsel half ihm dabei: Gemeinsam mit seinen Kindern zog er nach New York, bearbeitete den schweren Verlust im Kreis der Familie. Dekeysers Freundschaftsmotiv steht nicht im Widerspruch zum Autonomiestreben, das sich deutlich in seiner Motivation, seiner Abenteuerlust, seiner Rastlosigkeit und seinem Desinteresse an Materiellem niederschlägt: „Wir haben jeder zwei Koffer mitgenommen, mehr nicht. Ich habe das meiste zurückgelassen, verschenkt"[22], beschreibt er den Aufbruch seiner Eltern in seiner Kindheit. Im Hinblick auf sein heutiges Leben sagt er, „schon die zwei Koffer waren einer zuviel."[23]

Fazit: Als Autonomiemotivierter reist Dekeyser mit leichtem Gepäck, bleibt unabhängig und mobil und hält sich materiellen Ballast konsequent vom Hals. Mit seinem Buch möchte er Erfahrungen teilen und Mut machen, mit seiner Stiftung Menschen helfen zu wachsen – hier ist er wieder ganz der Visionsmotivierte. Sein Freundschaftsmotiv bringt er in sein Familienleben, aber auch in die Großfamilie ein, die sein Unternehmen für ihn darstellt. Er ist ein ungewöhnlich spannendes Beispiel dafür, dass diese seltene Motivkombination vielseitige und tatkräftige Persönlichkeiten hervorbringt, deren große Stärke darin liegt, Projekte aufzubauen und voranzutreiben, andere Menschen zu entwickeln und in der Verwirklichung ihrer Ideen zu stärken, unabhängig und frei zu bleiben und auch nach schweren Rückschlägen immer wieder aufzustehen und neue Wege zu erschließen.

9.4   Das Wettbewerbsmotiv

Das Wettbewerbsmotiv geht häufig Hand in Hand mit einem Leistungsmotiv oder mit einem der beiden anderen Machtmotive Autonomie bzw. Vision. Treffen Wettbewerb und Vision aufeinander, haben wir es mit Menschen zu tun, die auf sich aufmerksam machen. Wenn sie etwas angehen, wollen sie gewinnen; auf keinen Fall begnügen sie sich mit Platz zwei. Sie sind von sich und ihrer Vision meist sehr überzeugt und tragen sie in die Welt

---

[21] Ebenda.

[22] Ebenda.

[23] Ebenda.

hinaus. Mit Götz Werner, dem Gründer der Drogeriekette DM, lernen wir im Folgenden ein Beispiel für diese Motivkombination kennen.

9.4.1 Autonomie, Wettbewerb und Vision: Götz Werner

Auch wenn dieser Aspekt seiner Biographie inzwischen fast ein wenig in Vergessenheit geraten ist: Götz Werner war wie Bobby Dekeyser einmal ein erfolgreicher Sportler. Er begann bereits mit 14 Jahren mit dem Rudern und brachte es im Alter von 19 Jahren gemeinsam mit dem Österreicher Günter Bauer zum Deutschen Jugendmeistertitel im Doppelzweier. Der ehrgeizige Nachwuchsathlet verbrachte fast jede Minute seiner Freizeit beim Training. Weggefährten berichten, er sei damals schon „einer gewesen, der den Ton angibt"[24] und habe sich damit nicht nur Freunde geschaffen. Das Zerwürfnis mit seinem Ruderkollegen Bauer bestätigt diese Beschreibung und ist ein Indiz für Werners Wettbewerbsmotiv: Die beiden Sportler entzweiten sich trotz ihres Erfolges über die optimale Trainingsmethode. Erst später söhnten sie sich aus, und Bauer baute erfolgreich das Osteuropa-Geschäft von dm auf.

Auch auf das Visionsmotiv gibt es klare Hinweise. Da ist einmal die Art, wie Werner den dm-Konzern führt. Ein Unternehmen ist für ihn „eine Gemeinschaft von Menschen, die miteinander für andere etwas leisten."[25] Und eine Gemeinschaft entsteht nicht trotz, sondern durch Individuen – auch das zählt zu den obersten Leitlinien seines Handelns. In diesen Zusammenhang passt, dass Werner ein Verfechter eines bedingungslosen Grundeinkommens ist und Kritikern entgegenhält, dass der Respekt vor der Wahlfreiheit des Individuums ein solches Modell zwingend erfordere. Teil von Götz Werners Vision ist es auch, nur Waren anzubieten, die „andere voranbringen."[26] Deshalb werden in seinen Läden weder Alkohol noch Zigaretten verkauft. Es mag Unternehmer geben, bei denen Prinzipien da enden, wo das Profitdenken anfängt. Götz Werner gehört nicht dazu.

Unternehmensphilosophie und Führungsstil sind Hinweise auf Werners Autonomiemotiv. Aufgabe des Vorgesetzten ist es demnach, seine Mitarbeiter zu stärken und erfolgreich zu machen – nicht umgekehrt. Das Konzept der „Dialogischen Führung", auf das er setzt, beruht zu einem großen Teil auf Eigengestaltungskraft, Eigenverantwortung sowie Selbstentscheidung und geht von der Prämisse aus, dass in arbeitsteiligen Prozessen jedes einzelne Individuum gleich wichtig ist – unabhängig von Ausbildung, Stellung in der Hierarchie oder Aufgabengebiet. Nur so ist Motivation aus seiner Sicht dauerhaft möglich: „Jeder, der in einem arbeitsteiligen Zusammenhang tätig ist (…), kann die Wertschätzung, die er braucht, um sich selbst für seine Arbeit zu motivieren, nur dann finden, wenn die ganze Gemeinschaft der Meinung ist, dass jeder gleichermaßen wichtig ist."[27] Werner hat

---

[24] Schmidt (2011).

[25] Ebenda.

[26] Ebenda.

[27] Ebenda.

sich viel mit dem Verhältnis Individuum – Gemeinschaft beschäftigt und ist dabei zu dem Schluss gekommen, dass Führung ausschließlich dann legitim sei, wenn sie die Selbstführung des Geführten zum Ziel habe. Alles andere sei keine Führung, sondern Manipulation und illegitime Machtanmaßung.

Gewinnmaximierung könne kein Selbstzweck sein, findet Werner: Zwar müsse ein Unternehmen natürlich profitabel arbeiten, der Unternehmer selbst aber müsse jemand sein, der eine Idee, eine Vision habe und diese verwirklichen wolle. Die Tatsache, dass Werner laut Aussage seiner Frau praktisch keine Pausen braucht und trotz seines Pensums nie gestresst wirkt, legt nahe, dass er selbst seine Motive gut umsetzen kann. Je leidenschaftlicher wir für etwas brennen, desto engagierter sind wir bei der Sache und desto weniger ermüden wir selbst bei großer Belastung. Götz Werner drückt das so aus: „Man muss die Dinge so tun, dass man sich im Tun erholt."[28]

Gibt es bei so viel Vision noch Platz für Wettbewerb, oder hat sich das Wettbewerbsmotiv bei Götz Werner gleichsam „verwachsen", trifft auf ihn also eher das Phasenmodell des Machtmotivs, wie Krug und Kuhl es beschreiben, zu? Über Götz Werners von den anthroposophischen Lehren Rudolf Steiners inspirierter Unternehmensphilosophie darf nicht vergessen werden, dass er einen Drogerie-Discounter führt, der in hartem Wettbewerb zu Rossmann und auch zum Supermarktriesen Lidl steht, der mit Drogerie-Markenprodukten im Revier von dm und Rossmann wildert.

Die Niedrigpreispolitik, die Werner bereits in jungen Jahren nach dem Wegfall der Preisbindung für Drogerieprodukte implementierte, fegte zahlreiche Konkurrenten vom Markt, an die sich heute kaum noch jemand erinnert – 2005 schluckte dm die rentabelsten Filialen von Idea. Und so sehr dem Firmenoberhaupt eine wertschätzende Unternehmenskultur mit individueller Mitarbeiterförderung auch am Herzen liegen mag: Auch dm ist keine Insel der Glückseligen, auf der betriebswirtschaftliche Kennzahlen und Realitäten keine Rolle spielen. „Die kochen auch nur mit Wasser"[29], bemerkt ein Verdi-Vertreter trocken. Gehälter orientieren sich zwar an geltenden Tarifverträgen, doch Verdi befürchtet an dieser Front im Zuge des tobenden Konkurrenzkampfes Einbußen. Mitarbeiter eines Logistik-Zentrums wehrten sich im Jahr 2003 vor dem Arbeitsgericht gegen ihre untertarifliche Vergütung.

Auch Werners Stellungnahmen zur Schlecker-Pleite zeigen, dass ihm das Wettbewerbsmotiv keinesfalls im Lauf seiner Karriere abhanden gekommen ist. Die Schlecker-Pleite, so Werner lapidar, sei absehbar gewesen, dem untergegangenen Konkurrenten habe es an Anpassungsfähigkeit gemangelt: Ständiger Wandel sei unerlässlich, über Erfolg oder Misserfolg werde am Markt täglich und stündlich neu entschieden, wer glaube, mit einem einmal bewährten Konzept immer wieder Erfolg zu haben, müsse scheitern. Ganz deutlich wird Werner in einem Interview mit der Märkischen Allgemeinen: „Mir fehlt Schlecker nicht."[30]

---

[28] Ebenda.

[29] Hage (2006).

[30] Schroeder (2012).

Den ehemaligen Mitarbeitern des für seine miserablen Arbeitsbedingungen berüch-
tigten Konzerns, so räumt Werner ein, müsse man aber dennoch gerecht werden. Da ist
er wieder ganz der Visionsmotivierte. Einige Schlecker-Mitarbeiterinnen kamen bei dm
unter. Und selbst Verdi-Vertreter attestieren dem Unternehmer, er sei fair zu Mitarbeitern
und lasse Kündigungen nur in absoluten Ausnahmefällen zu. In der Realität mag auch
bei dm nicht alles dem unternehmerischen Ideal entsprechen, für das Werner sich stark
macht – um bloße Rhetorik handelt es sich indessen nicht. Der Balanceakt zwischen ethi-
schem Anspruch und betriebswirtschaftlicher Realität ist ihm jedenfalls besser geglückt
als manch anderem.

9.5 Das Visionsmotiv

Häufig finden wir das Motivduo Vision – Leistung bei Menschen, die sich engagiert, en-
thusiastisch und ergebnisorientiert für gemeinnützige Projekte und Zukunftsvisionen einsetzen und dabei auch sehr erfolgreich sind. Je stärker das Visionsmotiv ausgeprägt ist,
desto höher die Bereitschaft, Widerständen zu trotzen, Konflikte in Kauf zu nehmen und
allgemein Führungsaufgaben zu übernehmen. Das Perfektionsstreben des Leistungsmotivs macht die Kombination zu einer guten Grundlage für Persönlichkeiten, die sowohl
fachlich versiert und ergebnisorientiert als auch sozial kompetent, empathisch und füh-
rungsaffin sind. Victoria Hale ist eine Vertreterin dieses Typs.

9.5.1 Vision und Leistung: Victoria Hale

Unter einem gemeinnützigen Pharmaunternehmen dürften sich die meisten Menschen
nicht unbedingt viel vorstellen können. Die großen Arzneimittelkonzerne sind im Allgemeinen nicht unbedingt für ihren altruistischen Ansatz bekannt. Noch immer sterben
insbesondere in Schwellenländern Menschen an heilbaren Krankheiten, weil Medikamente nicht erschwinglich sind – auch wenn sogenannte Generika, günstigere Kopien eines
markenrechtlich geschützten Präparates mit gleichem Wirkstoff, den Markt in den letzten
Jahren stark verändert haben und durch sie mehr Menschen Zugang zu bezahlbaren Me-
dikamenten haben.

  Dr. Victoria Hale reichte das nicht. Mit der Gründung des „Institute for OneWorld
Health" (IOWH) schuf die Pharmazeutin das erste Non-Profit-Pharmaunternehmen. Ihre
Vision: eine Welt, in der niemand mehr einer Krankheit zum Opfer fällt, die von der modernen Medizin längst geheilt werden kann. Das IOWH ist ein erster großer Schritt auf
dem Weg zu diesem Ziel und hat es sich zur Aufgabe gemacht, „sichere, effektive und
bezahlbare Arzneien für Krankheiten, von denen Menschen in Entwicklungsländern in
überdurchschnittlichem Maß betroffen sind, zu entdecken, zu entwickeln und zu liefern."[31]

---

[31] OneWorld Health (2013).

Dabei liegt ein besonderer Schwerpunkt auf „vernachlässigten" Krankheiten. Denn während HIV oder Ebola zumindest bekannt genug sind, um öffentliche Aufmerksamkeit zu erhalten und damit auch leichter an Forschungsgelder und Spenden für die Suche nach Behandlungsmethoden zu kommen, sind Bilharziose oder viszerale Leishmaniose (auch Kala Azar oder Schwarzes Fieber genannt) vergleichsweise unbekannt. Dabei handelt es sich bei diesen Krankheitsbildern um heilbare Leiden, die aber unbehandelt häufig zum Tod führen – allein an der Leishmaniose sterben jährlich 200.000 Menschen, weil wirksame Medikamente nicht dort zur Verfügung stehen, wo sie gebraucht werden.

Victoria Hale arbeitete als pharmazeutische Chemikerin bei der US-Arzneimittelbehörde FDA, bevor sie das IOWH gründete. Sie weiß, wovon sie redet, besticht durch schier unerschöpfliches Zahlen- und Faktenwissen und hatte ihre Hausaufgaben bereits im Vorfeld des IOWH gründlich genug gemacht, um gezielt die Bekämpfung von drei der am weitesten verbreiteten Krankheiten – Leishmaniose, Cholera und Malaria – in Angriff nehmen zu können. Nur jemand, der nicht nur von einer humanitären Mission getrieben wurde, sondern auch über genügend Sachverstand verfügte, um auf Augenhöhe mit den Pharmakonzernen verhandeln zu können, war in der Lage, so schnell so durchschlagende Erfolge zu erzielen. Auch Hales mustergültige Karriere bei hochkarätigen Unternehmen wie Axiom Biomedical oder Genentech sowie der mächtigen FDA deuten auf ein starkes Leistungsmotiv hin. Ihren Doktor machte Hale bereits vor ihrem Einstieg in die Privatwirtschaft an der University of California San Francisco (UCSF), wo sie zeitweilig parallel zu ihren sonstigen Verpflichtungen eine außerordentliche Professur am Institut für biomedizinische Technik innehatte.

Doch auf dem Höhepunkt des Erfolges merkte Hale, dass ihr etwas fehlte. Obwohl ihre Karriere bislang vorbildlich verlaufen war, vermisste sie einen Sinn in ihrer Arbeit. Es habe da „ein paar Zahlen"[32] gegeben, die ihr keine Ruhe ließen, sagt sie selbst. Die „paar Zahlen"[33] lesen sich folgendermaßen: 90 % der Mittel, die die globale Pharmaindustrie jährlich in die Forschung investiert, werden aufgewandt, um weniger als zehn Prozent der Weltbevölkerung zu behandeln. Nur 1,3 % der Medikamente, die zwischen 1975 und 2004 eingeführt wurden, dienten der Behandlung von Krankheiten, die vornehmlich Menschen in Entwicklungsländern betreffen.[34] Die Frau, die bis dahin alle durch Top-Leistungen überzeugt und ihre Aufgaben stets mit der Akribie, Detailgenauigkeit und Präzision des Leistungsmotivierten ausgeführt hatte, war sich plötzlich nicht mehr sicher, ob sie ihre Motivation und Zielstrebigkeit eigentlich für die richtige Sache einsetzte.

Ihre Zweifel wurden immer größer. Sie hatte „nicht Pharmazie studiert, um immer nur die Krankheiten der Reichen zu heilen"[35], wie sie einmal erklärte. Die Idee zur Gründung des IOWH war geboren. Hales berufliches und privates Umfeld reagierte zwar nicht offen ablehnend, aber zumindest überrascht: Warum warf sie als High-Performer eine makello-

---

[32] Buse (2006).

[33] Ebenda.

[34] Ebenda.

[35] Jänz (2013).

se Karriere weg? Beirren ließ sie sich davon nicht. Als sie für ihre Verdienste einige Jahre später ein Graduiertenstipendium der renommierten MacArthur Foundation erhielt, war es vor allem die Visionärin Hale, die die Auswahlkommission überzeugt hatte und die Leslie Benet, Professorin am pharmazeutischen Institut der UCSF, aus diesem Anlass in einer Laudatio würdigte: „Sie war schon damals (als sie promovierte) entschlossen, mit ihrer Karriere das Gesundheitswesen zu beeinflussen. Sehen Sie sie jetzt an. Indem sie ein gemeinnütziges Pharmaunternehmen etablierte, hatte sie Erfolg, wo viele andere scheiterten. Sie schuf so eine einzigartige Win-Win-Situation für Arzneimittelhersteller und die Bevölkerung von Schwellenländern. Die Grenzen, die konventionellen Ansätzen der pharmazeutischen Entwicklung innewohnen, akzeptiert sie einfach nicht. OneWorld Health ist nicht einfach irgendeine Firma – dank Victoria ist OneWorld Health eher eine Bewegung, die den guten Willen und die Energie pharmazeutischer Wissenschaftler und anderer Experten weltweit zusammenführt. Ich bin sehr stolz auf ihre Leistung und auf ihre Vision."[36]

2007 kürte das US-Lifestyle-Magazin „Glamour", das sich etwa im Stil der „Bunte" hauptsächlich mit Themen wie Mode, Kosmetik, Frisuren und Stars beschäftigt, Hale zur Frau des Jahres. Sie zeigte sich darüber sehr erfreut und erklärte, sie hoffe, durch diese Auszeichnung eine größere Öffentlichkeit für ihr Anliegen zu erreichen. Diese Reaktion ist durchaus charakteristisch für einen visionsmotivierten Menschen. Während ein Leistungsmotivierter sich nur – und wirklich nur! – über eine Anerkennung freut, wenn sie von einem ebenbürtigen Experten kommt, denken Visionsmotivierte in größeren Zusammenhängen und haben in erster Linie das Ziel im Blick, Anhänger und Aufmerksamkeit für ihre Idee gewinnen zu können.

Fazit: Die herausragende Wissenschaftlerin und disziplinierte Karrierefrau, die sich auf dem Gipfel des Erfolges nicht mehr über das Erreichte freuen konnte, ist ein Beispiel für die Notwendigkeit, die eigene Tätigkeit von Zeit zu Zeit – insbesondere bei salopp als Sinnkrisen bezeichneten Motivationstiefs – im Hinblick auf das Motivprofil zu hinterfragen und gegebenenfalls etwas zu ändern. Victoria Hales Visionsmotiv entwickelte sich natürlich nicht plötzlich (wir haben gesehen, dass sich Motive nicht über Nacht ändern oder gar erlernt werden können), aber von einem bestimmten Punkt an rückte es stärker in den Vordergrund und führte schließlich dazu, dass sie in einer Expertenlaufbahn, die ihren Blick täglich auf enorme Ungerechtigkeiten lenkte, nicht mehr zufrieden war. Als Leistungsmotivierte leistet sie weiterhin Grundlagenarbeit und setzt ihr hohes Fachwissen ein, um Förderer, Partner aus der Pharmaindustrie, Behörden und Regierungen in den betroffenen Ländern von ihren Ansätzen zu überzeugen. Als Visionsmotivierte stellt sie ihre Fähigkeiten heute in den Dienst eines gerechten Zugangs zu medizinischen Therapien und setzt sich dafür ein, dass die Ergebnisse ihrer Arbeit nicht nur denen zugute kommen, die dafür bezahlen können.

---

[36] UCSF School of Pharmacy (2006).

Die Motivtypen in verschiedenen Laufbahnen

10

Zusammenfassung

Sobald Sie Ihr Motivprofil kennen, geht es darum herauszufinden, in welchem Umfeld ihm am besten entsprochen werden kann, damit Ihr Motivationsniveau und Ihre Zufriedenheit dauerhaft hoch sind. Für alle, die ihren Karriereweg (noch) frei wählen können, ist es sinnvoll, sich für eine Aufgabe zu entscheiden, die zum eigenen Profil passt. Das erspart Arbeitsplatz- und Arbeitgeberwechsel, Motivationseinbrüche und Leistungsblockaden. Sitzen Sie beruflich schon fest im Sattel, erhalten Sie in Kap. 14 Tipps, wie Sie Aufgaben und Motive besser aufeinander abstimmen können.

10.1 Führungslaufbahn vs. Expertenlaufbahn

Führungs- und Expertenlaufbahn unterscheiden sich gravierend. Spezialisten sollen und können Zeit und Energie investieren, um Fachfragen dezidiert zu klären. Sie dürfen Fragestellungen bis ins Detail beleuchten und sich auf die Qualität der Ergebnisse konzentrieren. Führungskräfte hingegen setzen sich vorrangig mit zwischenmenschlichen Themen auseinander, sie koordinieren Teams, klären Konflikte, motivieren und zeigen Grenzen auf. Der bereits erwähnte Ernest Shackleton wusste um diese Tatsache: „Man muss sich entscheiden, ob man ein Wissenschaftler oder ein erfolgreicher Expeditionsleiter sein will. Beides zugleich ist nicht möglich."[1]

Bei der Frage „Führungslaufbahn oder nicht?" ist es wichtig, die Entscheidung bewusst anzugehen und nicht der Versuchung zu erliegen, Karriere um jeden Preis machen zu wollen. Zugegebenermaßen gibt es die ideale Führungspersönlichkeit nicht, die unabhängig von Umfeld und Team Erfolge erzielt und geachtet wird. Denn Führungsposition ist nicht gleich Führungsposition. Es ist ein Unterschied, ob Sie in einer renommierten Forschungs-

---

[1] Riffenburgh und Mill (2006).

B. Haag, *Authentische Karriereplanung,*
DOI 10.1007/978-3-658-02513-7_10, © Springer Fachmedien Wiesbaden 2013

einrichtung ein kleines Team leistungsorientierter Wissenschaftler führen oder ungelernte Bauarbeiter auf einer Großbaustelle.

10.1.1   Leistungsmotivierte

Im Rahmen meiner Coachings habe ich viele leistungsmotivierte Menschen unterstützt und begleitet. Unter ihnen befanden sich kompetente Naturwissenschaftler, Ingenieure, Informatiker, Programmierer und Techniker. Gemeinsam war allen die Freude am bestmöglichen Ergebnis. Die Tatsache, dass sie sich nicht mit oberflächlichen Antworten zufrieden geben, sondern sich weiterentwickeln und verbessern wollen, treibt sie an, ihre Ergebnisse ständig in Frage zu stellen. Langfristig führt das zur Ausprägung großer Fachkompetenz und damit zu einer hohen Eignung für eine Expertenlaufbahn.

Der Wunsch, Zusammenhänge zu begreifen und im Zweifelsfall alles selbst machen zu können (wer sonst würde schon ein ähnlich gutes Ergebnis erzielen?), tut ein Übriges. Ein leistungsmotivierter Ingenieur kann sich tagelang mit Schaltplänen eines Bauteils befassen, um ein Problem zu lösen und dabei ganz nebenbei eine kleine Verbesserung vorzunehmen, die künftig die Fehleranfälligkeit reduziert oder die Reparatur erleichtert. Der gleiche Ingenieur besucht nicht nur Fachkongresse, wo er vom Austausch mit anderen Experten zu profitieren hofft, – diese sind die einzigen, deren Kompetenz er anerkennt – sondern eignet sich auch regalmeterweise Fachliteratur an. Routine und Unterforderung, aber auch unrealistische Vorgaben demotivieren ihn dagegen bis zur völligen Apathie.

Mir sind in meiner Beratungspraxis Leistungsmotivierte begegnet, die kein Mensch in ihrem Umfeld als solche erkannt hätte, eben weil ihnen aufgrund langfristiger Unterforderung oder unrealistischer Zielsetzungen jede Leistungsbereitschaft abhanden gekommen war. Auch wenn die Verwechslung nahe liegt und in der Praxis immer wieder vorkommt: Leistungsmotiviert ist nicht zwangsläufig gleichbedeutend mit leistungsstark – Letzteres ist nur dann gegeben, wenn die Anforderungen dem Leistungsmotiv auch entgegenkommen.

Mit anderen Worten: Geben Sie dem Ingenieur die erforderlichen Bauteile und Pläne und bitten Sie ihn, ein Auto zu bauen. Wenn das mit den gegebenen Teilen möglich ist, wird er seine helle Freude daran haben, sich die fehlenden Kenntnisse anzueignen und Schritt für Schritt die Aufgabenstellung zu lösen. Ist das Erreichen des Ziels hingegen unrealistisch (etwa, weil entscheidende Baugruppen für ein fahrtüchtiges Auto fehlen oder weil die Zeitvorgabe zu knapp ist), wird er die Lust verlieren oder die Arbeit erst gar nicht aufnehmen. Dasselbe wird passieren, wenn Sie ihn bitten, monotone Routineaufgaben auszuführen – etwa an hundert Autos jeweils die gleiche Schraube anzuziehen.

Wird der Ingenieur doch Chef – in der Praxis durchaus an der Tagesordnung, schließlich wird gute Arbeit oft mit einer Beförderung „belohnt" – neigt er dazu, seine Mitarbeiter mit seinen hohen Ansprüchen an ihre Leistungen regelmäßig zu überfordern. Alternativ unterfordert er sie, indem er alles an sich reißt. Gerade ehrgeizige Mitarbeiter frustriert ein solcher Chef sehr. Sie fragen sich zu Recht, warum sie überhaupt noch etwas machen sollen, wenn der Chef – um im Bild zu bleiben – sowieso jede Schraube kontrolliert. Leistungsmotivierte

Mitarbeiter kommen mit solchen Chefs am besten klar, schließlich würden sie genauso agieren. Außerdem akzeptieren sie einen Perfektionisten wegen seiner hohen Kompetenz und haben die besten Chancen, seinen Ansprüchen zu genügen.

Fazit: Wenn Sie sichergehen wollen, entscheiden Sie sich als Leistungsmotivierter für eine Expertenlaufbahn! Als Führungskraft sind Sie vor allem geeignet, andere Leistungsmotivierte zu führen. Wählen Sie Ihre Mitarbeiter unter diesem Gesichtspunkt aus, falls Sie selbst Personalentscheidungen treffen können. Ist das nicht der Fall, finden Sie weitere Informationen unter 4.7.

10.1.2 Freundschaftsmotivierte

Freundschaftsmotivierte sind grundsätzlich für beide Laufbahnen geeignet. Für sie ist entscheidend, dass die Aufgabe die Möglichkeit bietet, mit anderen Menschen zu interagieren. In einem Expertenteam sind sie motiviert, solange die Arbeitsatmosphäre stimmt. Aber auch in einer Führungslaufbahn sind sie aufgrund ihrer ausgeprägten sozialen Kompetenzen gut aufgehoben. So sind sie zum Beispiel als Vorgesetzte von Leistungsmotivierten in der Lage, in das auf Zahlen, Daten und Fakten fixierte Team die zwischenmenschliche Komponente hineinzutragen (übrigens durchaus zum Nutzen besserer Arbeitsergebnisse).

Besonders geeignet für die Chefrolle sind Menschen mit der Motivkombination Vision und Freundschaft, wie sie in Kap. 9 am Beispiel der Pharmazeutin Victoria Hale vorgestellt wurde. Diese beiden Motive treten häufig zusammen auf. Der Wunsch, sich mit Menschen zu befassen, ihnen beizustehen und im Austausch mit ihnen zu sein, passt zur Führungsrolle und wird oft mit Empathie umschrieben.

Ausschließlich Freundschaftsmotivierte verspüren seltener den Drang, an der Spitze zu stehen. Eine stark freundschaftsmotivierte Führungskraft wird zwar für ihre zwischenmenschlichen Qualitäten wertgeschätzt. Allerdings kann es für sie belastend sein, Ziele gegen den Willen ihrer Mitarbeiter umzusetzen. In prosperierenden Unternehmen, wo keine harten Maßnahmen wie Kosteneinsparung und Personalabbau anstehen und sie großzügig Ressourcen verteilen können, motiviert sie die Führungsaufgabe durchaus. Bauchschmerzen empfinden Freundschaftsmotivierte dann, wenn sie Change- oder Restrukturierungsprozesse umsetzen müssen.

Das Dilemma dieser Führungskräfte liegt häufig darin, dass sie unter Entscheidungen stark leiden und ihnen für eine Rolle, in der sie auf Ablehnung und Disharmonie treffen, der Antrieb fehlt. Sie haben das Bedürfnis nach einem Umfeld der Harmonie und Zufriedenheit. Denken Sie an Kurt Beck, der sich unlängst von der politischen Bühne verabschiedete. Der Maurersohn blieb bis zuletzt beliebt beim Volk. Ihm wurde nachgesagt, er habe „jede Hand in Rheinland-Pfalz mindestens einmal geschüttelt"[2] und sei „nun einmal ein Politiker, der am liebsten mit jedem Handwerker am Wegesrand fachsimpeln würde."[3]

---

[2] Crolly (2012).

[3] Ebenda.

Vielen Bürgern in Rheinland-Pfalz werde er fehlen, weil sie ihn für „einen von uns", nicht von „denen da oben" hielten. Als SPD-Vorsitzender in Berlin warf er dagegen nach 29 Monaten entnervt hin, weil ihm „Intrigen, Spott und Feindseligkeit aus den eigenen Reihen sprichwörtlich an die Nerven"[4] gingen. Kurz vor seinem Abgang als Ministerpräsident von Rheinland-Pfalz wirkte der einstige Hoffnungsträger nicht nur gesundheitlich angeschlagen, sondern auch erschöpft und ausgebrannt. Nichtsdestotrotz ist die Annahme, Freundschaftsmotivierte seien als Führungskräfte ungeeignet, falsch. Es kommt auf das Umfeld an.

Fazit: Wägen Sie als Freundschaftsmotivierter sorgfältig ab. Sie können beide Laufbahnen einschlagen, sollten jedoch vor Übernahme einer Führungsaufgabe klären, ob die Rahmenbedingungen zu Ihnen passen. Nur so werden sie sich in dieser Rolle dauerhaft wohlfühlen. Achten sie auch bei der Entscheidung für eine Fachkarriere auf eine gute Arbeitsatmosphäre und viel Raum für Interaktion!

10.1.3 Autonomiemotivierte

Auch Autonomiemotivierte eignen sich für beide Laufbahnen, doch auch für sie ist der Blick auf das Arbeitsumfeld wichtig. Wie Sie wissen, haben Autonomiemotivierte einen Drang, an ihre Grenzen zu gehen und einen schier unerschöpflichen Wissensdurst, was sie am Ende zu Spezialisten mit hoher Fachkompetenz macht. Anders als Leistungsmotivierte reizt sie dabei weniger die Beschäftigung mit den „harten" Fakten. Häufiger sind sie fasziniert von zwischenmenschlichen Fragestellungen, weswegen unter ihnen so viele Psychologen, Therapeuten oder Philosophen zu finden sind, also Experten für „weiche" Themen.

Der Drang zu bestimmen, prädestiniert Autonomiemotivierte in gewissem Sinne auch für eine Führungslaufbahn. Genau wie die anderen Machtmotivierten streben sie nach Einfluss, wenn auch aus gänzlich anderen Gründen als diese. An der Führungsposition reizt sie die Unabhängigkeit von der Macht anderer. Ihre Neugierde auf die Beweggründe anderer Menschen lässt sie zudem zu Experten in Sachen Menschenkenntnis werden. Die Autonomie anderer schätzen sie ebenso hoch wie die eigene. Diese Toleranz macht sie zu liberalen und beliebten Chefs. Die Freiheit, die sie für sich in Anspruch nehmen, gewähren sie auch ihren Mitarbeitern. Sie lassen als Führungskraft die Leine locker, und stark sicherheitsbedürftige Mitarbeiter können sich unter ihnen verloren vorkommen.

Eine exzellentes Beispiel eines Autonomiemotivierten ist Red Bull-Chef Dietrich Mateschitz. Der Österreicher wurde in Studium und Beruf zunächst nicht besonders glücklich. Der Termindruck und der graue Alltag des Handelsvertreters raubten ihm jede Lebensfreude. Sein eigentliches Ziel: Er wollte „vollkommen unabhängig von anderen Personen"[5] sein. Worte eines typischen Autonomiemotivierten mit einem charakteristischen Hang zu riskanten Individualsportarten, der als Paraglider abhob, mit dem Motorrad Wüsten durchquerte, dem Rennsport verfallen war und eine eigene Pilotenlizenz erwarb.

---

[4] Ebenda.

[5] Gusenbauer (2012).

Um vollkommen unabhängig zu werden, benötigte Mateschitz eine Geschäftsidee. Er fand sie in einer japanischen Taurin-Brause. Denn in Nippon kamen Energy-Drinks bereits unmittelbar nach ihrer Einführung im Zweiten Weltkrieg in Mode. Sie wurden als mildes, wenn auch recht wirkungsloses Aufputschmittel an Kampfpiloten verabreicht. Fasziniert von der Tatsache, dass nicht etwa Konzerne wie Toyota oder Sony die Liste der größten japanischen Steuerzahler anführten, sondern ein außerhalb des Landes unbekannter Limonadenhersteller, begann Mateschitz, das Getränk für den Geschmack westlicher Zungen zu modifizieren. Kritiker gaben ihm nicht den Hauch einer Chance. Mateschitz blieb stur. Die Erfolgsgeschichte des Lifestyle-Getränks ist bekannt, und Mateschitz konnte sich künftig nicht nur selbst seinen Interessen widmen, sondern auch das Marketing seines Unternehmens mit der Förderung anderer Extremsportarten bzw. -sportler verbinden. Jüngster Coup: Felix Baumgartners Stratosphärensprung.

Fazit: Autonomiemotivierten stehen alle Wege offen. Gehören Sie diesem Typus an, haben Sie gute Aussichten, als Experte ebenso erfolgreich zu sein wie als Chef. Achten Sie jedoch auf eine Arbeitsumgebung, die unkonventionell ist und Ihnen viel Entscheidungs- und Handlungsspielraum lässt!

10.1.4 Wettbewerbsmotivierte

Wettbewerbsmotivierte gelten als prädestinierte Führungskräfte. Zu Recht? Dieser Typ will Einfluss auf andere Menschen ausüben und ist Träger des eigentlichen, „unverfälschten" Machtmotivs. Im Fokus seiner Aufmerksamkeit stehen Menschen sowie der Drang zu konkurrieren. Sportler wie Boris Becker oder Michael Ballack haben die Quintessenz des Wettbewerbsmotivs hervorragend auf den Punkt gebracht. Beide äußerten in Interviews sinngemäß, dass sie lieber mit einer schlechten Leistung gewinnen als mit einer guten verlieren würden. Damit sind Wettbewerbsmotivierte weit entfernt davon, die Akribie und den Wissensdurst aufzubringen, der gute Experten hervorbringt.

Im Rahmen einer Führungslaufbahn aber werden Wettbewerbsmotivierte durch die Tatsache, dass sie nun nicht länger einer aus dem Team sind, sondern an exponierter Stelle stehen, erst so richtig angespornt. Sie lieben das Gefühl der Macht und Stärke, wollen andere anleiten, Ziele vorgeben und darauf achten, dass diese auch erreicht werden. Sie werfen sich mit Leib und Seele in ihren Führungsauftrag. Konkurrenten und Abtrünnigen treten sie mit aller Entschlossenheit entgegen.

Die Kehrseite der Medaille: Ihr in erster Linie auf Eigennutz ausgerichtetes Machstreben kann dazu führen, dass sie insbesondere in der obersten Führungsetage die Bodenhaftung verlieren und gegen das Wohl des Unternehmens agieren. Erinnern Sie sich an Wendelin Wiedeking. Der frühere Porsche-Chef verhob sich beim Versuch, den Giganten Volkswagen zu übernehmen. Noch mehr ließ ihn sein Urteilsvermögen in Bezug auf den ebenfalls wettbewerbsmotivierten VW-Aufsichtsratsvorsitzenden Ferdinand Piëch im Stich, der sich selbst an der Spitze eines VW-Porsche-Konzerns sah. Von ihm heißt es, er

„ziehe nur in die Schlacht, wenn er sicher sei, sie zu gewinnen"[6] und „ein Piëch verliert nicht"[7]. Der Machtkampf endete mit der Niederlage und dem Abgang Wiedekings. Doch der wäre kein echter Wettbewerbsmotivierter, wenn er nicht nach dem Rückschlag wieder aufgestanden wäre. Inzwischen ist er mit einem Systemgastronomie-Unternehmen erfolgreich. Das Wettbewerbsmoment dürfte er dabei kaum vermissen, schließlich handelt es sich um einen heiß umkämpften Markt.

Fazit: Wählen Sie als Wettbewerbsmotivierter die Führungslaufbahn!

10.1.5   Visionsmotivierte

Visionsmotivierte sind ebenso wie Wettbewerbsmotivierte gut für eine Führungslaufbahn geeignet. Auch sie haben den Drang, Einfluss auf Menschen zu nehmen und diese auf dem Weg zu großen Zielen anzuführen.

Eine Expertenlaufbahn scheidet für diesen Typ aus. Den Visionsmotivierten würde die reine Beschäftigung mit Sachthemen niemals zufrieden stellen. Noch einmal sei hier auf Victoria Hale verwiesen, die eine für viele Außenstehende erstrebenswert erscheinende Karriere scheinbar abrupt beendete, weil es ihr nicht mehr gelang, die Augen vor dem zu verschließen, was die trockenen, sachlichen Zahlen ausdrückten: dass das Überleben bei einer Infektion mit einem behandelbaren Erreger davon abhängt, ob der Erkrankte sich ein Medikament leisten kann.

Visionsmotivierte sind getrieben von der Idee, Großes zu bewegen, Menschen einzubinden und sie auf dem „richtigen" Weg anzuleiten. Dabei kann ihr Einsatz unermüdlich und rastlos sein, ihren „Getreuen" vermitteln sie Selbstvertrauen und Mut. Mitunter ecken diese Menschen an, weil sie unaufgefordert für ihre Idee werben und andere missionieren wollen. Dennoch sind sie häufig ein Gewinn für ein Unternehmen, weil sie alles daran setzen, es voranzubringen. In der Realität können sie allerdings auch an Intrigen scheitern. In ihrem Idealismus sind sie für Machtspielchen weniger gut gewappnet.

Fazit: Wählen Sie als Visionsmotivierter die Führungslaufbahn. Achten Sie auf ein Umfeld, das Ihren selbstlosen Einsatz schätzt. Schützen Sie sich vor menschlichen Enttäuschungen. Insbesondere zu Beginn Ihrer Karriere müssen Sie sich Ihren Rang erst einmal erkämpfen!

10.2   Konzernwelt vs. kleine Unternehmen

Kleine und mittelständische Unternehmen bieten andere Rahmenbedingungen als Konzerne. Vergleichsweise kurze Entscheidungswege und flexible Prozesse auf der einen Seite stehen einem Regelwerk von Richtlinien und Standards auf der anderen Seite gegenüber.

---

[6] Doll (2009).

[7] Ebenda.

Wer klar definierte Abläufe sucht, wird sich in der von etablierten Prozessen dominierten Konzernwelt wohler fühlen. Auch Karrierepfade sind dort meist klar vorgezeichnet und an strenge Kriterien geknüpft.

Im Umkehrschluss bedeutet das aber auch, dass Entscheidungswege in Konzernen zäh sein können. Festgefahrene Strukturen erschweren das Finden kreativer Lösungen und die Entfaltung der eigenen Stärken. Wer schon beim Wort „Reisekostenabrechnungsformular" Magenkrämpfe bekommt, tut sich hier schwer; wer kreativ, unkonventionell und innovativ arbeiten will noch mehr. Abläufe in Konzernen muten mitunter etwa so flexibel an wie die Wachablösung am Buckingham Palace.

Je kleiner das Unternehmen, desto breiter in der Regel das Aufgabenfeld. Meist gibt es nicht für jede Tätigkeit einen verantwortlichen Spezialisten. Gefragt sind Menschen, denen es Freude bereitet, sich immer wieder in neue Themen einzuarbeiten, ohne dabei zu sehr in die Tiefe zu gehen. Oft gibt es nicht einmal eindeutig definierte Stellenbeschreibungen, Zusatzaufgaben etwa werden ad hoc situationsbedingt vergeben. Flexibilität ist gefragt, zur Not muss auch mal improvisiert werden. Dafür genießen Sie viel Gestaltungs- und Entscheidungsspielraum. Wenn ausgetrampelte Pfade Sie langweilen, passen Sie vermutlich perfekt ins Team. Vielleicht zählen Sie zu den Autonomie- oder Visionsmotivierten, die ein solches Arbeitsumfeld schätzen. Die Hierarchien sind flach, die Entscheidungswege kurz, der Faktor Mensch zählt.

Die emotionale Bindung der Mitarbeiter ist bei kleinen Unternehmen in der Regel höher als bei großen Konzernen; es wird Wert auf Zusammenhalt, Loyalität und Wir-Gefühl gelegt. Das kann sehr motivierend sein und kommt insbesondere Freundschaftsmotivierten entgegen.

10.2.1   Leistungsmotivierte

Leistungsmotivierte brauchen konkrete Perspektiven. Als strukturierte Menschen spricht sie ein Umfeld an, in dem Karrierewege klar definiert sind. Kleine Unternehmen verfügen häufig nicht über die Ressourcen, Mitarbeitern umfängliche Qualifizierungsmaßnahmen zu bieten (den Unternehmern, denen ich hier Unrecht tue, sei gesagt, dass sie außen vor sind).

Der Leistungsmotivierte braucht den Austausch mit anderen Experten. Schon deshalb wird ihm in einem Betrieb, in dem er einer von wenigen Spezialisten ist, die Decke auf den Kopf fallen – es sei denn, man räumt ihm ausreichende Möglichkeiten ein, diesen Austausch zum Beispiel bei Tagungen oder Treffen von Berufsverbänden zu pflegen. Folgt man der Formel „je mehr Arbeitnehmer, desto mehr andere Experten", spricht auch das für den Konzern. Aus meiner Praxis kenne ich allerdings kleine bis mittelständische Unternehmen, – beispielsweise im IT-Bereich – deren gesamte Belegschaft aus hochqualifizierten Menschen besteht. Auch sie sind natürlich geeignete Arbeitsumfelder für den Leistungsmotivierten.

Es wurde bereits festgestellt, dass sowohl in großen Konzernen als auch in kleinen Unternehmen die Führungsphilosophie einen erheblichen Einfluss auf das Motivationsniveau der Mitarbeiter hat. Erinnern Sie sich an Amazon und Jeff Bezos. Richard L. Graf zitiert in seiner Biografie des legendären Gründers Sätze, die einen Leistungsmotivierten in Reinform charakterisieren: Auf den Mangel an Kommunikation im Unternehmen angesprochen und um Abhilfe gebeten, erklärt er rabiat: „Nein. Kommunikation ist furchtbar."[8] Mitarbeiter, die sich über den hohen Druck beschweren oder deren Sachkenntnis ihm nicht ausreichend erscheint, bringen ihn auf die Palme: „Das Leben ist zu kurz, um es mit ratlosen Leuten zu verplempern."[9] Er weiß allerdings auch, dass andere Leistungsmotivierte nicht durch Status und Incentives motiviert werden, sondern nur durch das direkte Lob eines von ihnen anerkannten anderen Experten. Bezos soll zeitweilig getragene Turnschuhe als besondere Auszeichnung für herausragende Leistungen vergeben haben. „Was man nie vergisst, ist dieses Gefühl von Stolz. Ich war stolz, diesen schmuddeligen alten Schuh von ihm zu bekommen"[10], erinnert sich der ehemalige Programmierer Greg Linden.

Einem Leistungsmotivierten kann eigentlich nichts Besseres passieren als ein Konzern, an dessen Spitze auch ein Leistungsmotivierter steht. Dort ist die Wahrscheinlichkeit am größten, dass sein Motiv optimal angesprochen wird. Auch in einem kleineren Unternehmen kann er sich wohlfühlen, wenn dessen Strukturen durch einen leistungsorientierten Führungsstil geprägt sind und Kollegen bzw. Mitarbeiter über eine hohe Fachkompetenz verfügen.

Fazit: Beides ist möglich, wobei Konzerne leicht in Führung liegen. Entscheiden Sie sich als Leistungsmotivierter für ein Unternehmen, das Ihnen dauerhaft anspruchsvolle Aufgaben, die Möglichkeit zur Weiterqualifizierung und den Austausch mit anderen Experten garantiert. Stellen Sie sicher, dass Sie mit Spezialisten arbeiten. Im Idealfall ist auch Ihr künftiger Chef ein solcher – dann dürften die größten Chancen bestehen, dass das Umfeld Ihrem Motiv entgegenkommt.

10.2.2   Freundschaftsmotivierte

Freundschaftsmotivierte haben das Glück, dass sie vielseitig sind und damit sowohl in die Konzernwelt als auch in einen kleineren Betrieb passen. Solange das Betriebsklima stimmt, ist die Unternehmensgröße für Freundschaftsmotivierte kein primäres Entscheidungskriterium.

Wichtiger ist es, wenn möglich, bereits vor Antritt der Stelle diesbezüglich Informationen einzuholen. Da gibt es vielerlei Möglichkeiten: Man fragt, sofern möglich, zukünftige Kollegen oder zieht Arbeitgeberbewertungsseiten im Netz zu Rate. Zum Glück besitzen Freundschaftsmotivierte feinfühlige Antennen für unterschwellige Konflikte und sind

---

[8] Giersch und Stock (2012).

[9] Ebenda.

[10] Ebenda.

hellhörig für Zwischentöne. Hinterlässt das Ergebnis Ihrer Recherche ein ungutes Gefühl, tun Sie besser daran, sich gegen den Job zu entscheiden. Der bei jemandem mit diesem Motiv durch Streitereien, Mobbing und Intrigen entstehende Leidensdruck ist nicht zu unterschätzen.

Das Home Office kommt für den Freundschaftsmotivierten nicht in Frage – er würde sich isoliert und einsam fühlen und darüber jede Arbeitsmotivation verlieren. Einzige Ausnahme: Wenn die Vereinbarkeit von Beruf und Familie die Heimarbeit erforderlich macht, kann sie in Maßen sinnvoll sein, um die Pflege der innerfamiliären Beziehungen zu unterstützen.

Ebenfalls Vorsicht geboten ist bei dem Wort „Reisebereitschaft" in der Stellenanzeige. Was sich für den Autonomiemotivierten vielleicht anfühlt wie das Ziel seiner Träume, kann den Freundschaftsmotivierten todunglücklich werden lassen, denn er ist bodenständig und meist wenig mobil. Das Leben aus dem Koffer ist seine Sache nicht; ihn motivieren enge Kontakte, keine flüchtigen Begegnungen in Hotellobby, Abflughalle oder Flugzeug. Eine Versetzung, die ihn aus seinem geschätzten sozialen Umfeld herausreist, kann für den Freundschaftsmotivierten zum großen Problem werden.

Letzten Endes kommt es auch auf die Branche an. Je nach Geschäftsmodell und Zielgruppe verlangen weit verzweigte Unternehmen ihren Mitarbeitern heute ein hohes Maß an Mobilität und Flexibilität ab.

Fazit: Sehen Sie sich als Freundschaftsmotivierter Ihren künftigen Wirkungskreis genau an. Entscheiden Sie sich für ein Unternehmen mit gutem Betriebsklima und setzen Sie auf langfristige Arbeitsverhältnisse – häufige Firmenwechsel werden Ihnen aufgrund der hohen Priorität, die Sie stabilen Beziehungen einräumen, noch schwerer fallen als anderen Motivtypen. Lassen Sie sich nicht ausschließlich von der Unternehmensgröße leiten, sondern bilden Sie sich selbst ein Urteil darüber, in welchem Maß die genannten Voraussetzungen gegeben sind.

10.2.3   Autonomiemotivierte

Autonomiemotivierte tun sich in komplexen Konzernen meist eher schwer. Regeln und Standards, Genehmigungsverfahren, langwierige Entscheidungsprozesse, komplexe Beziehungsgeflechte, gegenseitige Gefallen, Konkurrenz um Beförderungen, eventuell auch ausgewachsene Machtkämpfe – die Liste der Konzern-Charakteristika liest sich ungefähr wie eine Sammlung von allem, was Autonomiemotivierte hassen. Von Unabhängigkeit kann hier keine Rede sein. Mitarbeiter unterliegen allen möglichen Vorschriften, denn nur so sind „Kolosse" wie die großen DAX-Unternehmen überhaupt steuerbar.

All das geht dem Autonomiemotivierten gegen den Strich. Kommen dann noch eintönige Abläufe und immer gleiche Routinen dazu, ist dieser Typ meist nur noch zu einem motiviert: alles zu unternehmen, um sich aus diesem Korsett zu befreien und schnellstmöglich den Absprung schaffen zu können (denken Sie an Red-Bull-Gründer Mateschitz).

Nun muss die Flucht aus der Konzernwelt nicht gleich zur Eigengründung führen (auch wenn Autonomiemotivierte meist recht gut geeignet sind, ihr eigenes Unternehmen an den Start zu bringen). Nicht immer ist eine zündende Geschäftsidee zur Hand, und nicht jeder, der den Traum von der eigenen Firma träumt, hat Zugriff auf das nötige Startkapital. Verbleiben Autonomiemotivierte auf der Unternehmensschiene, sind kleinere Unternehmen mit weniger verkrusteten Strukturen für sie oft ein besseres „Biotop". Ein innovativer Ansatz, viel Gestaltungsspielraum, die Möglichkeit, Arbeitszeiten und -ort selbst zu wählen – all das motiviert diesen Typ viel mehr als ein wohlklingender Titel oder ein üppiges Gehalt. Finanzielle Absicherung sieht er nur als Schritt auf dem Weg zur völligen Autonomie.

An dieser Stelle muss deutlich gesagt werden, dass die Gefahr des Scheiterns für einen Autonomiemotivierten, der in starr festgelegte Strukturen und Regeln gepresst wird, hoch ist. Früher oder später lässt ihn der Leidensdruck, der bei ihm durch das Gefühl des Fremdbestimmtseins entsteht, ausbrechen. Können Sie sich nach Lektüre der jeweiligen Porträts Reinhold Messner, Bobby Dekeyser oder Amelia Earhardt als Abteilungsleiter in einem Konzern vorstellen? Oder in einem inhabergeführten Unternehmen bzw. einer Firma im Familienbesitz, wo zwar die Entscheidungswege kürzer, die Abläufe aber ebenso stur durchgeplant sind? Eben.

Entscheidend ist für den Autonomiemotivierten also, die eigene Motivation nicht unter der Last von Zwängen und Regelwerken ersticken zu lassen. Er ist am besten in einem kleinen Unternehmen aufgehoben – möglicherweise einem, das noch nicht so lange am Markt und noch dabei ist, seine Prozesse zu etablieren und zu optimieren, das Mitarbeiter schätzt, die selbst denken und ungewöhnliche Wege gehen und das noch nicht vom Gewicht bewährter Strukturen oder jahrzehntelanger Traditionen belastet ist. Allerdings sollten ähnlich gute Entwicklungsmöglichkeiten gegeben sein wie im Konzern, da auch „Tretmühlen" mit immer gleichen Routineaufgaben den Autonomiemotivierten schnell in die Flucht schlagen.

Fazit: Entscheiden Sie sich in jedem Fall für ein innovatives Unternehmen mit viel Gestaltungsspielraum und flachen Hierarchien. Wenn diese Punkte erfüllt sind, spielt die Größe keine entscheidende Rolle, erfahrungsgemäß werden Sie diese Aspekte aber eher bei kleineren Akteuren finden als bei einem Global Player. Für die erste Führungslinie sind Sie allemal geeignet – bis Sie dort angekommen sind, werden Sie allerdings manches Mal die Zähne zusammenbeißen müssen, da völlige Unabhängigkeit innerhalb eines Unternehmens nie gegeben ist.

10.2.4   Wettbewerbsmotivierte

Je größer und hierarchischer das Unternehmen, desto mehr Führungskräftepositionen stehen zur Auswahl. Für den karrierebewussten Wettbewerbsmotivierten scheint es nur allzu naheliegend, konsequent auf einen Werdegang im Konzern zu setzen. Wie sehr dieses Umfeld das Kräftemessen mit anderen und einen starken Willen zum Sieg voraussetzt, weiß schon der Berufsanfänger. Schon, wer bei einem großen Konzern eine Trainee-Position haben will, muss sich in aufwendigen Auswahlverfahren manchmal gegen hunderte von Mitbewerbern durchsetzen.

Hat man jedoch erst einmal den Fuß in der Tür, kann es in Sachen Führungsverant-wortung schnell gehen. Der Einstieg erfolgt oft über die Projektleitung inklusive fachlicher Personalverantwortung. Und das kommt dem Wettbewerbsmotivierten entgegen. Schließ-lich hat er Freude daran, die Richtung vorzugeben. Es liegt also auf der Hand, dass der Wettbewerbsmotivierte einem großen Unternehmen den Vorzug geben sollte, wo ausrei-chend Führungspositionen zur Disposition stehen.

Da ein Wettbewerbsmotivierter ohne Aussicht auf einen raschen Aufstieg nicht lange bei der Stange bleiben wird, traf das lange Zeit uneingeschränkt zu. Erst in den vergan-genen Jahren ist ein Wandel zu beobachten. In dem Maß, in dem sich der einsetzende Fachkräftemangel bemerkbar macht und vakante Fach- und Führungspositionen zum Teil monatelang unbesetzt bleiben, beginnen auch Mittelständler verstärkt, um High Potentials zu werben. Sie locken inzwischen mit eigenen Karriereprogrammen und zeigen Entwick-lungswege für Nachwuchsführungskräfte gezielt auf. Dadurch entstehen neue Chancen, in einem kleineren Unternehmen sogar schneller und unbürokratischer die Karriereleiter hinaufzuklettern und Personalverantwortung übernehmen zu können.

Ambitionierte Wettbewerbsmotivierte sollten diese Entwicklung im Auge behalten, wenn sie ihre Entscheidung treffen. Für kleine Betriebe mit flachen Hierarchien und gleichberechtigten Strukturen sind sie weniger geeignet. Sie wollen Status, und den bietet eher das Großunternehmen: vom Firmenwagen über das edle Büro bis zu Flügen in der Business Class.

Fazit: Ob Konzern oder Mittelstand: Entscheiden Sie sich in jedem Fall für ein Unter-nehmen, das über Führungspositionen und Aufstiegschancen verfügt.

10.2.5   Visionsmotivierte

Für Visionsmotivierte gilt in Sachen Konzern vs. Mittelstand Ähnliches wie für Wettbe-werbsmotivierte. Auch für sie muss die grundsätzliche Verfügbarkeit von Führungspo-sitionen gegeben sein. Allerdings reicht das allein noch nicht aus, denn nur mit einer ge-wichtigen Jobbezeichnung und einem attraktiven Gehalt sind Visionsmotivierte langfristig nicht zu beeindrucken, zu motivieren und zu halten. Stattdessen kommt es ihnen darauf an, etwas zu bewegen.

Damit sind sie etwas eher als Wettbewerbsmotivierte prädestiniert, in einem kleinen und/oder neu gegründeten Unternehmen mit wenig gefestigten Strukturen anzufangen, das sie noch eher mitformen können. Nicht jeder Visionsmotivierte gründet gleich eine international aufgestellte Hilfs- oder Menschenrechtsorganisation. Das große Ziel des Visionsmotivierten kann zum Beispiel auch sein, gemeinsam mit allen ihm anvertrauten Mitarbeitern ein einzigartiges Projekt zu realisieren.

Wichtig ist, dass die Aufgabe dem Visionsmotivierten nichts abverlangt, das seiner eigenen inneren Überzeugung zuwiderläuft. Denken Sie noch einmal an Victoria Hale, die irgendwann ihre Toleranzgrenze für die Ungerechtigkeit beim Zugang zu medizinischer Versorgung erreichte. Ein Visionsmotivierter, der z. B. ein starkes ökologisches Bewusstsein hat und der seine Aufgabe darin sieht, sich für Nachhaltigkeit und Umweltschutz einzusetzen, wird in einem Unternehmen, das Umweltauflagen nur widerwillig umsetzt oder sogar ignoriert, nicht froh werden. Damit sind auch Motivationsverlust, Leistungsblockaden und Karriereeinbrüche vorprogrammiert. Im Extremfall kann ein Visionsmotivierter sich sogar aktiv gegen die Interessen des Unternehmens stellen, wenn er seine Vision als übergeordnet einstuft. Es gab schon Fälle von Bankern, die ihren Job und ihre gesamte Existenz verloren und den Ruf ihres Arbeitgebers beschädigten, weil sie bankrotten Kunden Geld zuschoben oder Kredite bewilligten, die nach seriösen betriebswirtschaftlichen Kriterien niemals hätten genehmigt werden dürfen. Visionsmotivierte tun sich und anderen keinen Gefallen, wenn ihre Aufgabe sie zwingt, ihr Motiv zu verleugnen. Stattdessen können sie sehr viel bewirken, wenn sie mit ihrer Aufgabe im Reinen sind.

Fazit: Entscheiden Sie sich für ein Unternehmen, mit dessen Philosophie und mit dessen Policy Sie hundertprozentig übereinstimmen – egal, ob es sich dabei um ein großes oder um ein mittelständisches Unternehmen handelt. Nur so werden Sie langfristig dessen Interessen überzeugt und überzeugend vertreten und so auch Ihren eigenen Erfolg begründen können.

10.3   Unternehmenslaufbahn vs. Unternehmertum

Der Weg in die Selbstständigkeit ist immer ein großer Schritt. Der Wunsch, sein eigener Chef zu sein, reicht allein nicht aus; und selbst, wenn Sie eine erfolgversprechende Geschäftsidee haben, müssen Sie manche Hürde nehmen und zahlreiche Fragen beantworten: Wie schreibe ich einen Businessplan? Wie hoch ist mein Kapitalbedarf? Welches Verhältnis von Eigen- und Fremdkapital ist sinnvoll? Welche Rechtsform soll mein Unternehmen haben? Welcher Standort ist der richtige? Welche gesetzlichen Rahmenbedingungen und Auflagen sind zu beachten, welche Genehmigungen müssen eingeholt werden? Gibt es überhaupt einen ausreichend großen Markt für mein Produkt oder für meine Dienstleistung? Wie sieht die Wettbewerbssituation aus?

Angesichts dieser Fülle von Punkten, die geklärt werden müssen, lassen sich viele Menschen zu schnell ins Bockshorn jagen und begraben den Traum vom eigenen Unternehmen, noch bevor er konkrete Formen annimmt. Insbesondere in Deutschland werden viele Gründungswillige auch durch eine besonders schwerfällige Bürokratie, einen undurchsichtigen Dschungel von Vorschriften und Haftungsregelungen und ein nicht leicht begreifliches System der Unternehmensbesteuerung abgeschreckt. Offensichtliches finanzielles Risiko, Einkommensunsicherheit, hohe Arbeitsbelastung und mangelnde soziale Sicherheit tun ein Übriges, um potenzielle Existenzgründer skeptisch werden zu lassen – insbesondere, wenn die Alternative in der Aufnahme oder Fortsetzung einer lukrativen „abhängigen" Beschäftigung liegt.

Allerdings sollte all das nicht gänzlich den Blick auf die Vorteile einer Selbstständigkeit verstellen. Diese kommen insbesondere Autonomie- und Visionsmotivierten entgegen: Als Unternehmer können sie ihre eigenen Visionen und Ziele verwirklichen und haben maximalen Gestaltungsspielraum, was die Gestaltung ihrer Arbeitsbedingungen betrifft. Wer gründet, gewinnt in jedem Fall an Entscheidungsfreiheit und Unabhängigkeit. Wenn Sie dadurch angespornt werden, sollten Sie sich nicht allzu sehr von Unkenrufen beeindrucken lassen. Welcher Arbeitsplatz, ob mit oder ohne Vertrag, ist im konjunkturellen Auf und Ab der Globalisierungswirren schon sicher? Im Übrigen fordert nicht jede Selbstständigkeit einen gigantischen Einsatz von Kapital. Schließlich betreibt auch nicht jedes Start-up die Serienfertigung einer neuen Raumfähre mit entsprechenden Produktionsanlagen. Andere Formen der Selbstständigkeit, wie etwa eine freiberufliche Tätigkeit, erfordern oft nur die Einrichtung eines Heimarbeitsplatzes und die Investition in branchenspezifische Software.

Auch für Wettbewerbsmotivierte hat die Selbstständigkeit viel zu bieten. Eine erfolgreiche Gründung sichert gesellschaftliches Ansehen und Einfluss, und je nach Branche sind auch höhere Einkommen möglich als im Angestelltenverhältnis. Leistungsmotivierte können sich ihre Zeit einteilen und ihr Umfeld so einrichten, dass sie mit der ihnen eigenen Sachorientiertheit und Akribie auf das bestmögliche Ergebnis zusteuern können. Freundschaftsmotivierte sind auch in Sachen Unternehmerlaufbahn nicht für eine Einzelkämpferexistenz geeignet – als freiberuflicher Lektor oder Buchhalter, der meist allein am Schreibtisch arbeitet, werden sie schnell verzweifeln. Das heißt aber nicht, dass sie keine erfolgreichen Gründer sein können. Bietet das Geschäftsmodell die Möglichkeit, den Sprung gemeinsam mit alten Freunden oder Kollegen zu wagen, können auch sie dem Unternehmertum viel abgewinnen und erfolgreich sein.

Diese Laufbahn hat also für alle Motivtypen etwas zu bieten. Die Entscheidung dafür oder dagegen wird letztlich von der Ausprägung des Motivs bzw. der Motivkombination, der Branche, den zur Verfügung stehenden Alternativen und ggf. dem Leidensdruck in einem Angestelltenverhältnis abhängen, dessen Anforderungen den eigenen Motiven zuwiderlaufen.

10.3.1 Leistungsmotivierte

Ein Unternehmer und Hochschuldozent beantwortete die Frage eines Studenten, wie er denn die Finanzierung seines Unternehmens sichergestellt habe, folgendermaßen: „Wissen Sie, zuerst war da die Idee. Dann habe ich eine Visitenkarte und Briefpapier drucken lassen, und erst danach habe ich mir Gedanken gemacht, wo ich das Startkapital herbekomme." Diese Antwort fasst sehr gut zusammen, wie ein Leistungsmotivierter das Projekt Unternehmensgründung nicht angehen würde. Leistungsmotivierte sind Realisten. Entscheiden sie sich für die Selbstständigkeit, dann tun sie es garantiert nicht deshalb, weil sie der Meinung sind, eine Idee oder Vision verwirklichen zu müssen, für die sie dann so sehr brennen, dass Machbarkeit oder Kosten quasi als Nebensächlichkeiten schon mal ins Hintertreffen geraten.

Wenn ein Leistungsmotivierter zum Unternehmer wird, dann deshalb, weil er Kraft seiner Sachkenntnis festgestellt hat, dass bislang noch niemand eine optimal ausgereifte Idee so einsetzt, dass sie ihr Potenzial voll entfalten kann. Zu den vielen Anekdoten, die sich um die Person des Amazon-Chefs Jeff Bezos ranken, gehört auch die Geschichte, wie der erst 13-jährige im Rahmen seines ersten Sommerjobs bei McDonalds nach zwei Tagen Hamburger-Zubereitung anfing, dem Filialleiter seine Verbesserungsvorschläge für Abläufe in der Systemgastronomie zu präsentieren. Der griff sie auf, nachdem er sich von der ersten Irritation darüber erholt hatte, dass ein Teenager die Prozessoptimierung an sich riss. Vermutlich zum Glück von McDonald's – jemand mit Bezos' Motivstruktur hätte wahrscheinlich schon als Jugendlicher eine konkurrierende Burger-Kette gestartet, wenn sich in ihm das Gefühl verfestigt hätte, dass unter den bestehenden Anbietern keiner das optimale Ergebnis erzielte.

Leistungsmotivierte gehen eine Gründung niemals unter visionären, sondern ihrem Motiv entsprechend unter rein sachlichen Aspekten an. Wenn sie das Gefühl haben, ihrem Streben nach Perfektion und ständigem Wissensgewinn auch in einer Unternehmenslaufbahn gerecht werden zu können, sehen sie keine Notwendigkeit für einen solchen Schritt. Einige der möglichen Vorteile interessieren sie schlicht nicht (Prestige und ein höheres Einkommen locken den Leistungsmotivierten nicht hinter dem Ofen hervor), andere – Unabhängigkeit, persönliche und Entscheidungsfreiheit – nur dann, wenn diese Aspekte benötigt werden, um das bestmögliche Ergebnis zu erzielen oder die Aussicht besteht, dadurch Spielraum für die eigene Weiterbildung und Perfektionierung des Fachwissens zu gewinnen.

Wenn der Leistungsmotivierte allerdings zu dem Schluss kommt, sein Motiv nur als Unternehmer umsetzen zu können, wird er überdurchschnittlich gut vorbereitet sein und alle Sachfragen lange im Vorfeld geklärt haben. In der Regel wird nichts dem Zufall überlassen, und wenn er Personal einstellen muss, neigt er dazu, sich mit anderen Leistungsmotivierten zu umgeben. Zu seinen Pluspunkten als Unternehmer zählt, dass er auf sich allein gestellt arbeiten kann und ein umfassendes Wissen über Produkt oder Dienstleistung besitzt. Darin liegt allerdings auch ein Manko: Der Leistungsmotivierte überzeugt durch Fachkompetenz, den ersten Eindruck beim potenziellen Kunden hinterlässt man allerdings eher durch Charme, Charisma, eine mitreißende Art oder eine überzeugende Vision. So dürfte der Schritt in die Selbstständigkeit immer dann eine große Herausforderung sein, wenn es darum geht, bei Null zu starten und ein Markt erst erobert oder gar geschaffen werden muss. Insofern sollten Leistungsmotivierte, die die Selbstständigkeit anstreben, auch über eine Unternehmensnachfolge nachdenken und eventuell einen etablierten Betrieb mit gefestigter Zielgruppe übernehmen, den sie dann nach Herzenslust verbessern können.

Fazit: Als Leistungsmotivierter sind Sie in der Unternehmenslaufbahn gut aufgehoben, solange Sie dort das Gefühl bekommen, sich selbst weiterentwickeln und ein optimales

Ergebnis erreichen zu können. Wenn Sie sich für eine Selbstständigkeit entscheiden, weil Sie keine andere Möglichkeit sehen, diese Punkte zu verwirklichen, sollten Sie als Partner einen Machtmotivierten wählen, der sich idealerweise um Akquise, Marketing und die Anknüpfung strategischer Partnerschaften kümmert.

10.3.2   Freundschaftsmotivierte

Freundschaftsmotivierte sind in der Selbstständigkeit eher selten anzutreffen. Entscheiden sie sich doch für diesen Weg, dann vermutlich deshalb, weil der Leidensdruck in einem Angestelltenverhältnis (etwa bei schlechtem Betriebsklima oder hohem Zeitdruck) so hoch ist, dass sie keine Alternative sehen. Ausnahme: Handelt es sich um ein Gründungsprojekt, das gemeinsam mit Freunden, Familienmitgliedern oder Kollegen umgesetzt werden kann, können Freundschaftsmotivierte hoch motiviert sein. Ihr hohes Bedürfnis nach Harmonie macht sie zu einem berechenbaren und loyalen Partner für alle Beteiligten. Entscheidungen werden bei ihnen stets im Team getroffen, Gewinne und Verluste fair geteilt.

Wie Sie wissen, können Freundschaftsmotivierte aber auch unversöhnlich sein, wenn jemand – vorsätzlich oder nicht – ihre freundschaftlichen Absichten verletzt. Da es gerade bei geschäftlichen Projekten zu Konflikten kommen kann, besteht die Gefahr, dass harmonische Beziehungen darunter leiden und langfristig Schaden nehmen. In England gibt es ein Sprichwort, das besagt, man solle Business-Projekte lieber mit dem Erzfeind als mit einem guten Freund angehen – scheiterten sie, sei dann wenigstens keine Freundschaft zerstört, sondern nur eine Feindschaft bestätigt. Eine so drastische Sichtweise sollte sich zwar niemand zu eigen machen, gerade Freundschaftsmotivierte sollten sich aber fragen, ob sie im Fall des Falles gewillt sind, sachliche Konflikte auszutragen und die eigene Position konsequent zu behaupten. Beides ist unerlässlich, wenn eigenes Kapital eingebracht wird. Auch die Aussage „beim Geld hört die Freundschaft auf" kommt nicht von ungefähr.

Fazit: Freundschaftsmotivierte passen aufgrund ihrer Motivstruktur gut in die Unternehmenslaufbahn. Sollten sie sich für die Selbstständigkeit entscheiden, sind Leistungsmotivierte ideale Partner. Um Konflikten aus dem Weg zu gehen, sollten sie in jedem Fall einen Gesellschaftervertrag abschließen, worin dezidiert die Pflichten und Rechte der Partner geregelt sind. Tun sie das nicht, drohen Freundschaft und Projekt zu scheitern, wenn es zu Konflikten kommt.

10.3.3   Autonomiemotivierte

Wenn Autonomiemotivierte ein Unternehmen gründen, haben sie dabei andere Ziele im Blick als ein leistungs- oder visionsmotivierter Existenzgründer. Erinnern wir uns in diesem Zusammenhang an unsere Beispiele Dietrich Mateschitz oder Bobby Dekeyser. Mateschitz' Ziel bestand nicht darin, das perfekte Produkt zu entwickeln und zu vermarkten oder einer großen Idee zum Durchbruch zu verhelfen. Stattdessen gründete er ein

Unternehmen, das eine Limonade herstellte und vertrieb, die jemand anders erfunden hatte und deren Geschmack zunächst eher Skepsis hervorrief.

Was Mateschitz Flügel verlieh, war denn auch weniger der Koffein- und Taurinanteil seines Produktes (auch wenn er selbst sich dazu bekennt, es reichlich zu konsumieren), als vielmehr das Erreichen von Unabhängigkeit und Entscheidungsfreiheit für die Verwirklichung persönlicher Ziele. Auch Dekeysers Outdoor-Möbel sind ein Geschäftsmodell, das der damalige Torwart zum Zeitpunkt der Gründung noch durch ein anderes ersetzt hätte, wenn es ähnliche Erfolgschancen versprochen hätte. Ist Unternehmertum für Autonomiemotivierte also bloßes Mittel zum Zweck, sind Produkt und Zielgruppe für sie austauschbare Größen, solange es ihrer Selbstbestimmtheit dient?

Tatsächlich ist dieser Motivationstyp für eine Existenzgründung wie geschaffen. Eigenverantwortliches Arbeiten und die Gewissheit, frei agieren zu können, motivieren ihn so sehr, dass er völlig in der Aufgabe, das Unternehmen zum Erfolg zu führen, aufgeht. Dabei mag er weniger sach- und ergebnisorientiert vorgehen als der Leistungsmotivierte und weniger idealistisch als der Visionstyp. Beides ist aber eher zu seinem Vorteil: Ersteres lässt ihn das große Ganze im Auge behalten und bewahrt ihn davor, sich perfektionistisch im Detail zu verzetteln, Letzteres schärft seinen Blick für eventuell notwendige Kurskorrekturen und bedingt einen Pragmatismus, der für Unternehmen existenziell sein kann. Da Autonomiemotivierte nichts so fürchten, wie ihre einmal erkämpfte Unabhängigkeit wieder zu verlieren, sind sie geneigt, Konjunkturzyklen und Marktschwankungen ganz genau zu beobachten und zum Beispiel frühzeitig die Strategie zu ändern, ihre Produktpalette zu erweitern oder sogar komplett auszutauschen, wenn sich Nachfrageeinbrüche abzeichnen. Ebenso versuchen sie, Risiken durch regionale Diversifizierung abzufedern – man denke an Robert Bosch, der bereits früh Standorte im Ausland aufbaute, um nicht auf Gedeih und Verderb den Entwicklungen im politisch instabilen Deutschland ausgeliefert zu sein.

Status kümmert Autonomiemotivierte herzlich wenig. Das lässt sie wirtschaftlich magere Aufbauphasen geduldig und klaglos aushalten. Im Übrigen sind sie, wenn sie erst einmal die ersehnte Unabhängigkeit erreicht haben, durchaus in der Lage, zu fördern und große Ziele zu unterstützen. Gewinne setzen sie nicht für Statussymbole ein. Eher betätigen sie sich als Mentoren für Gleichgesinnte: Mateschitz' unterstützt Extrem- und Individualsportler, Dekeyser will Jugendliche inspirieren, ihre eigenen Wege zu gehen und ihre Träume zu verwirklichen.

Der größte Lohn des Autonomiemotivierten ist seine Unabhängigkeit. Holt er Verstärkung an Bord, wird er Wichtigeres zu tun haben als im Stil eines Jeff Bezos seinen Mitarbeitern im Nacken zu sitzen. Stattdessen werden diese in den Genuss eines unkonventionellen, unprätentiösen Führungsstils und eines Chefs kommen, der ihnen gern den enormen Freiraum einräumt, den er für sich selber auch einfordert.

Wie wir gesehen haben, befinden sich unter den Autonomiemotivierten auffallend viele Extremsportler, Bergsteiger, Abenteurer usw. Noch bezeichnender ist, dass viele dieser Menschen gleichzeitig Unternehmer sind. Der Brite David Hempleman-Adams nutzt seinen geschäftlichen Erfolg, um eigene Expeditionen zu finanzieren und durchzuführen, darunter Besteigungen der höchsten Gipfel der Welt und einen Ballonflug zum Nordpol.

Der norwegische Abenteurer Børge Ousland bietet begleitete Touren zu den Polen an, und auch der Extremsportler Jochen Schweizer machte seine Leidenschaft für Bungee & Co. zur Geschäftsidee und vertreibt außergewöhnliche Erlebnisse jedweder Art.

Bei Schweizer handelt es sich übrigens um einen Autonomiemotivierten wie aus dem Lehrbuch. Über seine Biographie sagt er: „Die ganz ehrliche Antwort, wie es zu dem Buch gekommen ist, ist folgende: Der Riva-Verlag kam auf mich zu und hat gesagt: ‚Herr Schweizer, Sie haben so ein interessantes Leben, schreiben Sie ein Buch. Wir haben hier für Sie 1. Einen Vertrag, 2. Einen Ghostwriter und 3. Geld. Bitte unterschreiben Sie unten rechts.‘ Und ich habe es nicht getan. Und zwar aus einem bestimmten Grund: Ich konnte mir nicht vorstellen, dass jemand anders für mich schreibt.“[11] Schweizer schrieb sein Buch schließlich selbst. Ihre enorme Leistungsfähigkeit ist ein weiterer großer Pluspunkt der Autonomiemotivierten. Werden sie in die Lage versetzt, ihr Motiv ungehindert zu leben, – und das ist bei einer Unternehmerlaufbahn häufig der Fall – sind sie fähig, gleichzeitig ein neues Produkt einzuführen, ins Ausland zu expandieren, eine K2-Expedition zu planen, eine Autobiographie zu schreiben und nebenher noch eine Förderstiftung für Nachwuchs-bergsteiger ins Leben zu rufen und persönlich zu betreuen. Als Führungskräfte leben sie deshalb eine außerordentliche Belastbarkeit und einen enormen Arbeitseinsatz vor.

Fazit: Als Autonomiemotivierten gibt es für Sie nur einen Rat: Trauen Sie sich den Schritt in die Selbstständigkeit zu!

10.3.4   Wettbewerbsmotivierte

Wettbewerbsmotivierte sind grundsätzlich für beide Modelle geeignet. Einerseits sind sie selbstbewusst genug, den Schritt der Existenzgründung zu wagen. Dabei vertrauen sie – oft auch zu Recht – auf ihre Fähigkeit, andere Menschen gewinnen und überzeugen, mit anderen Worten also Kunden akquirieren zu können. Die Tatsache, dass ihnen niemand Vorschriften macht und sie das Sagen haben, kommt ihnen ebenfalls sehr entgegen.

Gegen das eigene Unternehmertum spricht, dass sie keine Einzelkämpfer sind. Ihr Streben nach Einfluss bezieht sich darauf, andere zu führen und Aufgaben zu delegieren. Mit anderen Worten: Sie brauchen zeitnah die Perspektive, Mitarbeiter einzustellen. Für typischerweise einsame Formen der Selbstständigkeit, zu denen einige freie Berufe zäh-len, sind sie ebenso wenig geeignet wie Freundschaftsmotivierte – wenn auch aus anderen Gründen. Im Unterschied zu Autonomiemotivierten legen sie Wert auf Statussymbole. Ein angemessener Firmenwagen sollte also in absehbarer Zeit drin sein, für entbehrungsreiche lange Aufbauphasen fehlt dem Wettbewerbsmotivierten der lange Atem.

Der Kern ihres Motivs, nämlich das Kräftemessen mit Konkurrenten, kann in beiden Laufbahnen angesprochen werden. Im Unternehmen sucht der angestellte Wettbewerbs-motivierte den Vergleich mit dem Kollegen und will der erfolgreichere sein. Gründet er

---

[11] Borgstedt (2010).

sein eigenes Unternehmen, ist es der Abgleich mit dem Wettbewerber am Markt, den es zu schlagen gilt, der ihn zur Hochform auflaufen lässt.

Schwierig wird es für den Wettbewerbsmotivierten immer dann, wenn diese Möglichkeiten fehlen. Man kann das sehr gut anhand der Lebenswege sehen, die verschiedene Spitzensportler nach ihrer aktiven Zeit eingeschlagen haben. Während es leistungsmotivierten früheren Top-Athleten meist leichter fällt, ihre Motivation in einen anderen Wirkungskreis mitzunehmen, scheint es Wettbewerbsmotivierten wie Boris Becker deutlich schwerer zu fallen, im „Leben danach" anzukommen. Als Geschäftsmann musste der frühere Tennischampion manchen Rückschlag einstecken, ob er sich an einer Internetplattform, einer Sportleragentur oder an einer Bio-Nahrungskette versuchte. Partner bescheinigten ihm, sich schnell zu begeistern, aber auch schnell das Interesse zu verlieren.[12]

Passabel schlug er sich dagegen auf dem Höhepunkt des Poker-Hypes als Kartenprofi, der bei durchaus renommierten Turnieren wie der „European Poker Tour" antrat und in diesem Umfeld endlich wieder konkurrieren konnte. Als mit Pius Heinz erstmals ein Deutscher die „World Series of Poker" – de facto die Weltmeisterschaft in dieser Disziplin – gewann, lobte Boris Becker den Kollegen öffentlich, verkündete aber auch umgehend, dass auch er auf diesem Niveau spielen könne.[13] Becker konnte im Poker endlich wieder wetteifern und zeigte einen langlebigen Enthusiasmus, den er für eine Internetplattform oder Bioprodukte nie entwickeln konnte. Diese neue Leidenschaft habe für ihn „Tennis ersetzt."[14]

Wer also um sein Wettbewerbsmotiv weiß, kann sich manche geschäftliche Bruchlandung à la Becker ersparen. Wer sich im Vorfeld klarmacht, dass er schnell die Lust verlieren wird, wenn er keine für ihn adäquaten Wettkampfsituationen vorfindet, sollte Geschäftsideen vermeiden, die solche Situationen nicht ermöglichen.

Fazit: Als Wettbewerbsmotivierter passen Sie gut in die Unternehmenslaufbahn und sind insbesondere für eine Karriere im Konzern geeignet. Ebenso geben Sie einen guten Unternehmer ab, wenn Sie konkurrieren und wetteifern können. Für die Rolle des Einzelkämpfers sind Sie ungeeignet. Dies bedeutet nicht, dass Sie eine Partnerschaft anstreben sollten – Mitarbeiter genügen. Entscheiden Sie sich für einen Partner, so ist ein Leistungsmotivierter eine gute Wahl. In diesem Gespann ergänzen sich die Profile hervorragend, weil der Leistungsmotivierte gewohnt ergebnisorientiert und mit hoher Sachkenntnis an der Umsetzung der Geschäftsidee arbeitet, während Sie Ihre Menschenkenntnis, Ihren Enthusiasmus und Ihre gewinnende Art einsetzen, um Kunden zu akquirieren.

10.3.5   Visionsmotivierte

Auch für Visionsmotivierte kommen beide Laufbahnen in Frage. Selbst wenn man zunächst annehmen könnte, dass der für Visionsmotivierte wichtige Gestaltungsspielraum

---

[12] Schipp (2009).

[13] Pausch (2011).

[14] Scherr (2012).

in einem Unternehmen geringer ist als in der eigenen Firma, gibt es doch einen triftigen Grund, der für eine Karriere als Angestellter spricht: Große Ziele erfordern umfassende Ressourcen. Und die hat der Gründer eines Start-ups nicht im Handumdrehen. Stattdessen mussten Visionsmotivierte wie Victoria Hale zum Teil jahrelang Überzeugungsarbeit leisten, um Investoren zu gewinnen – und die Erfolgsgeschichte von OneWorld Health ist eine Ausnahmestory, die sich nicht jeden Tag wiederholt. So besteht die Gefahr, dass Visionsmotivierte als Selbstständige schnell die Grenzen ihrer Geduld erreichen: Anstatt geradewegs aufs Ziel zuzusteuern, müssen sie erst einmal die finanziellen, organisatorischen und rechtlichen Rahmenbedingungen schaffen, um für ihr Ziel zu arbeiten.

Diese sind in einem am Markt etablierten Unternehmen bereits gegeben. Die entscheidende Frage ist deshalb, ob dort auch sonst die Möglichkeit besteht, Visionen zu verwirklichen. Dabei muss es sich ja nicht immer um ein Großprojekt handeln. Als Visionsmotivierter ist es für Sie vor allem wichtig, sich im Vorfeld ein möglichst genaues Bild des Unternehmens zu machen, bei dem Sie sich beworben haben oder bewerben wollen. Kommen sowohl Aufgabe als auch Arbeitsbedingungen Ihrem Motivationsprofil entgegen, spricht nichts gegen diese Laufbahn. Im Rahmen Ihrer Tätigkeit sollten Sie auch die Chance bekommen, andere Menschen mitzunehmen, für Ihre Vision zu begeistern und zu entwickeln.

Entscheiden Visionsmotivierte sich für die Unternehmerlaufbahn, schätzen sie am meisten die Tatsache, dass man ihnen von übergeordneter Stelle keine Steine in den Weg legt. Sie geben und leben ihre Vision vor.[15] Was möglicherweise fehlt, sind wie gesagt die finanziellen und personellen Kapazitäten, um der Vision zum Durchbruch zu verhelfen. Deshalb will der Schritt zur Existenzgründung überlegt sein, und es sollte im Vorfeld geklärt werden, wie schnell Mittel und Unterstützer gewonnen werden können. Letzteres ist besonders entscheidend, weil Visionsmotivierte keine Einzelkämpfer sind. Großes Plus: Genau wie Autonomiemotivierte haben sie kein Problem mit Durststrecken, bei denen sie auf persönliche Annehmlichkeiten verzichten müssen. Status ist für sie ohne Belang. Zum Problem werden magere Zeiten für sie nur, wenn sie dadurch in der Umsetzung ihrer Vision ausgebremst werden.

Fazit: Als Visionsmotivierter sind Sie hervorragend für eine Unternehmenslaufbahn und dort auch für eine Führungsposition geeignet. In der Selbstständigkeit fehlen Ihnen häufig die Mittel, um Großes zu bewegen.

10.4 Institution/Öffentlicher Dienst vs. Wirtschaft

Öffentlicher Dienst oder freie Wirtschaft? Wer dazu im Internet recherchiert, findet zahlreiche Anfragen von Hochschulabsolventen der MINT-Fächer sowie wirtschafts- und gesellschaftswissenschaftlicher Studiengänge, die sich diese Frage stellen. Lieber etwas weniger Gehalt und gemächlichere Karrierewege, dafür aber einen sicheren Job im Öffent-

---

[15] Fleig (2011).

lichen Dienst? Oder doch eher die vielfältigen Perspektiven am freien Markt, dafür aber mehr Konkurrenzkampf, ständiger Druck und größere Unsicherheit?

Bedauerlicherweise kommt es in diesem Kontext immer wieder zu „Neiddebatten", in deren Rahmen polemisch und unsachlich unterstellt wird, dass Angestellte des Öffentlichen Dienstes bei lebenslanger materieller Absicherung beste Arbeitsbedingungen bei geringem Leistungsdruck vorfinden und grundsätzlich früh Feierabend machen. Das ist nicht zwangsläufig der Fall. Vor dem Hintergrund klammer öffentlicher Kassen setzen Länder oder Kommunen häufiger den Rotstift bei öffentlichen Ausgaben an. Der Kostenoptimierungsdruck führt auch im Öffentlichen Dienst nicht mehr automatisch zu einer absolut sicheren Existenz; so erhalten Einsteiger inzwischen auch hier oft zunächst befristete Verträge.

Haben staatliche oder kommunale Institutionen damit überhaupt noch Vorteile zu bieten? Schließlich wird in „der Wirtschaft" häufig besser bezahlt. International agierende Konzerne können zum Beispiel einem Chemiker oder Biologen zusätzliche Benefits bieten, von denen mancher Kollege an der Hochschule oder in einer Behörde nur träumen kann: mehr Urlaubstage, Erfolgsbeteiligungen, Dienstwagen, eine betriebliche Altersvorsorge usw.

Die Antwort ist dennoch ein klares Ja. Gerade Freundschafts- oder Leistungsmotivierten kommt der Öffentliche Dienst immer noch entgegen. Wo in der freien Wirtschaft am Ende des Tages nur betriebswirtschaftliche Kennzahlen interessieren, bleibt hier trotz des Wandels noch mehr Luft, um Sachfragen auf den Grund zu gehen oder sich miteinander auszutauschen. Welcher Weg nun wirklich der bessere ist, ist auch in diesem Zusammenhang eine Frage des persönlichen Motivationsprofils und der genauen Anforderungen der (potenziellen) Aufgabe.

10.4.1   Leistungsmotivierte

Solange der Leistungsmotivierte die Chance hat, sich weiterzuentwickeln und solange ihm ausreichend Ressourcen (Gelder) für eine Tätigkeit auf hohem Niveau zur Verfügung stehen, ist dieser Typ für beide Bereiche gleichermaßen gut geeignet. Ihn motiviert die anspruchsvolle fachliche Arbeit. Ein rasches Vorankommen auf der Karriereleiter (im Öffentlichen Dienst nicht gegeben) ist kein Muss für seine Motivation. Aufgrund der im Öffentlichen Dienst oft an Dienstjahren orientierten Beförderungspolitik sind Ellbogenmentalität und Konkurrenzdenken dort weniger stark ausgeprägt als in der stark wettbewerbsorientierten Privatwirtschaft – aus Sicht eines Leistungsmotivierten ein großes Plus. Was ihn frustrieren könnte, ist die Tatsache langwieriger Genehmigungsverfahren, die ihn in seiner Arbeit behindern.

Ebenso können Leistungsmotivierte sich in der Privatwirtschaft wohlfühlen, wenn sie dort einen Bereich übernehmen können, in dem ihre Arbeit am bestmöglichen Ergebnis nicht durch Konkurrenzdenken beeinträchtigt wird – etwa weil ein Konzernchef lieber mit einem unausgereiften Produkt an den Markt geht, um schneller zu sein als andere Anbieter.

Fazit: Als Leistungsmotivierter passen Sie gut in den Öffentlichen Dienst. In der freien Wirtschaft schätzen Sie Unternehmen, in denen die fachliche Arbeit im Fokus steht. Machtspiele beherrschen Sie dagegen nicht. Achten Sie bei einer Laufbahn im Privatunternehmen darauf, dass fachliche Arbeit auf hohem Niveau gewünscht ist.

10.4.2   Freundschaftsmotivierte

Freundschaftsmotivierte haben gute Chancen, sich im Öffentlichen Dienst langfristig wohlzufühlen. Das Klima ist weniger rau, der Auftrag gegenüber den Bürgern steht über dem der Gewinnmaximierung im Privatunternehmen. Ein weiterer Punkt, der dem Motiv entgegenkommt, ist das hohe Maß an Stabilität. Da viele Mitarbeiter in Behörden oder Ministerien immer noch unbefristet angestellt sind, halten Kontakte oft ein Berufsleben lang, und wenn Sie nicht gerade im Auswärtigen Amt arbeiten, sind auch Versetzungen, die Ortswechsel nach sich ziehen, nicht allzu häufig. Eher zieht dann schon – wie im Zusammenhang der Verlegung der Bundeshauptstadt oder der Zentrale des Bundesnachrichtendienstes – die ganze Einrichtung um, sodass Kollegenbeziehungen auch dann überwiegend erhalten bleiben. Führungskräfte stehen hier seltener vor der schmerzhaften Situation, jemanden entlassen zu müssen.

Dass für Freundschaftsmotivierte auch eine Unternehmenslaufbahn gut passen kann, haben wir bereits gesehen. Wichtig ist es dabei, krisengeschüttelten Unternehmen und Betrieben, in denen Mitarbeiter gegeneinander ausgespielt werden, eine Absage zu erteilen.

Fazit: Als Freundschaftsmotivierter sind Sie gut für den Öffentlichen Dienst geeignet, passen jedoch auch in Unternehmen mit einer wertschätzenden Führungskultur und verlässlichen Werten.

10.4.3   Autonomiemotivierte

Bei diesem Typ ist der Fall klar: Autonomiemotivierte sind für den Öffentlichen Dienst ungeeignet. Das Festhalten an bewährten Vorgehensweisen demotiviert sie ebenso stark wie starre Regelwerke, umfassend und bis ins letzte Detail definierte Prozesse und die bürokratischen Apparaten eigenen langen Entscheidungswege. Da Konzerne in dieser Hinsicht ähnlich ticken wie öffentliche Institutionen, lassen sich diese Aussagen auf sie übertragen. Insofern gelten die Aussagen, die unter 10.2.3. und 10.3.3. getroffen wurden.

Fazit: Als Autonomiemotivierter sind Sie ausschließlich für innovative Unternehmen mit flachen Hierarchien, alternativ für die Selbstständigkeit, geeignet. Öffentlicher Dienst und Konzerne scheiden klar aus.

10.4.4   Wettbewerbsmotivierte

Auch Wettbewerbsmotivierte finden sich im Öffentlichen Dienst eher selten. Meiner jahrelangen Erfahrung als Trainerin im öffentlichen Bereich nach gibt es dafür zwei grundsätzliche Ursachen: Zum einen sind Beförderungen im Öffentlichen Dienst häufig an das Dienstalter geknüpft. Theoretisch kann man also gegenüber einem Dienstälteren den Kürzeren ziehen, ohne dass man darauf auch nur den geringsten Einfluss hat. Das geht dem Wettbewerbsmotivierten natürlich vollkommen gegen den Strich. Zum anderen wird Führung in vielen Institutionen nicht mit derselben Konsequenz gelebt wie in der freien Wirtschaft. Der Wandel in Richtung einer führungsorientierten Arbeitskultur hat zwar auch im öffentlichen Bereich eingesetzt, er wird aber noch einige Zeit benötigen. Während für viele Neueinsteiger befristete Verträge zum Problem werden, befinden sich viele langjährige Mitarbeiter noch immer in nahezu unkündbaren Arbeitsverhältnissen. Somit gibt es für Führungskräfte bei schlechten Leistungen kaum Handlungsmöglichkeiten, und Wettbewerbsmotivierte haben keine Chance, Konkurrenten aus dem Feld zu schlagen, die sie in der freien Wirtschaft ohne Probleme abhängen würden. Nach wie vor sind viele Sachgebietsleiter in einer Behörde, einem Amt oder einem Ministerium nichts weiter als der oberste Sachbearbeiter. Statussymbole sind rar gesät.

Eine Ausnahme bildet möglicherweise eine Laufbahn im diplomatischen Dienst, da dort eher die Möglichkeit besteht, die starken Seiten des Wettbewerbsmotivs auszuleben: Charme, Charisma und die allgemeine Fähigkeit, Menschen zu interessieren, zu begeistern und mitzureißen, können auf dem Parkett der internationalen Diplomatie durchaus von Nutzen sein, und über die begehrteren Vertretungen mit viel Nähe zu Politik und Macht entscheidet hier nicht nur das Dienstalter.

Fazit: Als Wettbewerbsmotivierter gehören Sie in der Regel in die freie Wirtschaft. Im Öffentlichen Dienst gibt es nur wenige Einrichtungen, in denen Ihr Motivationsprofil angesprochen wird.

10.4.5   Visionsmotivierte

Unter den Machtmotivierten sind Visionsmotivierte die einzige Gruppe, die gut in den Öffentlichen Dienst passt. Besonders geeignet sind Institutionen mit einem gemeinnützigen Fokus oder einem sozialen Auftrag. Dabei handelt es sich nicht zwangsläufig um staatliche oder kommunale Stellen – häufig fungieren Gewerkschaften, Kirchen oder andere Verbände der sogenannten freien Wohlfahrtspflege als Träger. In Struktur und Organisation ähneln diese Institutionen allerdings öffentlichen Einrichtungen, weswegen sie an dieser Stelle als solche behandelt werden. Dort finden Visionsmotivierte ein optimales Betätigungsfeld. Sie können sich für Verbesserungen für eine bestimmte Zielgruppe einsetzen, müssen ihre Zeit nicht mit aus ihrer Sicht sinnlosen Macht- und Konkurrenzkämpfen verbringen und können auch andere für ihre Vision gewinnen – z. B. die zahlreichen ehrenamtlichen Mitarbeiter, ohne die es Organisationen wie Caritas oder DRK gar nicht gäbe.

Ein gutes Beispiel dafür, dass mit dem Abschluss der Ausbildung die Laufbahn noch keinesfalls in Stein gemeißelt ist und dass Visionsmotivierte nicht Medizin, Psychologie oder Theologie studiert haben müssen, um ihr Motiv einzubringen, ist eine junge Frau aus Hannover, die an einer Fachhochschule ein Diplom im Studiengang „Öffentliche Verwaltungswirtschaft" erworben hatte. Schon während des Studiums geriet sie in eine Krise, in der sie stark an ihrer gewählten Ausbildung zweifelte. Die meist trockene Materie der Wirtschafts- und Jurakurse vermochte sie nicht so richtig zu begeistern. Gewohnt, Angefangenes zu Ende zu bringen, schloss sie das Studium trotz ihrer Bedenken ab und kam zunächst im Liegenschaftsamt unter. Ihre Motivationsprobleme wurden immer größer – ohne dass sie sich so recht zu erklären vermochte, woran das lag oder welche Art von Tätigkeit sie zufriedener machen würde.

Eines Tages stieß sie durch Zufall auf ein Fortbildungsangebot: Mit der Einführung der Verbraucherinsolvenz begannen mehrere karitative Träger Schuldnerberatungen aufzubauen, die Menschen durch den bürokratischen Dschungel des komplexen Prozederes aus außergerichtlichem Einigungsversuch, Insolvenzverfahren und Wohlverhaltensperiode mit Restschuldbefreiung begleiten sollten. Grundsätzlich gab es keine festen Zugangsvoraussetzungen, juristische und administrative Vorkenntnisse waren jedoch erwünscht.

Die Vorstellung, in Zukunft Menschen in der schwierigen Situation der Überschuldung beizustehen, anstatt kommunale Immobilien zu verwalten, gefiel der jungen Frau auf Anhieb, und nach absolviertem Lehrgang fand sie schnell eine Stelle bei der Schuldnerberatung der Arbeiterwohlfahrt. Inzwischen betreut sie seit über zehn Jahren eine stetig wachsende Zahl von Klienten. Waren gigantische Schuldenberge zu wirtschaftlich stabileren Zeiten nicht selten eher Begleiterscheinung eines anderen Problems, zum Beispiel einer Spiel- oder Alkoholsucht, begegnen ihr inzwischen immer häufiger Menschen, die etwa aufgrund von Arbeitslosigkeit oder Einkommenseinbußen Kreditraten für ein Eigenheim nicht mehr bezahlen können und dadurch in eine finanzielle Schieflage geraten.

Fazit: Als Visionsmotivierter passen Sie gut in öffentliche Institutionen, die einen sozialen Auftrag erfüllen. Ebenso sind Sie für eine Laufbahn in einem Wirtschaftsunternehmen geeignet, das die Größe und den Einfluss hat, etwas Einzigartiges umzusetzen. Achten Sie stets darauf, dass die Unternehmensphilosophie und -ziele Sie ansprechen.

Eine Auswahl an Jobprofilen

11

Zusammenfassung

In diesem Kapitel finden Sie ausgewählte Anforderungsprofile, die Sie mit Ihrem eigenen Motivprofil abgleichen können. Die Profile umfassen sowohl ein Porträt als auch eine grafische Darstellung. So erkennen Sie auf einen Blick, ob die vorgestellte berufliche Rolle für Sie in Frage kommt oder ob die Abweichung der Motivausprägungen zu groß ist. Dabei werden Muss-Kriterien und Kann-Kriterien unterschieden. Wie die Benennung bereits vermuten lässt, ist eine Abweichung der Kann-Kriterien meist unkritisch, die Muss-Kriterien hingegen sollten weitgehend übereinstimmen.

11.1 Chefarzt

Ein Chefarzt ist für wesentlich mehr zuständig als „nur" für das medizinische Wohlergehen seiner Patienten. Er übernimmt Führungsverantwortung, ist der Wirtschaftlichkeit und Zukunftsfähigkeit seiner Einrichtung verpflichtet und soll Rentabilität und Qualitätsmanagement im Auge behalten. Glänzende fachliche Leistungen in der bisherigen Laufbahn haben oft wenig mit der neuen Aufgabenstellung zu tun, auch wenn sie ebenso oft die Voraussetzung dafür darstellen, überhaupt in eine solche Spitzenposition vorzudringen.

Der Weg zur Chefarztposition ist lang. An das zwölfsemestrige Medizinstudium schließt sich eine fünf- bis sechsjährige Phase als Assistenzarzt an. In dieser Zeit erfolgt die Facharztausbildung. Eine Position als Oberarzt ist erst nach einigen Jahren als erfolgreicher Facharzt realistisch, und um sich dann irgendwann als Chefarzt zu empfehlen, sind meist

---

Anmerkung: Wettbewerbs- und Visionsmotiv sind in diesen Profilen zusammengefasst, weil es um die Frage geht, wie hoch die Motivation ist, andere zu beeinflussen und an exponierter Stelle zu stehen. Ob dies aus eigen- oder gemeinnützigen Gründen heraus passiert, interessiert im ersten Schritt nicht.

B. Haag, *Authentische Karriereplanung,*
DOI 10.1007/978-3-658-02513-7_11, © Springer Fachmedien Wiesbaden 2013

weitere Voraussetzungen nötig: ein exzellenter wissenschaftlicher Ruf, Forschungserfolge, herausragende Verdienste um die Einrichtung, gegebenenfalls Zusatzqualifikationen in Betriebswirtschaft und Management. An Unikliniken ist die Habilitation zwingende Voraussetzung.

11.1.1   Beschreibung des Anforderungsprofils

Wer sich für diesen Weg entscheidet, braucht also einen langen Atem und eine hohe Lernmotivation. Schon die erste Staatsprüfung im Studium, das sogenannte Physikum, stellt höchste Anforderungen an detailliertes Fachwissen in allen naturwissenschaftlichen Disziplinen: Biologie, Chemie, Physik, Mathematik. Hier ist ein starkes Leistungsmotiv unerlässlich. Wer keine Freude daran hat, sich Expertenwissen anzueignen und sich weiterzubilden, wird in einem so lernintensiven Beruf nicht glücklich. Das gilt nicht nur für das Studium, sondern auch für die Facharztbildung und selbst danach. Regelmäßige Weiterbildungen und der Austausch mit anderen Experten, den Leistungsmotivierte schätzen, sind unerlässlich.

Während das Leistungsmotiv für jeden Arzt unerlässlich ist, sollte ein Chefarzt auch eine gehörige Portion Wettbewerb und Vision mitbringen. Ersteres wird er brauchen, um sich gegen die zahlreich vorhandene Konkurrenz durchzusetzen. Kliniken stehen nicht zu Unrecht im Ruf, mindestens so strikt hierarchisch organisiert zu sein wie ein Konzern. Letzteres versteht sich von selbst. Schließlich geht es darum, Menschen zu helfen und möglichst auch die medizinische Forschung insgesamt voranzubringen.

Die Chefarztposition ist ein typisches Aufgabenprofil, das für einen ausschließlich Leistungsmotivierten Probleme mit sich bringen kann, weil er sich nicht mehr so intensiv der Arbeit an Sachthemen widmen kann wie früher. Und weil zum Chefarzt in der Regel Fachkräfte berufen werden, die sich in der akademischen Welt einen Namen gemacht haben, ist die Wahrscheinlichkeit hoch, dass ein Motivprofil mit dem Schwerpunkt Leistung auf ein Anforderungsprofil trifft, das deutlich mehr Wettbewerb und Vision verlangt (siehe grafische Darstellung). Angehende Chefärzte tun deshalb gut daran, sich frühzeitig auf künftige Führungsaufgaben vorzubereiten.

Dass ein starkes Freundschaftsmotiv für einen Mediziner unerlässlich ist, ist ein verbreiteter Irrtum. Natürlich schadet ein aufrichtiges Interesse an anderen Menschen in einem Beruf mit so viel zwischenmenschlichem Kontakt und Interaktion mit anderen nicht, aber: Ein Chefarzt befindet sich fast ständig im Spannungsfeld zwischen den wirtschaftlichen Interessen des Krankenhauses und den Bedürfnissen der Patienten. Aus diesem Grund wird sich eine freundschaftsmotivierte Persönlichkeit in dieser Rolle auf Dauer ebenso

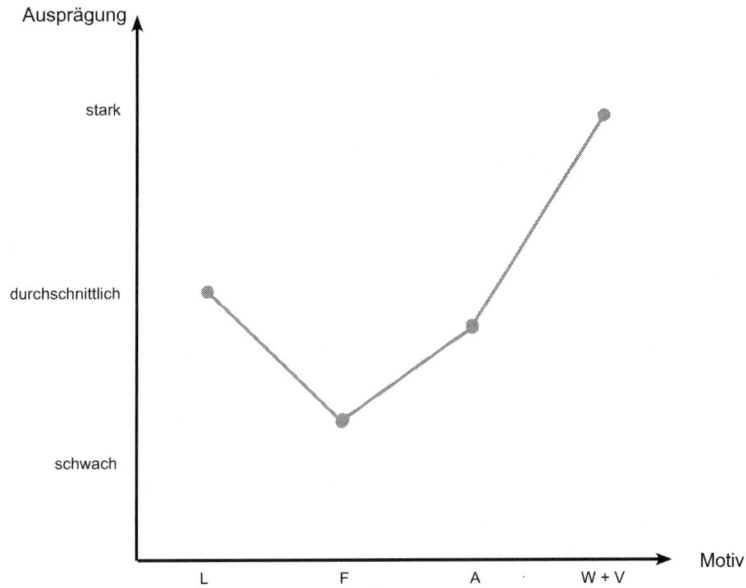

Abb. 11.1 Das Aufgabenprofil des Chefarztes. (© kopfarbeit, Barbara Haag)

wenig wohlfühlen wie der autonomiemotivierte Typ, dem das Korsett aus Vorgaben und starren Strukturen schnell zu eng wird (Abb. 11.1).

	Muss-Kriterium	Kann-Kriterium
Leistung	×	
Freundschaft		×
Autonomie		×
Wettbewerb + Vision	×	

11.2 Controller

Das Berufsbild des Controllers hat sich in jüngster Zeit stark gewandelt. Übte er einst die Funktion eines betriebseigenen Wirtschaftsprüfers aus, ist die Aufgabe heute vielschichtiger und komplexer. Der Controller hat gegenüber der Geschäftsleitung auch beratende und entscheidungsunterstützende Funktion; er soll Informationen aufbereiten, Möglichkeiten der Kostenreduktion und Gewinnoptimierung erkennen und so zu größtmöglicher Wirtschaftlichkeit beitragen.

Die fachliche Mindestanforderung ist meist ein Studium der Betriebswirtschaft, in manchen Fällen werden eine kaufmännische Ausbildung und langjährige Berufserfahrung als gleichwertig akzeptiert. Controller ist inzwischen ein anerkannter Weiterbildungsberuf mit guten Verdienstmöglichkeiten, wobei die genaue Ausgestaltung der Rolle je nach Branche und Arbeitsumfeld variieren kann.

11.2.1   Beschreibung des Anforderungsprofils

Da Controller als potenzielle Kostenoptimierer auch Maßnahmen wie Stellenabbau vorschlagen müssen, werden sie von Kollegen oft mit Argwohn betrachtet. Damit ist schon klar, dass ein starkes Freundschaftsmotiv sich nicht besonders gut mit den Anforderungen der Position verträgt.

Wer Controller aber ausschließlich als kühle Zahlenmenschen sieht, die nur Kosten-Nutzen-Verhältnisse im Blick haben, liegt falsch. Schließlich tragen sie dazu bei, Unternehmen wirtschaftlicher, konkurrenz- und zukunftsfähiger zu machen, und das sind langfristig auch Voraussetzungen für den Erhalt von Arbeitsplätzen. Das Stellenprofil zeigt deshalb eine starke Ausprägung des Visionsmotivs, das auch noch aus einem anderen Grund hilfreich ist: Denn es bedingt ein hohes Maß an Menschenkenntnis, Empathie und Kommunikationsfähigkeit. Diese Eigenschaften werden für den Austausch mit den diversen Abteilungen gebraucht, mit denen der Controller ständig im Dialog steht. Vor allem sind sie auch für den Umgang mit Mitarbeitern in den typischen Krisen- und Ausnahmesituationen, die Umstrukturierungen und andere „Change"-Prozesse oft mit sich bringen, unerlässlich. Verhandlungsgeschick, Konsequenz und Durchsetzungsvermögen sind allerdings ebenso erforderlich, weswegen die aus dem Freundschaftsmotiv resultierende Sozialkompetenz, die eher kameradschaftlich und ausgleichend geprägt ist, dafür weniger hilfreich wäre.

Die Funktion des Controllers spricht durchaus auch das Autonomiemotiv an, auch wenn es nicht unbedingt so stark ausgeprägt sein muss wie die beiden anderen Machtmotive. Ein Controller muss unabhängig von den Interessen der untersuchten Abteilungen agieren. Er muss autark denken und handeln.

Zum Berufsbild gehören handfeste Kenntnisse der Betriebswirtschaftslehre und des Buchführungs- und Rechnungswesens. Je nachdem sind auch juristische Kompetenz und die Bereitschaft, diese auf aktuellem Stand zu halten, erforderlich. Deshalb ist im Anforderungsprofil auch das Leistungsmotiv stark ausgeprägt. Die Detailgenauigkeit und der Wunsch, die eigene Sachkenntnis und Problemlösungskompetenz zu erhöhen, die das Motiv mit sich bringt, sind unabdingbare Voraussetzungen für einen Controller (Abb. 11.2).

	Muss-Kriterium	Kann-Kriterium
Leistung	×	
Freundschaft		×
Autonomie	×	
Wettbewerb + Vision	×	

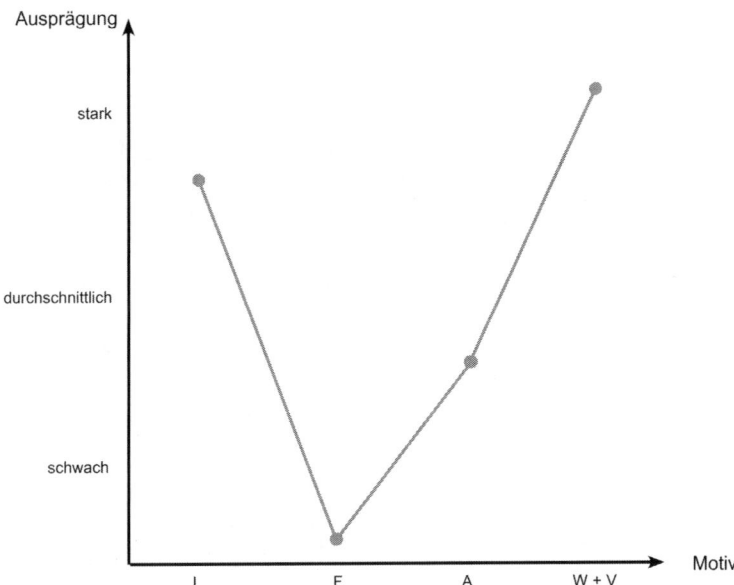

Abb. 11.2 Das Aufgabenprofil des Controllers. (© kopfarbeit, Barbara Haag)

11.3 Eventmanager

Beim Eventmanager handelt es sich um ein vergleichsweise junges Berufsbild, das sich in seiner jetzigen Form erst in den vergangenen Jahren herauskristallisiert hat. In allen Branchen und Bereichen nimmt die Zahl der Events stetig zu, was die Veranstaltungsbranche zu einem Wachstumsmarkt mit guten Perspektiven macht. Das Spektrum reicht dabei von Firmenevents über Messen aller Größen bis hin zu Musik-, Kultur- und Sportfestivals. Dem Eventmanager obliegt je nach Größenordnung der gesamte organisatorische Ablauf oder ein bestimmter Teil.

Da mit der Vielfalt der Events auch die Anforderungen an Eventmanager komplexer werden, reicht eine kaufmännische Ausbildung mit entsprechender Zusatzqualifikation meist nicht mehr aus. Häufig führt der Weg stattdessen über ein Fachhochschulstudium oder eine Berufsakademie, sprich: ein duales Studium mit Praxisphasen, wobei die Ausbildung je nach Fachrichtung drei bis vier Jahre dauert. Die Schwerpunkte sind unterschiedlich. Neben Studiengängen mit technischem Schwerpunkt (z. B. Veranstaltungstechnik und -management) werden auch Programme mit stärkerem Marketing- oder BWL-Bezug angeboten.

11.3.1 Beschreibung des Anforderungsprofils

Das Visionsmotiv ist auch in diesem Beruf eine wichtige Erfolgsvoraussetzung. Schließlich ist ein Event, das seinen Namen verdient, nicht nur irgendeine Ausstellung, Präsentation, Messe oder Tagung, sondern eine Veranstaltung, die den Menschen im Gedächtnis bleibt.

Deshalb muss sie sich von anderen, ähnlichen Ereignissen abheben, klare Akzente setzen und einen deutlichen Bezug zum Profil des Unternehmens schaffen, das als Sponsor oder Veranstalter dahintersteht. Um diesem Anspruch gerecht zu werden, benötigen Eventmanager ein „inneres Auge". Sie müssen sich vorstellen können, wie z. B. eine bestimmte Dekoration, eine Regie aus Musik und Pyrotechnik oder eine Showeinlage aussehen und ob sie die beabsichtigte Wirkung auf das Publikum erzielen wird.

Ein starkes Autonomiemotiv ist in diesem Bereich ebenfalls hilfreich. Eventmanager müssen handlungsfreudig, durchsetzungs- und entscheidungsstark sein, wenn es darum geht, Ablaufpläne vorzugeben, auf kleine Pannen zu reagieren oder gar eine plötzlich eingetretene Notsituation zu managen. Selbstständiges Arbeiten und Verhandlungsstärke sind ausgesprochen wichtig, da Eventmanager mit anderen Dienstleistern, Medienpartnern, Sponsoren, Künstlern, Caterern und sonstigen Akteuren verhandeln müssen.

Die zwischenmenschlichen Fähigkeiten, die aus den Machtmotiven resultieren, können Eventmanager bei der Planung und Durchführung großer und kleiner Veranstaltungen gut gebrauchen. Je größer das Event, desto mehr Organisationen und Einzelpersonen sind meist darin involviert. Damit alles reibungslos funktioniert, müssen sämtliche Beteiligten koordiniert werden, wobei unterschiedlichsten organisatorischen und persönlichen Anforderungen etwa von Athleten, Künstlern, deren Bühnencrews, Sicherheitspersonal usw. Rechnung getragen werden muss. Ein Eventmanager beschrieb die in seinem Beruf geforderten Soft Skills mit den Worten, man brauche „das Verständnis und die Geduld eines Grundschulpädagogen in Verbindung mit der Einstellung eines Raubtierdompteurs", um erfolgreich zu sein.

Wie Sie in der grafischen Darstellung erkennen, ist das Leistungsmotiv nicht allzu stark ausgeprägt, wobei dieser Punkt etwas variieren kann. Ist ein Eventmanager bei einer kleinen Konzertagentur selbst für die Bedienung technischer Anlagen verantwortlich, wird er mehr Interesse am Erwerb von Fachwissen und mehr Freude an der Lösung von Sachproblemen benötigen als ein Kollege, der in der Marketingabteilung eines großen Konzerns sitzt und vor allem darauf achten muss, den Namen des Unternehmens werbewirksam mit dem Event zu verknüpfen. Was sich Eventmanager in jedem Fall gewissenhaft aneignen müssen, ist das nötige Know-how rund um aktuell geltende Sicherheitsvorschriften, Veranstaltungsstättenverordnungen, Genehmigungsverfahren und Notfallmaßnahmen. Gerade bei besucherstarken Events ist die Unfall- und Verletzungsgefahr groß, wie ernste Zwischenfälle immer wieder zeigen. Ab einer bestimmten Größe müssen inzwischen auch sogenannte Crowd Manager eingesetzt werden, die speziell dafür geschult sind, „Nadelöhre" zu erkennen sowie Gedränge und Panik zu vermeiden. Ausbildungen wie „Eventsicherheit und Crowd Management" sind denkbare und sinnvolle Zusatzqualifikationen für Eventmanager (Abb. 11.3).

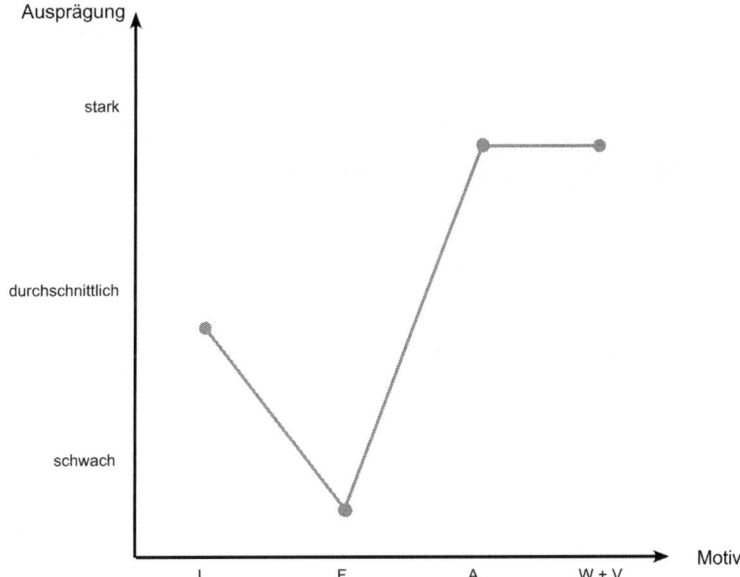

Abb. 11.3 Das Aufgabenprofil des Eventmanagers. (© kopfarbeit, Barbara Haag)

	Muss-Kriterium	Kann-Kriterium
Leistung		×
Freundschaft		×
Autonomie	×	
Wettbewerb + Vision	×	

11.4   Gymnasiallehrer

Gymnasiallehrer unterrichten in der Regel zwei Fächer auf hohem Niveau. Schließlich geht es darum, die Schüler auf Abitur, Studium und Berufsleben vorzubereiten. Gleichzeitig gehört es zu ihrem Auftrag, eine breite Allgemeinbildung zu vermitteln und ihre Schüler in Sachen Sozial- und Medienkompetenz fit zu machen.

Der Beruf des Gymnasiallehrers setzt das Studium einer Kombination aus meist zwei Fächern sowie die Belegung pädagogischer und didaktischer Lehrveranstaltungen voraus. Die genauen Rahmenbedingungen für Zulassung und Referendariat sind von Bundesland zu Bundesland verschieden, das Staatsexamen ist allerdings trotz der Ablösung der alten Lehramtsstudiengänge durch den Bachelor bzw. Master of Education immer noch zwingend vorgeschrieben.

Eine Besonderheit ist, dass in einigen Bundesländern aktuell aufgrund eines bestehenden Fachkräftemangels der Quereinstieg für Bewerber mit Diplom- oder Magisterexamen möglich ist. Diese müssen jedoch entweder deutliche Abstriche bei der Vergütung in Kauf nehmen oder das Staatsexamen bzw. die für die Zulassung nötigen Leistungsnachweise nachholen. Letzteres ist oft ein zeitraubender Prozess, weil die inzwischen modular aufgebauten Studiengänge deutlich stärker mit beruflichen Verpflichtungen kollidieren, als das bei ihren Vorgängern vor der Bologna-Reform der Fall war.

11.4.1 Beschreibung des Anforderungsprofils

Im Profil des Berufs finden sich viele Charakteristika des Visionsmotivs wieder. Für einen Lehrer ist es wichtig, junge Menschen fördern und entwickeln zu wollen. Er muss also eine Gruppe von Personen, die mitten in dem komplexen Prozess der eigenen Persönlichkeitsfindung stecken und dabei Grenzen ausloten, auf Lern- und Leistungsziele einschwören. Keine einfache Aufgabe, in jedem Fall aber eine, die Geduld, Empathie und ein hohes Kommunikationstalent voraussetzt.

Auch die Kooperation Schule-Elternhaus verläuft nicht immer so reibungslos, wie das wünschenswert wäre, liegt aber im Interesse einer optimalen Entwicklung der Kinder bzw. Jugendlichen und muss deshalb gewährleistet werden. Somit sind auch Konflikt- und Kompromissfähigkeit, Diplomatie und Toleranz gefragt. Im Übrigen zählt es über die reine Wissensvermittlung hinaus zu den Aufgaben eines Lehrers, Probleme zu erkennen, die die körperliche, seelische und geistige Entwicklung eines Schülers beeinträchtigen können. Dazu zählen Konflikte in der Familie, Drogen- oder Alkoholmissbrauch, Lernschwierigkeiten oder psychische Störungen. Lehrer sollten in der Lage sein, Warnzeichen wahrzunehmen und gegebenenfalls unter Einbeziehung von Elternhaus, Psychologen, Beratungsstellen und Sozialarbeitern gegenzusteuern.

Der Wille zu bestimmen und anzuleiten ist bei der Arbeit mit Gruppen von zwanzig bis dreißig Jugendlichen ein absolutes Muss. Durchsetzungsstärke und Konfliktfähigkeit sind dabei ebenso gefragt wie die Bereitschaft, Grenzen aufzuzeigen. Ein zu stark freundschaftsmotivierter Lehrer kann Probleme bekommen, sich zu behaupten oder beispielsweise einem sympathischen Schüler bei anhaltender Leistungsschwäche die Versetzung zu verweigern.

Für den fachlichen Teil ihrer Arbeit benötigen Lehrer auch ein mittelmäßig ausgeprägtes Leistungsmotiv. Wie alle Experten sind sie gehalten, sich auf dem Laufenden zu halten, sich mit anderen Sachkundigen auszutauschen, an Fortbildungen teilzunehmen und Entwicklungen in ihrer Disziplin engagiert zu verfolgen.

Für stark autonomiemotivierte Typen ist der Lehrerberuf weniger geeignet. Die gesicherte Existenz reizt sie kaum, die Verpflichtung gegenüber Lehrplänen und Inhalten blockiert sie. Die eingeschränkte Mobilität läuft dem Autonomiemotiv ebenfalls zuwider. Denn da Bildung in Deutschland Ländersache ist, kann ein Lehrer nicht ohne weiteres etwa von Hamburg nach München wechseln, sondern muss gegebenenfalls Ausbildungsinhalte nachholen und/oder im Rahmen des bundesweiten Tauschverfahrens einen Partner finden, der seinerseits von München nach Hamburg umziehen möchte (Abb. 11.4).

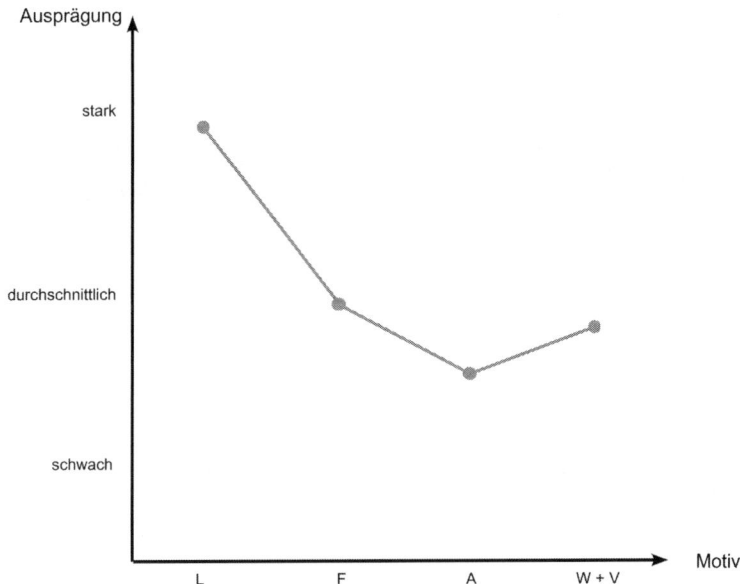

Abb. 11.4 Das Aufgabenprofil des Gymnasiallehrers. (© kopfarbeit, Barbara Haag)

	Muss-Kriterium	Kann-Kriterium
Leistung	×	
Freundschaft		×
Autonomie		×
Wettbewerb + Vision	×	

11.5   Key Account Manager

Key Account Manager sind in verschiedenen Wirtschaftszweigen zu finden. Sie sind für Aufbau, Pflege und Weiterentwicklung von Kundenbeziehungen, vor allem natürlich für die namensgebenden Key Accounts, zuständig – also für besonders umsatzstarke Kunden, auch Schlüsselkunden genannt.

Häufig wird für diese Tätigkeit ein abgeschlossenes Studium der Betriebswirtschaft oder der Wirtschaftswissenschaften vorausgesetzt, wobei Schwerpunkte wie Marketing oder Vertriebsmanagement sinnvoll sind. Allerdings besteht für Vertriebsmitarbeiter die Möglichkeit zum Quereinstieg, etwa über die Absolvierung einer kaufmännischen Weiterbildung. Auch wenn sich das genaue Profil je nach Branche und Unternehmen unterscheidet, zählen Kenntnisse in Akquise und Kundenberatung, Verhandlungsführung und Vertriebsmarketing sowie Fachwissen im Bereich des Customer-Relationship-Managements zu den Kernkompetenzen, die Kandidaten mitbringen sollten.

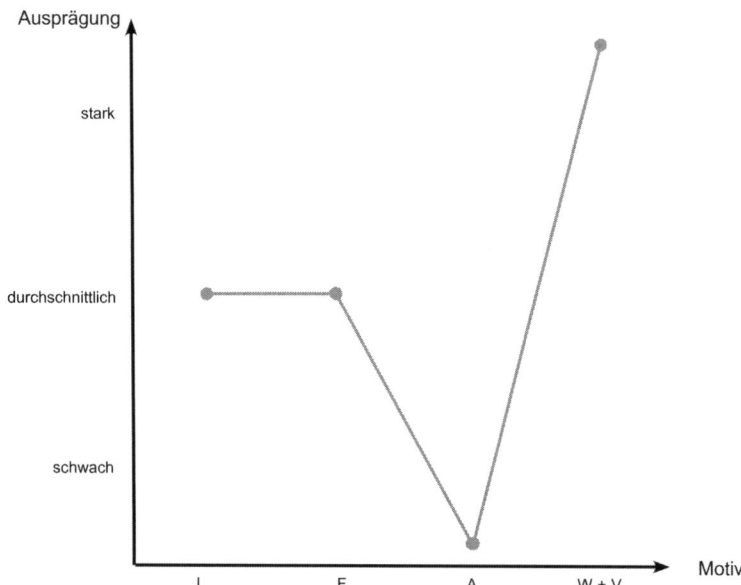

Abb. 11.5 Das Aufgabenprofil des Key Account Managers. (© kopfarbeit, Barbara Haag)

11.5.1 Beschreibung des Anforderungsprofils

Da Key Account Manager kommunikativ und redegewandt sein müssen, profitieren sie sowohl vom Freundschafts- als auch vom Wettbewerbs- bzw. Visionsmotiv. Sie alle bedingen Empathie, Kommunikationsstärke und Menschenkenntnis. Wer sich jedoch klar macht, dass die Tätigkeit eines Key Accounters trotz ihrer heutigen Bandbreite und Vielfalt im Kern immer eine verkäuferische bleibt, kommt schnell darauf, dass vor allem das Machtmotiv Wettbewerb für diese Position entscheidend ist. Schließlich geht es überwiegend darum, das Gegenüber von den Vorzügen eines Produktes oder einer Dienstleistung zu überzeugen und dabei die Konkurrenz hinter sich zu lassen.

Neutral ist für diese Position dagegen das dritte Machtmotiv Autonomie. Die Rolle des Key Accounters bietet mal mehr, mal weniger Spielraum für Eigenständigkeit und eine individuelle Gestaltung des Tätigkeitsfeldes. Hinsichtlich der Entlohnung ist eine Kombination aus Grundlohn und Provision keine Seltenheit. Ein solcher erfolgsabhängiger Verdienst kommt dem Streben des Autonomiemotivierten nach finanzieller Selbstbestimmung entgegen.

Leistungs- und Freundschaftsmotiv sind Kann-Kriterien und durchschnittlich ausgeprägt. Die Eigenschaften beider Motive können von Nutzen sein, werden aber nicht zwingend benötigt (Abb. 11.5).

	Muss-Kriterium	Kann-Kriterium
Leistung		×
Freundschaft		×
Autonomie		×
Wettbewerb + Vision	×	

11.6 Personalleiter

Die Karrieren anderer sind das Metier des Personalleiters. Er verantwortet alle Vorgänge rund ums Personal: Stellenausschreibung, Bewerber-Vorauswahl, Erstellung von Arbeitszeugnissen, aber auch von Abmahnungen und Kündigungsschreiben. Ebenso wird vom Personalverantwortlichen erwartet, Strategien zur Personalrekrutierung und -bindung zu entwickeln (was in Zeiten des Fachkräftemangels und des in einigen Branchen beginnenden Kampfes um die besten Köpfe eine besonders verantwortungsvolle Aufgabe darstellt) und sich in Absprache mit der restlichen Führungsetage um Fortbildung und Entwicklung von Mitarbeitern zu kümmern.

Wer dieses Berufsziel vor Augen hat, wird sich heute wahrscheinlich für einen der zahlreichen modernen BWL-Studiengänge mit dem Schwerpunkt Personal oder ein Studium der Rechtswissenschaften mit dem Schwerpunkt Arbeitsrecht entscheiden. Grundsätzlich steht der Beruf Quereinsteigern mit zum Beispiel geistes-, sozial- und gesellschaftswissenschaftlichem oder psychologischem Hintergrund offen. Zahlreiche öffentliche und private Institute für Psychologie und Management bieten entsprechende Qualifizierungen an, wobei Pflichtpraktika meist Bestandteil der Ausbildung sind.

11.6.1 Beschreibung des Anforderungsprofils

Es überrascht wenig, dass Personalleiter von einem starken Freundschaftsmotiv profitieren. Da sie mit einem zwischenmenschlich sensiblen Bereich betraut sind, kommen ihnen Diplomatie, Verständnis, Einfühlungsvermögen und das uneigennützige Interesse an anderen im Alltag sehr zu Gute. Wenn es darum geht, andere zu entwickeln, müssen Personalleiter Stärken und Entwicklungsfelder erkennen und gern Unterstützung gewähren. Das Freundschaftsmotiv ist allerdings immer dann hinderlich, wenn für das Gegenüber enttäuschende Botschaften kommuniziert werden müssen, etwa eine Absage an einen abgelehnten Bewerber, die Verweigerung einer Beförderung oder Gehaltserhöhung, eine Abmahnung oder eine Kündigung. Dabei ist eher das Visionsmotiv gefragt.

Von zentraler Bedeutung ist hingegen das Merkmal des Freundschaftsmotivs, keine Informationen zu sammeln, um daraus eigene Machtvorteile zu ziehen. Diskretion zählt zu den wichtigsten Qualitäten von Personalchefs, die Zugriff auf sehr sensible persönliche Daten und Dokumente haben und berufliche, aber auch private Informationen über andere verwalten.

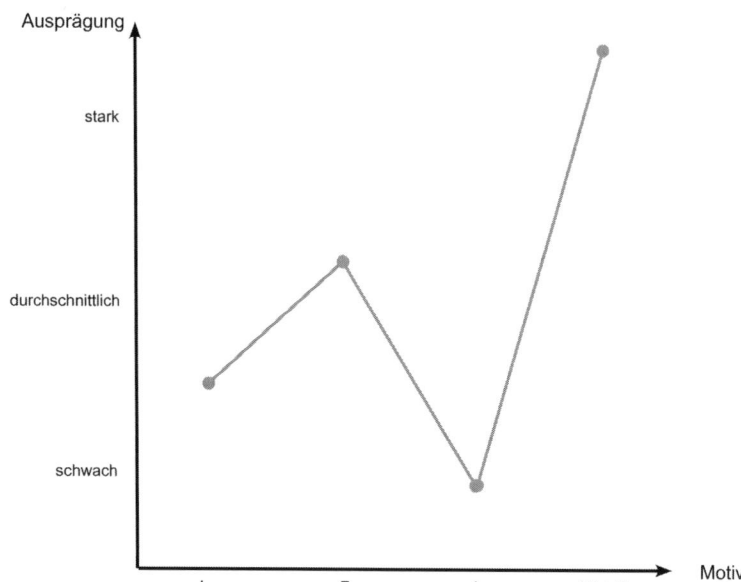

Abb. 11.6 Das Aufgabenprofil des Personalleiters. (© kopfarbeit, Barbara Haag)

Gleichzeitig müssen Personalchefs natürlich die berechtigten Interessen des Unternehmens angemessen vertreten können. Bei Gehalts- oder Abfindungsverhandlungen repräsentieren sie den Arbeitgeber gegenüber dem Betriebsrat. Damit befinden sie sich regelmäßig in einer Situation, in der es darum geht, widerstreitende Interessen gegeneinander abzuwägen. Auch dabei helfen das diplomatische Feingefühl und die ausgleichende Wirkung des Freundschaftsmotivs, ebenso werden aber auch das Durchsetzungsvermögen und die Konsequenz Machtmotivierter benötigt, weswegen das Visionsmotiv im Stellenprofil eine starke Ausprägung hat. Gerade ein Visionsmotivierter wird sich nicht nur dem einzelnen Mitarbeiter, sondern auch dem großen Ganzen der Unternehmensziele verpflichtet fühlen und es dadurch leichter haben, auch eine für den Einzelnen unerfreuliche Entscheidung angemessen zu kommunizieren (Abb. 11.6).

	Muss-Kriterium	Kann-Kriterium
Leistung		×
Freundschaft	×	
Autonomie		×
Wettbewerb + Vision	×	

11.7 Physiker (Naturwissenschaftler)

Der Physiker steht an dieser Stelle exemplarisch für das Anforderungsprofil für naturwissenschaftliche Fachkräfte. Wie alle Naturwissenschaftler sind Physiker Experten innerhalb ihrer Disziplin, wobei Schwerpunkte und Arbeitsumfelder stark variieren und somit auch verschiedene Motive angesprochen werden können. Weil ein Physiker mit Führungsfunktion in der freien Wirtschaft andere Aufgaben wahrnimmt als einer, der eine Laufbahn als Forscher und Hochschullehrer einschlägt, können in diesem besonderen Fall die tatsächlichen Anforderungen eines konkreten Profils von der grafischen Darstellung unter 11.7.3 abweichen.

Für Physiker, Chemiker, Geologen und Biologen ist der Ausbildungsweg alternativlos, ein Quereinstieg ist de facto nicht möglich. In „Reinform" können Naturwissenschaften ausschließlich an Universitäten studiert werden. Stark praxisbezogene FH- oder BA-Studiengänge umfassen zahlreiche Inhalte dieser Fächer, unterscheiden sich aber von den theoretischen Fachstudiengängen. In diesen wird meist auch die Anforderung gestellt, sich solide Kenntnisse aller Naturwissenschaften anzueignen, die als Handwerkszeug für die späteren Aufgaben gesehen werden. So werden z. B. Geologen häufig von der Tatsache „kalt erwischt", dass sie vier Semester lang überwiegend Mathematik, Physik und Chemie studieren, ehe sie sich auf die eigentlichen Schwerpunkte ihres Faches konzentrieren können.

In aller Regel sollte man sich auf ein fünfjähriges Studium einstellen. Denn auch wenn die modularisierten Studiengänge, die im Kontext der Bologna-Reform eingeführt wurden, noch nicht so lange existieren, dass verbindliche Aussagen zweifelsfrei möglich wären oder verlässliche Statistiken vorlägen, zeichnet sich doch zunehmend ab, dass Bachelor-Absolventen auf dem Arbeitsmarkt schlechtere Chancen haben als Mitbewerber mit Masterabschluss. Für die Hochschullaufbahn ist der Master ohnehin unerlässlich; Promotion und Habilitation werden sich in der Regel anschließen.

11.7.1 Beschreibung des Anforderungsprofils

Wer sich für ein naturwissenschaftliches Hochschulstudium entscheidet, kommt nicht ohne Leistungsmotiv aus. Schon die Anforderungen der Einführungskurse sind hoch, weswegen es zu Anfang meist notwendig ist, sich in Eigenregie oder Tutorien noch fehlendes Grundlagenwissen anzueignen. Die Freude am Lernen und Verstehen, daran, besser zu werden und mit der Aufgabe zu wachsen, die Leistungsmotivierte auszeichnet, ist schon in dieser Phase eine unabdingbare Voraussetzung, um Erfolge zu erleben. Auch im Berufsleben wird es immer wieder darauf ankommen, sich aktuelle Erkenntnisse und Entwicklungen anzueignen oder – angesichts der Fülle des Fachwissens – Kenntnisse aufzufrischen. Die Tatsache, dass Leistungsmotivierte sich gern mit anderen Experten umgeben und austauschen, ist hilfreich, da Naturwissenschaftler in allen Bereichen häufig an Tagungen und Kongressen teilnehmen. Mehr als in anderen Disziplinen kann eine gewisse fachliche Grundbegabung angesichts der anspruchsvollen Inhalte nicht schaden. Schließlich müssen Aufgaben für Leistungsmotivierte zwar herausfordernd, aber lösbar bleiben, um ihr Motiv anzusprechen.

Dennoch wird es dem Berufsbild nicht gerecht, Physiker ausschließlich als nüchterne, logische Denker zu sehen. Die Tatsache, dass das Freundschaftsmotiv als Muss-Kriterium eingestuft wird, mag zunächst überraschen, wird aber verständlich, wenn man sich klarmacht, dass naturwissenschaftliche Forschung – egal ob im akademischen oder privatwirtschaftlichen Bereich –meist im Team betrieben wird. Das Bild vom einsamen Wissenschafts-„Nerd" mit leicht autistischen Tendenzen und der Eigenschaft, im stillen Kämmerlein Bahnbrechendes zu entdecken, wird den Anforderungen an moderne Naturwissenschaftler nicht mehr gerecht. Das erklärt sich allein schon daraus, dass die Aufgabenstellungen und die eingesetzten Technologien immer komplexer werden, sodass viele Wissenschaftler auf die Mit- und Zuarbeit von Technikern, Laboranten, Informatikern usw. angewiesen sind. In diesem Zusammenhang sind Kommunikationsstärke und Empathie des Freundschaftsmotivs von hoher Bedeutung.

Das Autonomiemotiv hat in der graphischen Darstellung zwar die gleiche Ausprägung wie das Freundschaftsmotiv, wird aber trotzdem als Kann-Motiv gesehen. Die Gründe dafür sind im Wesentlichen dieselben. Forschung ist Gemeinschaftsarbeit und findet angesichts hoher Kosten überwiegend an Institutionen statt, die hierarchisch organisiert sind und in denen geregelte Abläufe herrschen. Speziell bei Chemikern, Biologen und Physikern kommt erschwerend hinzu, dass ihre Arbeit zum Teil hohe Sicherheitsstandards erforderlich macht (denken Sie z. B. an Immunbiologen oder Kernphysiker!), was ebenfalls langwierige und geregelte Prozeduren bedingt. Das Autonomiemotiv wird deshalb nicht optimal angesprochen, und eine Selbstständigkeit kommt mit diesem fachlichen Hintergrund selten in Frage.

Wettbewerb und Vision haben in unserem Profil eine schwache Ausprägung, wobei man, wie eingangs erklärt, differenzieren muss: Im Konzern oder in der Forschung (wo z. B. auch Drittmittel aus der Wirtschaft eingeworben werden müssen) werden Physiker um Stellen, Mittel und Ressourcen konkurrieren und, gerade wenn sie fachlich gut sind, früher oder später auch führen. Dann haben sie durchaus Verwendung für das Wettbewerbsmotiv. Arbeiten sie an einem Projekt, das Relevanz für große Gruppen oder gar die gesamte Menschheit besitzt – Beispiele sind die Klimafolgenforschung oder die Einrichtung eines Tsunami-Frühwarnsystems für Südostasien – kann das Visionsmotiv passen.

Anders sieht es aus, wenn Naturwissenschaftler im Öffentlichen Dienst (etwa als Sachverständige und Gutachter bei einer Behörde) unterkommen. Konkurrenzdruck und Ellbogenmentalität sind dort geringer; Beförderungen sind ebenso klar geregelt wie die Vergabe von Budgets. Oft erfolgen Erstere eher nach dem Dienstalter als nach Leistungskriterien. Weiterhin ist zu beachten, dass der Grad der Spezialisierung in naturwissenschaftlichen Disziplinen vergleichsweise hoch ist, sodass mancher Experte von einem bestimmten Punkt an keine große Konkurrenz mehr zu fürchten hat (Abb. 11.7).

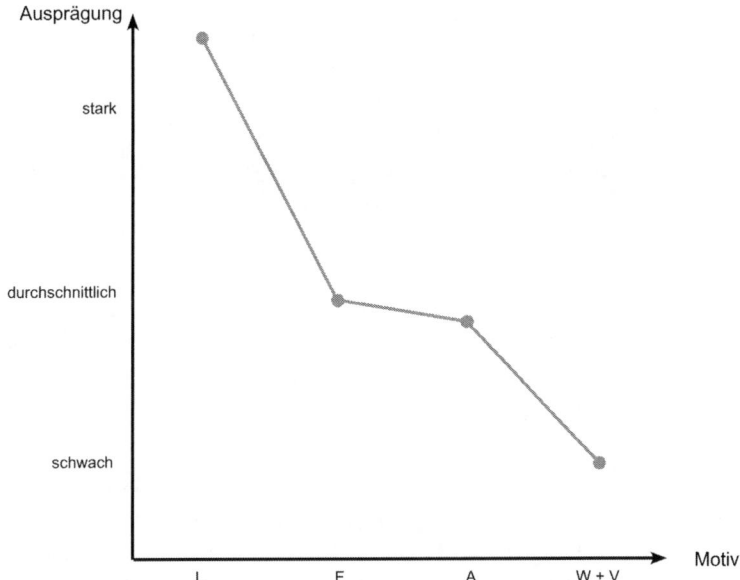

Abb. 11.7 Das Aufgabenprofil des Physikers. (© kopfarbeit, Barbara Haag)

	Muss-Kriterium	Kann-Kriterium
Leistung	×	
Freundschaft	×	
Autonomie		×
Wettbewerb + Vision		×

11.7.2   Produktmanager

Auch Produktmanager sind in verschiedenen Wirtschaftszweigen zu finden – im Pharma-bereich wie in der Telekommunikationsbranche, in der Elektroindustrie ebenso wie im IT-Bereich. Ihre Aufgabe besteht darin, auf Basis der Marktforschungsdaten und in enger Abstimmung mit Fertigungs-, Entwicklungs- und Marketingabteilungen Produkte zu ma-nagen. Dabei ist mit „Produkt" natürlich nicht nur ein neues Erkältungsmedikament oder Computerprogramm gemeint. Es kann sich ebenso gut um Dienstleistungen oder Service-pakete handeln, etwa die Kombination verschiedener Flatrates in einem Mobiltelefonie-Tarif oder einen mehrjährigen Wartungsvertrag für Elektrogeräte.

11.7.3   Beschreibung des Anforderungsprofils

Im Profil des Produktmanagers ist das Leistungsmotiv stark ausgeprägt. Das hat zwei Gründe: Erstens benötigen Produktmanager eine ziel- und resultatorientierte Denk- und Arbeitsweise sowie die Fähigkeit, das große Ganze zu sehen und dennoch alle Details zu berücksichtigen. Denn in der Praxis gehen Kundenwünsche und Vorstellungen der Fertigungs- und Entwicklungsabteilungen häufig weit auseinander. Zweitens müssen moderne Produktmanager auch bereit sein, sich regelmäßig und umfassend weiterzubilden. Immer kürzere Lebenszyklen einzelner Produkte, sich rasch ändernde Rahmenbedingungen und Marktanforderungen führen zu einer wachsenden Schnelllebigkeit und bedingen ein Umfeld, in dem Fachwissen von heute schon morgen überholt sein kann. Daher ist es unabdingbar, sich durch den Besuch von Kongressen und Tagungen sowie den kontinuierlichen Austausch mit anderen regelmäßig auf dem Laufenden zu halten.

Da Produktmanager so eng mit zahlreichen anderen Abteilungen oder externen Marktforschungs- und Marketinginstituten zusammenarbeiten, kommt ihnen das Freundschaftsmotiv sehr zu Gute. Die Art der Beziehungen, die Produktmanager zu Kollegen und Geschäftspartnern unterhalten, zeigt auch deutlich, warum das Wettbewerbsmotiv für diesen Beruf von untergeordneter Bedeutung ist. Das Zauberwort heißt hier Kooperation, nicht Konkurrenz. Die Produktmanagement-Abteilung befindet sich nicht im Wettbewerb mit Marktforschung, Marketing oder Fertigung, sondern stellt für all diese Bereiche eher die „Spinne im Netz" dar, bei der die Fäden zusammenlaufen. In dieser Funktion sorgt sie beispielsweise dafür, dass Marktforschungsergebnisse so interpretiert werden, dass Entwicklung und Fertigung adäquat darauf reagieren und Marketing und Vertrieb bei der Einführung des neuen Produktes den richtigen Ton treffen können. Um all diese Abteilungen unter einen Hut zu bekommen, ist nicht nur Menschenkenntnis erforderlich, sondern auch eine gehörige Portion Gelassenheit und Diplomatie. So wird verständlich, warum die Sozialkompetenzen des Freundschaftsmotivs – anders als beim Key Account Manager – geeigneter sind als diejenigen, die etwa das Wettbewerbsmotiv bedingt (Abb. 11.8).

	Muss-Kriterium	Kann-Kriterium
Leistung	×	
Freundschaft	×	
Autonomie		×
Wettbewerb + Vision		×

11.8   Projektleiter

Das Anforderungsprofil des Projektleiters ist alles andere als homogen. Konkrete Aufgabengebiete und Arbeitsumfelder können sich so stark unterscheiden, dass unser graphisches Profil nur eine grobe Orientierung geben kann. Im Einzelfall müssen Sie mit Hilfe der Anleitung in Kap. 3 selbst ein spezifischeres Anforderungsprofil erstellen.

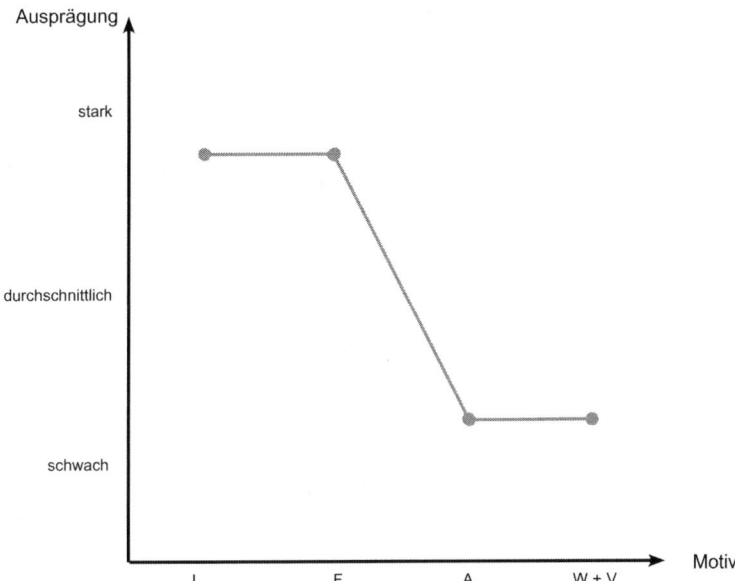

Abb. 11.8 Das Aufgabenprofil des Produktmanagers. (© kopfarbeit, Barbara Haag)

Projektmanagement ist eine junge Disziplin. Einen Ausbildungsberuf „Projektmanager" gibt es (noch) nicht. Projektleiter wird man also nicht durch einen Studienabschluss; allerdings wäre es auch fatal, davon auszugehen, dass sich die notwendigen Kompetenzen „on the job" erwerben lassen. In der Praxis werden Projektleiter leider immer wieder per Ernennung von höherer Stelle ins kalte Wasser geworfen. Wer diese Funktion anstrebt oder damit rechnet, dass die Anforderung Projektmanagement an ihn gestellt werden wird, sollte sich frühzeitig um entsprechende Schlüsselqualifikationen bemühen.

11.8.1   Beschreibung des Anforderungsprofils

Die Rolle des Projektleiters kann man als Schnittstelle von Fach- und Führungsfunktion verstehen. Wer sie ausfüllen will, muss nicht nur fachlich höchsten Anforderungen genügen, sondern auch Teams führen und motivieren.

Damit wird verständlich, dass das Leistungsmotiv und die beiden Machtmotive Vision und/oder Wettbewerb die prägenden Größen dieses Profils sind. Zu den wichtigsten Aufgaben eines Projektleiters im Unternehmen gehört es deshalb, das Ziel eines Projektes zu definieren und die einzelnen Arbeitsschritte auf dem Weg dorthin festzulegen. Dabei hilft die Ziel- und Ergebnisorientierung des Leistungsmotivs, das bei Projektmanagern entsprechend stark ausgeprägt sein sollte.

Aufgrund der hohen Ergebnisorientierung der Projektmanagerposition ist auch ein Visionsmotiv des Stelleninhabers nützlich. Er muss die Kraft und Motivation besitzen, das

Projekt – und somit auch das Team, mit dessen Hilfe er es umsetzen soll – zum Erfolg zu führen. Charisma und Charme des Wettbewerbsmotivs, aber auch dessen Kommunikationsfähigkeit, Empathie, Interesse an anderen Menschen und Geselligkeit sind dabei von Vorteil.

Die Kombination Leistung/Wettbewerb/Vision ist generell ein Glücksfall, weil sich die jeweiligen Schwächen dieser Motive in mancher Hinsicht gegenseitig aufheben. Für Projektmanager ist sie von besonders hohem Nutzen, denn sie müssen so zielstrebig, sachorientiert und ehrgeizig in Bezug auf das Ziel sein wie ein Leistungsmotivierter, gleichzeitig aber die Autorität, Kritik- und Konfliktfähigkeit und mitunter auch die Risikobereitschaft Wettbewerbs- und Visionsmotivierter mitbringen.

Freundschaft und Autonomie sind für dieses Berufsbild in der Regel als schwach und damit als Kann-Kriterien einzustufen. Zwar bringt auch das Freundschaftsmotiv teamfähige, empathische und kommunikationsstarke Persönlichkeiten hervor, gleichzeitig kann es aber auch die Durchsetzungsfähigkeit beeinträchtigen, die ein Projektleiter braucht. Erinnern Sie sich: Freundschaftsmotivierte gewähren gern Hilfe und schlagen nur ungern persönliche Bitten ab. Ersteres kann der Projektleiter nicht immer (weil er sich sonst verzettelt, schließlich ist er mit dem anspruchsvollen Mix aus Fach- und Führungsaufgaben schon stark gefordert). Letzteres kann den Erfolg des Projektes gefährden.

Das Autonomiemotiv zählt zwar zu den Machtmotiven und bedingt damit auch den Drang, andere zu führen. Allerdings geht es dem Autonomiemotivierten ausschließlich darum, sich seinerseits nichts sagen lassen zu müssen. Das wird bei einem Projektleiter selten zutreffen, denn er hat Vorgesetzte, denen er Rechenschaft über Kosten, Zeit- und Ressourcenaufwand usw. schuldig ist. Außerdem zählt es zu seinen Aufgaben, Zeit- und Organisationspläne zu erstellen und deren Einhaltung einzufordern. Das würde einem Autonomiemotivierten nicht nur selbst gegen den Strich gehen, sondern auch seiner Ansicht, dass niemand die Unabhängigkeit anderer beschneiden sollte, zuwiderlaufen (Abb. 11.9).

	Muss-Kriterium	Kann-Kriterium
Leistung	×	
Freundschaft		×
Autonomie		×
Wettbewerb + Vision	×	

11.9   Richter

Richter sprechen Recht in allen Lebensbereichen. Egal, ob sie am Arbeits-, Sozial-, Finanz- oder Verwaltungsgericht tätig sind: Ihre Aufgabe besteht meist darin, im Fall eines Konfliktes zwischen zwei oder mehr Parteien ein Urteil zu fällen, das für die Beteiligten verbindlich ist. Wird eine Straftat verhandelt, wägen sie die Forderungen von Anklage und

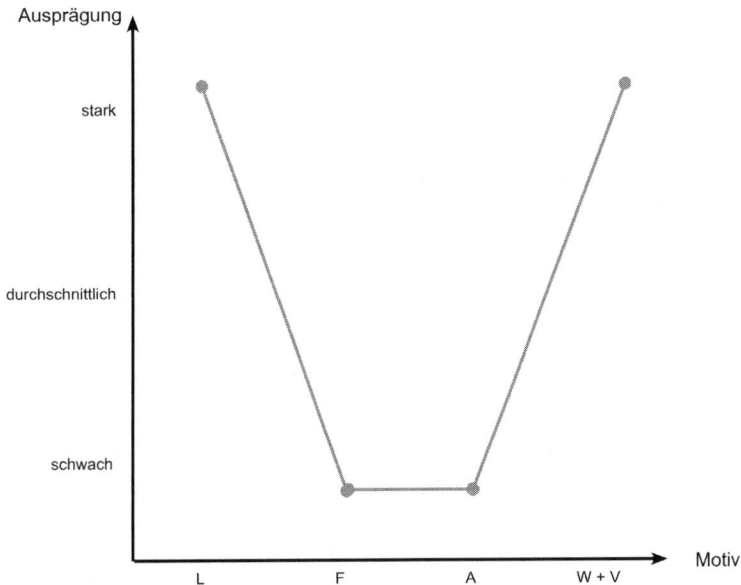

Abb. 11.9 Das Aufgabenprofil des Projektleiters. (© kopfarbeit, Barbara Haag)

Verteidigung ab und setzen gemeinsam mit den Schöffen das Strafmaß fest. Grundsätzlich sind sie der Wahrheitsfindung verpflichtet, da aber in der Praxis Beweisführungspflicht und rechtsstaatliche Grundlagen wie „in dubio pro reo – im Zweifel für den Angeklagten" – gelten, müssen sie häufig auch gegen eine während der Verhandlung gewonnene Überzeugung mögliche Täter aus Mangel an Beweisen freisprechen.

Richter sind Beamte. Der Zugang zum Amt in Deutschland, Österreich und der Schweiz setzt die jeweilige Staatsangehörigkeit voraus. Außerdem sind ein mit dem zweiten Staatsexamen abgeschlossenes Jurastudium und ein Rechtsreferendariat nachzuweisen. Der Richterberuf zählt zu den Professionen mit langer Ausbildungszeit: Allein von der Einschreibung bis zum ersten Staatsexamen vergehen häufig zehn Semester, das Referendariat, das Voraussetzung für die Zulassung zum zweiten Staatsexamen ist, dauert weitere zwei Jahre. Nicht offizielle, aber faktische Voraussetzung für eine Einstellung als „Richter auf Probe" (die Ernennung auf Lebenszeit erfolgt frühestens nach drei und höchstens nach fünf Jahren) ist auch eine überdurchschnittlich gute Note im zweiten Staatsexamen. Je nach Bundesland wird zusätzlich das Bestehen eines Einstellungstests vorausgesetzt. Derzeit erhalten weniger als 5 % der Referendare eines Jahrgangs tatsächlich Zugang zum Richteramt.

11.9.1 Beschreibung des Anforderungsprofils

Wie für andere juristische Laufbahnen ist für den Beruf des Richters ein Leistungsmotiv erforderlich. Das ergibt sich schon aus Fülle und Komplexität des Stoffes, mit der das Studium angehende Juristen konfrontiert. Da ein Rechtssystem nicht statisch, sondern dynamisch ist, Gesetze und Verordnungen sich also ändern, erweitert, abgeschafft, ergänzt oder ersetzt werden, führt auch an Weiterbildungen – sowohl in Eigenregie als auch im Austausch mit anderen Fachleuten – kein Weg vorbei. Zusätzlich müssen Richter in jedem Fall, den sie verhandeln, ihre Hausaufgaben machen und sich intensiv mit dem oft umfassenden Aktenmaterial auseinandersetzen. So kann zum Beispiel in einem Strafverfahren das gesammelte Material von Anklage und Verteidigung zigtausende Seiten umfassen. Bei dessen Auswertung ist auch das typische analytische Denken Leistungsmotivierter unerlässlich.

Dass von Richtern ein ausgeprägter Sinn für Gerechtigkeit erwartet wird, ist ein Allgemeinplatz. Unter den einzelnen Motiven gelten vor allem Freundschafts- und Visionsmotivierte, mit Einschränkungen auch Leistungsmotivierte, als regeltreu und gerechtigkeitsliebend. Allerdings besagt ein anderer Allgemeinplatz, dass Recht haben und Recht bekommen mitunter zwei Paar Schuhe sind. Das gilt ganz besonders für die offizielle Rechtsprechung im Gerichtssaal, bei der sich mitunter alle Beteiligten mit einem unbefriedigenden Ausgang zufriedengeben müssen, weil Sachverhalte nicht abschließend geklärt werden können. Strafsachen müssen eingestellt werden, wenn sich z. B. ein Betrug oder eine sexuelle Nötigung nicht endgültig beweisen lassen. Sorgerechtsstreitigkeiten enden mit „Kompromissen", bei denen es nur Verlierer gibt. Vor Arbeits- oder Wirtschaftsgerichten werden immer wieder halbherzige Vergleiche geschlossen, weil beide Parteien erkennen, dass keiner den eigenen Anspruch zweifelsfrei belegen kann.

Für die Praxis ist es folglich wichtig zu wissen, dass Richter in der Realität nicht wie König Salomo oder der Volksrichter Azdak in Bertolt Brechts „Kaukasischem Kreidekreis" Entscheidungen treffen können, die dem objektiven Empfinden nach gerecht sind. Vielmehr müssen sie eine Vielzahl von Interessen gegeneinander abwägen. Ihrem Handeln sind durch Rechtsnormen enge Grenzen gesteckt. Daher muss deutlich gesagt werden, dass Richter vom Freundschaftsmotiv keinen Nutzen haben. Eher werden sie Bedenken haben, wenn sie sich ihrem Motiv entsprechend unterstützend und fördernd an die Seite des Unterlegenen stellen möchten, stattdessen aber beispielsweise am Arbeitsgericht die Rechtmäßigkeit einer Kündigung bestätigen oder als Familienrichter einem psychisch kranken Elternteil das Sorgerecht für ein Kind entziehen müssen.

Das Visionsmotiv kommt einem Richter eher zu Gute. Immerhin übt er eine Funktion von hoher gesellschaftlicher Bedeutung aus, die Verantwortung und Einfluss mit sich bringt. Auch das Wettbewerbsmotiv ist im Profil ausgeprägt, da Durchsetzungsvermögen, Entscheidungsfreude, Empathie, Autorität und Konsequenz im Richteramt erforderlich sind.

Hinsichtlich der Machtmotive befinden Richter sich jedoch in einem Dilemma. Als Träger staatlich legitimierter Macht sollen und müssen sie Einfluss ausüben und durchsetzen. Gleichzeitig hat Machtmissbrauch in einer so exponierten Stellung oft verheerende Konsequenzen für die Gesellschaft, wie genügend traurige Beispiele der jüngeren Geschichte belegen (der „Volksgerichtshof" des Dritten Reiches und die Tribunale bzw. Schauprozesse der stalinistischen Zeit mögen als Beispiele genügen). Insofern ist neben dem Visionsmo-

tiv das Autonomiemotiv nützlich, da es eine gewisse Unbestechlichkeit, Autarkie gegenüber Lobbyisten und Medien sowie das Hinterfragen sowohl der eigenen Person als auch
geltender Regeln bedingt. Darüber hinaus sind die Entscheidungen, die Richter zu treffen
haben, sehr einsam. Sie können sich zwar die Ausführungen aller Seiten anhören, Gutachter hinzuziehen und sich mit den Schöffen besprechen, aber zu guter Letzt tragen sie allein
die Verantwortung für das Urteil. Die Kehrseite: Allzu viel kritisches Hinterfragen einer
Rechtsnorm oder geltender Richtlinien kann sich ein Richter nicht leisten, da er letztlich
an die Vorgaben der Staatsmacht, die ihn ernannt hat, gebunden ist. Wird die Diskrepanz
zwischen seinem Gerechtigkeitsgefühl und den Vorgaben, an die er gebunden ist, zu groß,
bleibt ihm nur, das Amt niederzulegen. Daher ist das Autonomiemotiv als Kann-Motiv
eingestuft, Wettbewerb und Vision sind dagegen ein Muss.

Der Generalstaatsanwalt und Richter Fritz Bauer, der eine Schlüsselrolle beim Zustan-
dekommen der Frankfurter Auschwitzprozesse spielte, scheint ungefähr dem genannten
Profil entsprochen zu haben. Seine unermüdliche Arbeit für eine Aufarbeitung der dunklen Vergangenheit des Dritten Reiches und für ein Verfahren, in dem damalige Entscheidungsträger zur Verantwortung gezogen würden, deutet auf sein Visionsmotiv hin. Die
Auseinandersetzung mit den Wurzeln faschistischer und nationalsozialistischer Handelns sah Bauer, jüdischer Abstammung, Sozialdemokrat und selbst KZ-Überlebender, als
seine alternativlose Mission und Lebensaufgabe. Innerhalb der deutschen Nachkriegsjus-
tiz machte sich Bauer mit seinem „Feldzug gegen das Vergessen" so viele Feinde, dass von
einem Freundschaftsmotiv kaum die Rede sein kann – sein unerbittlicher Einsatz für eine
konsequente Aufarbeitung trieb ihn eher in die Isolation. Verbürgt ist von Bauer unter
anderem der Ausspruch, er begebe sich „auf feindliches Terrain" sobald er „sein Dienst-
zimmer verlasse."[1] Er besaß wohl auch ein durchschnittlich bis stark ausgeprägtes Autonomiemotiv, das es ihm erlaubte, so konsequent einen Weg zu gehen, der ihn auf Kollisions-
kurs mit den starken gesellschaftlichen Kräften brachte, die entweder einen Schlussstrich
ziehen oder sogar eine eventuelle eigene Verstrickung nicht allzu genau beleuchtet wissen
wollten. Die Akribie und Unermüdlichkeit, mit der er Beweismaterial für den 1963 eröff-
neten Prozess in der „Strafsache gegen Mulka u. a.", besser bekannt als Auschwitz-Prozess,
sammelte, belegt zusätzlich ein starkes Leistungsmotiv (Abb. 11.10).

	Muss-Kriterium	Kann-Kriterium
Leistung	×	
Freundschaft		×
Autonomie		×
Wettbewerb + Vision	×	

---

[1] Zeitgeschichte (1995, S. 42 ff.).

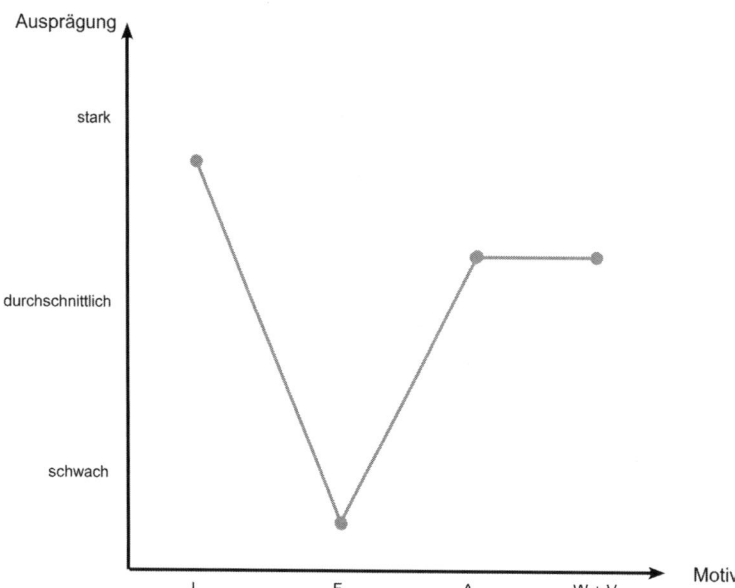

Abb. 11.10 Das Aufgabenprofil des Richters. (© kopfarbeit, Barbara Haag)

11.10 Unternehmensjurist

Wer sich für Jura entscheidet, hat meist vor Augen, als Rechtsanwalt in eine Kanzlei einzu-steigen oder selbst eine zu eröffnen. Im Idealfall stellt eine Position als Staatsanwalt oder Richter den Höhepunkt der Karriere dar. Dabei wird oft übersehen, dass immer mehr Juristen u. a. auch in den Rechts- oder Compliance-Abteilungen großer Unternehmen zu finden sind. Die Bedeutung von Unternehmensjuristen hat auch deshalb zugenommen, weil im Kontext der Exportorientierung deutscher Unternehmen und einer sich immer schneller vollziehenden wirtschaftlichen Vernetzung, Internationalisierung und Globali-sierung vielfältige juristische Fallstricke zu beachten sind.

Wer diese abwechslungsreiche und vielseitige Laufbahn anstrebt, muss natürlich ein reguläres Jura-Studium bewältigen, das in der Regel fünf Jahre dauert. Hinzu kommt ein zweijähriges Rechtsreferendariat, an das sich ein zweites Examen anschließt – ganz zu schweigen von notwendigen Praktika und eventuell einer Promotion.

11.10.1 Beschreibung des Anforderungsprofils

Auch für diesen Beruf gilt, dass schon während der Ausbildung ein hohes Leistungsmotiv benötigt wird. Der Stoff ist umfangreich, und in kaum einem anderen Fach haben Noten einen so großen Einfluss auf die späteren beruflichen Chancen.

Was im Studium gilt, trifft für den Beruf erst recht zu. Wenig ändert sich so schnell wie rechtliche Verordnungen. Wer sich nicht informiert, in Fachkreisen austauscht, sein Wissen auf den Prüfstand stellt und aktualisiert, verliert den Anschluss. Je nach Funktion braucht ein Unternehmensjurist sogar eine solide Qualifikation auf einem zusätzlichen Fachgebiet. Beispiel Pharmabranche: Hier werden sogenannte Patentanwälte beschäftigt, die sich auch in Chemie und Pharmazie auskennen sollten, gegebenenfalls sogar ein Zweitstudium in einem dieser Fächer benötigen. Ohne hohe Lernmotivation geht also nichts. Daneben ist ein übergreifendes Verständnis für wirtschaftliche, manchmal auch politische und behördliche Strukturen und Zusammenhänge unerlässlich.

Auch ein Visionsmotiv sollte vorhanden sein. Unternehmensjuristen arbeiten eng mit anderen Ebenen der Firmenhierarchie zusammen und beraten diese. Das Hauptaugenmerk ihrer Arbeit liegt auf dem Vermeiden von Rechtsstreitigkeiten durch die Ausarbeitung tragfähiger Verträge. Dabei ist Kommunikationsstärke wichtig, und da Informationen für die Nicht-Juristen in den Fachabteilungen und in der Führungsetage aufbereitet werden müssen, ist die Eloquenz, die die Machtmotive mit sich bringen, von Nutzen.

Aufgrund der ständigen Interaktion mit anderen kann das Freundschaftsmotiv im Profil des Unternehmensjuristen nicht schaden – schließlich resultieren daraus Teamfähigkeit, Kontaktfreude und Interesse am Menschen. Es sollte aber nicht dominieren, weil Unternehmensanwälte sich keine Durchsetzungsschwäche oder zu hohe Kompromissbereitschaft, vor allem aber keine Bauchschmerzen leisten können, wenn bei der Vertretung der Unternehmensinteressen keine Rücksicht auf Einzelbelange genommen werden kann (Abb. 11.11).

	Muss-Kriterium	Kann-Kriterium
Leistung	×	
Freundschaft		×
Autonomie		×
Wettbewerb + Vision	×	

11.11 Wirtschaftsprüfer

Wirtschaftsprüfer überprüfen, wie der Name sagt, die korrekte Umsetzung von Jahresbilanzen großer und mittelgroßer Kapitalgesellschaften, die bestimmte Kriterien hinsichtlich Umsatz, Gewinn und Mitarbeiterzahl erfüllen. Gleichzeitig sind sie in beratender Funktion tätig und helfen Auftraggebern, Jahresabschlüsse so vorzubereiten und anzufertigen, dass sie z. B. steuerrechtlichen Vorgaben gerecht werden. Dabei entstehende Interessenskonflikte wurden bereits verschiedentlich angeprangert und sollen durch eine strikte Trennung von Prüfer- und Beratertätigkeit vermieden werden. Auch eine Tätigkeit als Sachverständiger oder Gutachter, etwa im Bereich der Unternehmensberatung, kann zu den Berufspflichten eines Wirtschaftsprüfers gehören.

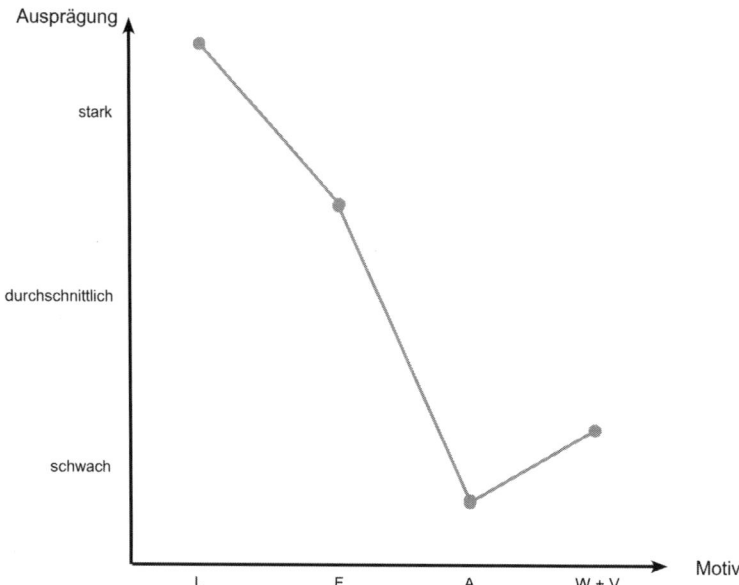

Abb. 11.11 Das Aufgabenprofil des Unternehmensjuristen. (© kopfarbeit, Barbara Haag)

Die Zulassung zum Staatsexamen für Wirtschaftsprüfer ist an viele Voraussetzungen geknüpft, von denen ein abgeschlossenes Hochschulstudium (in der Mehrzahl der Fälle entweder der Betriebswirtschaft oder der Rechtswissenschaften) nur eine darstellt. (In „begründeten Ausnahmefällen" wird eine langjährige Tätigkeit ausnahmsweise als dem Studium gleichgestelltes Zulassungskriterium akzeptiert, in der Praxis sind diese Fälle sehr selten). Ebenso sind drei bis vier Jahre Berufspraxis, etwa in einer Wirtschaftsprüfergesellschaft, nachzuweisen. Erst nach bestandenem Wirtschaftsprüferexamen ist eine amtliche Bestellung möglich. Sie ist allerdings an weitere Auflagen geknüpft, beispielsweise den Nachweis geordneter Vermögensverhältnisse und den Abschluss einer Vermögensschadenhaftpflichtversicherung.

11.11.1   Beschreibung des Anforderungsprofils

Wirtschaftsprüfer benötigen zwei Motive in ungefähr gleich starker Ausprägung: Leistung und Autonomie. Das Leistungsmotiv wird Anwärtern auf diesen anspruchsvollen, fordernden und vielseitigen Beruf helfen, das Studium mit den erforderlichen Leistungen zu bewältigen, die Examensvorbereitung zu meistern (das Wirtschaftsprüferexamen wird zu den härtesten des deutschen Bildungswesens gezählt, und zahlreiche Bewerber scheitern daran), für die eigene Fortbildung Sorge zu tragen, konsequent analytisch, fakten- und lösungsorientiert zu denken sowie gewissenhaft und sorgfältig zu handeln. Auch wenn die Schonungslosigkeit, die stark Leistungsmotivierte sich selbst gegenüber oft an den Tag

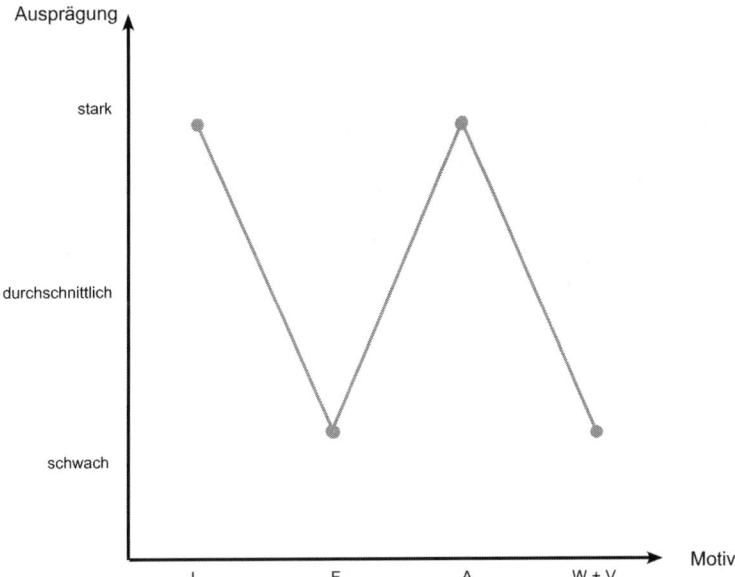

Abb. 11.12 Das Aufgabenprofil des Wirtschaftsprüfers. (© kopfarbeit, Barbara Haag)

legen, bislang eher zu den Kehrseiten des Motivs gezählt wurde, werden Wirtschaftsprüfer die Fähigkeit, eine hohe Arbeitsbelastung bei phasenweise sehr wenig Zeit für Erholung und Privatleben im Berufsalltag gebrauchen können – ein hohes Arbeitspensum ist eher Regel als Ausnahme.

Weiterhin zählt § 43 der Wirtschaftsprüferordnung Unabhängigkeit, Unbefangenheit, Unparteilichkeit, Verschwiegenheit und Eigenverantwortung zu den Berufspflichten.[2] Diese Eigenschaften werden alle mit dem Autonomiemotiv verknüpft, das erfolgsentscheidend ist, und zumindest einige davon machen auch deutlich, warum Wettbewerbs-motivierte eher ungeeignet für diesen Beruf sind. Denn sie sind in ihrem Verlangen, aus der Menge herauszuragen und Einfluss auszuüben mitunter anfällig für Schmeicheleien – schon dadurch wären Unabhängigkeit, Unbefangenheit, Unparteilichkeit gefährdet. Auch die notwendige Verschwiegenheit wäre bei diesem Motivtyp nicht immer gewährleistet, der zwar eine gute Menschenkenntnis besitzt, gewandt und eloquent sein kann, Informationen aber auch durchaus für seine Zwecke und gegen Widersacher einsetzt. All das kann sich ein Wirtschaftsprüfer nicht leisten. „Die Pflicht zur Verschwiegenheit bildet die Grundlage für das Vertrauensverhältnis zum Mandanten. Alle dem Wirtschaftsprüfer bei seiner Berufstätigkeit anvertrauten Tatsachen und Umstände dürfen nicht unbefugt offenbart werden,"[3] – so steht es in § 43 zu lesen.

---

[2] vgl. WPO §§ 43, 43a, 49. Wirtschaftsprüferkammer (1961).

[3] Ebenda.

Stattdessen passt das Autonomiemotiv hervorragend zu diesem Jobprofil. Die Berufs-pflichten des Wirtschaftsprüfers verlangen die vollkommene Freiheit von „Bindungen, Einflüssen und Rücksichten."[4] Ein Wirtschaftsprüfer übt ein öffentliches Amt aus und ist somit ausschließlich der Feststellung eines objektiven Ergebnisses verpflichtet. Damit dürften auch Visionsmotivierte in diesem Beruf kaum glücklich werden. Schließlich bietet er wenig Gelegenheit zum Umsetzen großer Ideen, sondern erfordert vielmehr das strikte Einhalten von Vorgaben. Letzteres könnte auch auf Autonomiemotivierte eher abschre-ckend wirken. Deren Motivation, sich für diesen nicht einfachen Weg zu entscheiden, dürfte allerdings durch die Tatsache steigen, dass Anwärtern, die alle Hürden erfolgreich genommen haben, ein Beruf mit viel Gelegenheit zum eigenständigen, autonomen Arbei-ten winkt (Abb. 11.12).

	Muss-Kriterium	Kann-Kriterium
Leistung	×	
Freundschaft		×
Autonomie	×	
Wettbewerb + Vision		×

---

[4] Ebenda.

Die Motivgruppen und ihr Umgang mit charakteristischen Situationen im Beruf

12

Zusammenfassung

Wie verhalten sich die einzelnen Motivtypen in konfliktträchtigen Situationen? Wie ist es um ihr Kommunikationsverhalten bestellt? Einige Rückschlüsse kann man aus den charakteristischen Verhaltensweisen der einzelnen Motivgruppen ziehen, doch damit ist noch nicht geklärt, welche Motive besonders leicht aneinandergeraten und was sich dagegen – im Vorfeld oder im konkreten Konfliktfall – tun lässt. Auch in Sachen Kommunikationskompetenz ist noch nicht alles gesagt: Wettbewerbsmotivierte mögen per se kommunikativ sein, doch wie sehr nutzt ihnen das? Nicht immer geht es darum, andere zu überzeugen. In Teams etwa ist es wichtiger, gut zuzuhören und sich auf andere einzulassen. In diesem Kapitel werden die Situationen „Konflikt" und „Kooperation/Kommunikation" für sämtliche Motivtypen beleuchtet. Außerdem erhalten Sie Entwicklungstipps für diese spezifischen Anforderungen.

12.1 Konflikt

Komplexe, anspruchsvolle Produkte stellen hohe Anforderungen. Dabei sind Kompetenzen gefragt, die der Einzelne allein nicht alle auf einmal mitbringt. Es kommt also darauf an, diese verschiedenen und sich zum Teil widersprechenden Fähigkeiten in einem Team zu bündeln und dabei den verschiedenen Motivtypen gerecht zu werden. Das funktioniert nur selten völlig konfliktfrei.

In einem heterogenen Team kommt es zwangsläufig zu zwischenmenschlichen Spannungen. Die Herausforderung für Führungskräfte besteht darin, diese zu antizipieren und rechtzeitig gegenzusteuern. Teammitglieder werden in der Regel ihren jeweiligen Motiven entsprechende Impulse zügeln müssen, damit eine konstruktive Zusammenarbeit möglich wird: Der Leistungsmotivierte muss auf zwischenmenschliche Ansprüche anderer eingehen, auch wenn er sie für irrelevant hält, der Wettbewerbsmotivierte darf seinem Drang zu bestimmen, nicht nachgeben usw.

B. Haag, *Authentische Karriereplanung*,
DOI 10.1007/978-3-658-02513-7_12, © Springer Fachmedien Wiesbaden 2013

Gegensätze und Meinungsverschiedenheiten sind dabei nicht zwangsläufig negativ und destruktiv, sondern bieten auch das Potenzial zur Weiterentwicklung und zu Ergebnissen, die mehr sind als die Summe der Kompetenzen des Teams. Das setzt aber voraus, dass im Team eine Kultur der gegenseitigen Akzeptanz herrscht. Konflikte, die nicht geklärt und proaktiv angegangen werden, haben die gefährliche Tendenz zu eskalieren und unheilbaren Schaden anzurichten.

12.1.1   Konflikt und Leistung

Für Leistungsmotivierte birgt vor allem die Zusammenarbeit mit Freundschafts- und Wettbewerbsmotivierten ein hohes Konfliktpotenzial. Die Tatsache, dass der Freundschaftsmotivierte um jeden Preis den Konsens im Team sucht, gleichzeitig Veränderungen nach Möglichkeit meidet wie der Teufel das Weihwasser, ausführliche Besprechungen liebt und mitunter Zwischenmenschliches über die Arbeitsaufgaben stellt, bringt den ergebnisorientierten Leistungsmotivierten auf die Palme und stellt seine Geduld auf eine harte Probe. Noch weniger Verständnis hat er dafür, dass Freundschaftsmotivierte gegebenenfalls leistungsschwache Teammitglieder schützen, während er selbst in ihnen eine Gefahr für das Gesamtergebnis sieht.

Wagt es ein Wettbewerbsmotivierter, dem Leistungsmotivierten Anweisungen zu erteilen und Aufgaben an ihn zu delegieren, obwohl er – tatsächlich oder entsprechend der hohen Messlatte des Leistungsmotivierten – nicht über die erforderliche Fachkompetenz verfügt, stehen die Zeichen ebenfalls auf Sturm. Er denkt gar nicht daran, sich jemandem unterzuordnen, dem er nicht eine mindestens gleichwertige Fachkompetenz attestiert. Das politische Agieren und Taktieren mancher Wettbewerbsmotivierter missfällt Leistungsmotivierten ebenso wie die Ränke, die Machtmotivierte schmieden und die Allianzen, die sie mit ausgewählten Verbündeten eingehen. All das steht aus Sicht des Leistungsmotivierten einem guten Ergebnis im Weg.

12.1.1.1   Konfliktverhalten
Leistungsmotivierte neigen zur Konfliktvermeidung. Zum einen haben sie keine Antenne für Konfliktsignale, weil sie in ihre Arbeit vertieft sind. Zum anderem sind persönliche Spannungen aus ihrer Sichtweise im Job fehl am Platz. Für sie geht es um die Sache, und nur auf dieser Ebene sind für sie die Dinge zu besprechen und zu klären.

Die Folge: Konflikte werden zu lange verschleppt, um sie noch auf einer niedrigen Eskalationsstufe zu lösen. Charakteristisch für das Konfliktverhalten des Leistungsmotivierten ist, dass er – bewusst oder unbewusst – die Augen verschließt und sich schlicht und einfach gar nicht verhält. Er stürzt sich, wenn möglich, noch verbissener in die sachliche Arbeit und hofft darauf, dass sich das Problem erledigt, wenn er es nur lange genug ignoriert.

Ist er selbst der Auslöser von Missstimmungen oder Kränkungen, ist ihm das oft gar nicht bewusst. Die Betroffenen sind für ihn „Sensibelchen". Denken Sie an Martin Winterkorn, dessen im Video dokumentierter Ausbruch gegenüber einem Mitarbeiter aufgrund eines mangelhaften Ergebnisses deutlich zeigt, wie kaltschnäuzig und hart Leistungsmotivierte – denen häufig der Ruf vorauseilt, im Vergleich zu Machtmotivierten die netteren Chefs zu sein – sich geben können, wenn ihnen ein Resultat missfällt.

Während beispielsweise ein Freundschaftsmotivierter über einen solchen Ausbruch tage- und wochenlang grübelt, gekränkt und verletzt ist, das Gespräch sucht und vom Urheber dieser Verletzung erwartet, ihm bei der Behebung des entstandenen emotionalen Schadens zu helfen, hat der Leistungsmotivierte den Zwischenfall schon längst zu den Akten gelegt und sich wieder ganz in seine Arbeit gestürzt.

12.1.1.2 Selbstbild/Fremdbild im Konfliktfall

Der Leistungsmotivierte hält seine Art, auf Konflikte zu reagieren, für vernünftig, sachlich und effektiv. Schließlich ist er offensichtlich der einzige, – oder einer von wenigen – die dafür sorgen, dass die Arbeit perfekt ausgeführt wird und Ergebnisse erzielt werden. Für Ringelreihen hat er kein Verständnis. Wer anders denkt, hat den Ernst der Aufgabe nicht verstanden.

Die anderen Persönlichkeitstypen im Team sehen das naturgemäß etwas anders. Der Freundschaftsmotivierte stuft den Leistungsmotivierten als gefühlskalt oder gar unmenschlich ein. Emotionale Intelligenz spricht er ihm ab. Der Wettbewerbsmotivierte versucht mit der gleichen Sturheit, mit der der Leistungsmotivierte die Konzentration auf die „eigentliche Arbeit" einfordert, seinen Alleinstellungsanspruch durchzusetzen und interpretiert die Weigerung seines Gegenübers, mit ihm einen Machtkampf auszutragen, als Schwäche, die ihn noch anstachelt – weitere Zusammenstöße sind vorprogrammiert.

12.1.1.3 Konkrete Tipps und Handlungsempfehlungen

Als Leistungsmotivierter sollten Sie in einem Team die Rolle des Experten anstreben. Versuchen Sie nach Möglichkeit, eine solche Position bereits im Vorfeld zu sichern und sich nicht in eine Rolle drängen zu lassen, die Ihrem Motiv nicht gerecht wird. Bitten Sie um direktes und regelmäßiges Feedback zu Ihrer Arbeit, auch wenn das sonst eher unüblich ist. Fordern Sie Klarheit über die Prozesse und Abläufe ein und erläutern Sie, warum Ihnen das so wichtig ist.

Lassen Sie sich nie dazu verleiten, aufkommende Konflikte – wie es ihrem Motiv eigentlich entspricht – in der Hoffnung auf deren rasche Selbsterledigung unbearbeitet zu lassen, egal ob Sie Teamführer oder Konfliktpartei sind. Konflikte erledigen sich nicht von selbst. Unbearbeitet eskalieren sie weiter, bis nur noch die Trennung bleibt. Nehmen Sie die Herausforderung an, an Ihrer Konfliktfähigkeit zu arbeiten – hier liegt eines Ihrer wichtigsten Entwicklungsfelder. Zögern Sie nicht, bei Führungskräften, einem Mediator oder Coach Hilfe zu suchen. Sie mögen Streitereien für Zeitverschwendung halten. Aber: Nichts gefährdet das gute Ergebnis, für das Sie sich so sehr einsetzen, mehr, als wenn Konflikten erlaubt wird, ungehindert zu wachsen und zu gedeihen. Sie verlieren dabei in jedem Fall mehr Zeit für die fachliche Arbeit, als wenn Sie sich gleich etwas Muße für ein klärendes

Gespräch nehmen. Lernen Sie deshalb, Konfliktsignale zu erkennen, Zwischentöne zu hören und Verhaltensänderungen Ihres Gegenübers wahrzunehmen.

12.1.2 Konflikt und Freundschaft

Der Freundschaftsmotivierte scheut Konflikte noch mehr als der Leistungsmotivierte,
wenn auch aus völlig anderen Gründen. Für ihn sind sie sozusagen der GAU des harmonischen Miteinanders, das er anstrebt. Das Konzept „Konflikt als Chance" erschließt sich
ihm zunächst nicht, stattdessen sind Meinungsverschiedenheiten eine persönliche Niederlage, die es unbedingt zu vermeiden gilt.

Am wahrscheinlichsten sind Konflikte mit Leistungs- oder Wettbewerbsmotivierten.
Der auf Sachthemen fokussierte Leistungsmotivierte hat andere Prioritäten. Kränkungen
und Interessenskonflikte sind vorprogrammiert, der Freundschaftsmotivierte fühlt sich
wenig wertgeschätzt und leidet unter der fehlenden Bearbeitung zwischenmenschlicher
Themen: Extrem ist das Beispiel eines Chefs, der seiner Abteilung verbot, der während
der Arbeitszeit stattfindenden Trauerfeier für einen allgemein beliebten und viel zu jung
verstorbenen Kollegen beizuwohnen. Aus seiner Sicht hatte das Tagesgeschäft Vorrang vor
dem Bedürfnis, dem Verstorbenen die letzte Ehre zu erweisen. Dieses Maß an Gefühllo-
sigkeit irritierte alle Teammitglieder gleichermaßen, aber letztlich konnten vor allem die
Freundschaftsmotivierten dem Vorgesetzten das nicht verzeihen, und es kam als Folge des
Zwischenfalls sogar zu Kündigungen. Weitere Punkte, die den Freundschaftsmotivierten
verärgern, sind die Weigerung Leistungsmotivierter, sich Zeit für den Austausch mit anderen zu nehmen, und ihr Streben nach Veränderung, wo Freundschaftsmotivierte Bestän-
digkeit und Berechenbarkeit suchen.

Auch mit einem Wettbewerbsmotivierten kann es zum Zusammenstoß kommen. Obwohl beide Typen über gute zwischenmenschliche Fähigkeiten verfügen, neigt der Wettbewerber dazu, mit jemandem, den er nicht als ebenbürtigen Wettstreiter sieht, kurzen
Prozess zu machen. Menschenfreunde sind in seinen Augen bisweilen „Weicheier".

12.1.2.1 Konfliktverhalten
Der entscheidende Gegensatz zum Leistungsmotivierten besteht darin, dass ein Freundschaftsmotivierter Konfliktsignale deutlich wahrnimmt. Seine Fähigkeit, Zwischentöne zu
hören, kleinste Verhaltensabweichungen und Stimmungswechsel zu erspüren und sich in
andere hineinzuversetzen, erlaubt es ihm, in einem Raum voller Menschen in Sekunden-
schnelle zu begreifen, wer zu wem in welcher Beziehung steht und wer sich wie fühlt.

Seine Reaktion kann allerdings ähnlich ausfallen wie die des Leistungsmotivierten:
Er ignoriert gegebenenfalls den Konflikt und hofft, dass er dadurch verschwindet. Er hat
Angst vor der Unberechenbarkeit von Konflikten, möchte niemandem zu nahe treten und
niemanden verletzen.

Als Könner im zwischenmenschlichen Bereich verfügt ein Freundschaftsmotivierter
jedoch über eine größere Bandbreite von Verhaltensmustern als ein Leistungsmotivierter.

Traut er sich aus seinem Schneckenhaus heraus oder wird er von einer Konfliktpartei um Hilfe gebeten, ist er ein ausgezeichneter Schlichter und Zuhörer.

12.1.2.2 Selbstbild/Fremdbild im Konfliktfall

Freundschaftsmotivierte glauben unerschütterlich daran, dass im Rahmen eines wertschätzenden Umgangs miteinander und eines guten, intakten Kommunikationsverhaltens nahezu jedes Problem aus der Welt geschafft werden kann. Folglich halten sie ihre vermittelnde, ausgleichende Herangehensweise für angemessen und richtig, um einen Konflikt zu entschärfen. Damit liegen sie häufig richtig, wenn alle Parteien sich einsichtig zeigen und an der Lösung des Konfliktes interessiert sind. Meidet ein Freundschaftsmotivierter dagegen die Konfrontation, ist ihm dabei nicht sonderlich wohl, denn im Gegensatz zum Leistungsmotivierten weiß er, dass etwas im Argen liegt, und leidet darunter.

Versucht der Freundschaftsmotivierte auszugleichen und den Konflikt aus der Welt zu schaffen, hängt es von den Motiven und Interessen der anderen im Team ab, wie sie dieses Verhalten bewerten. Ein Leistungsmotivierter ist – falls der Freundschaftsmotivierte in einem Konflikt vermittelt, an dem er nicht direkt beteiligt ist – entweder dankbar, dass ihm jemand dieses „leidige Thema vom Hals hält", oder aber genervt, wenn der Freundschaftsmotivierte etwas (zum Beispiel mit ihm) geklärt haben möchte, das seiner Meinung nach gar keiner Klärung bedarf. Dann sieht er dessen Bemühungen um die Aufrechterhaltung des Teamfriedens als Zeitverschwendung und sogar als Leistungsverweigerung.

Der Wettbewerbsmotivierte findet das Harmoniestreben des Freundschaftsmotivierten eher störend. Schließlich sind Wettkampfsituationen und das damit verbundene Krallenwetzen und Hufescharren sein Lebenselixier. Bei einem Visionsmotivierten stoßen die Bemühungen des Freundschaftsmotivierten noch am ehesten auf Anerkennung. Er teilt die Meinung, dass Konflikte störend sind (schließlich sollen alle bei der Verwirklichung der Vision an einem Strang ziehen!) und deshalb aus der Welt geschafft werden müssen.

12.1.2.3 Konkrete Tipps und Handlungsempfehlungen

Im besten Fall haben Sie die Möglichkeit, Teil eines Teams zu sein, in dem die Arbeitsatmosphäre gut ist und der Faktor Mensch zählt. Dafür ist es auch wichtig, dass ein angemessener Teil der Arbeit in Gruppen stattfindet und die äußeren Bedingungen stabil und verlässlich sind. Wenn Sie selbst Einfluss nehmen können, sollten Sie Umfelder meiden, die von Machtkämpfen und Wettbewerbssituationen geprägt sind. Besteht diese Möglichkeit nicht, lautet auch für Sie der erste und wichtigste Ratschlag, Konflikte nicht aus Scheu vor einer Konfrontation zu meiden. Je nachdem, wer Ihr Gegenüber ist, kann das fatale Folgen haben, weil z. B. ein Wettbewerbsmotivierter den Respekt vor Ihnen verliert und abspeichert, dass Sie alles mit sich machen lassen. Akzeptieren Sie unbedingt, dass Konflikte im Arbeitsleben dazugehören. Sie treten überall da auf, wo unterschiedliche Interessen aufeinander treffen. Nehmen Sie das nicht persönlich und grenzen Sie sich ab!

12.1.3   Konflikt und Autonomie

Autonomiemotivierte handeln nach dem Prinzip, dass allen am besten geholfen ist, wenn jeder sich um seine eigenen Angelegenheiten kümmert. Die damit einhergehende Toleranz gegenüber anderen und das Vermeiden jeglicher Einmischung in deren Arbeitsfelder macht sie zu fähigen Teamplayern, die geschätzt und respektiert werden und von sich aus keine Auseinandersetzungen suchen. Allerdings kann alles, was Unabhängigkeit und Entscheidungsfreiheit irgendwie beschneidet, einen Konflikt mit dem Autonomiemotivierten heraufbeschwören. Dazu zählen Strukturen, die ihm abverlangen, sich mit anderen zu koordinieren, Rechenschaft abzulegen oder sich an detaillierte Zeit- und Ablaufpläne zu halten.

Allgemein kann man sagen, dass Autonomiemotivierte – auch wenn sie von etwas gänzlich anderem angetrieben werden als Leistungsmotivierte – viele Abneigungen mit diesen teilen, etwa gegen langwierige und häufige Besprechungen, aber auch gegen Smalltalk oder Intrigen (was einmal mehr belegt, dass ein Reaktionsmuster auf verschiedenen Motiven basieren kann). Entsprechend geraten sie auch am häufigsten mit den gleichen „Gegnern" aneinander wie Leistungsmotivierte: mit Wettbewerbs- und Freundschaftsmotivierten.

12.1.3.1   Konfliktverhalten

Reagieren Autonomiemotivierte auch ähnlich wie Leistungsmotivierte, wenn es „kriselt"? Es gibt einige Parallelen: Auch Autonomiemotivierte versuchen zunächst, einen möglichst großen Bogen um eventuelle Machtspielchen (eines Wettbewerbsmotivierten) oder Interaktionsbedürfnisse (eines Freundschaftsmotivierten) zu machen und das jeweilige Problem zu ignorieren. Mit den Leistungsmotivierten sind sie sich insoweit einig, dass alles Derartige die Arbeit an ihrem Ziel stört.

Da hören die Gemeinsamkeiten aber auch schon auf, denn die Ziele sind nicht identisch. Während der Leistungsmotivierte nur seine Arbeit sieht und den schwelenden Konflikt nicht nur bewusst ignoriert, sondern ihn tatsächlich in kürzester Zeit zumindest so lange vergisst, bis er ihm mit einem lauten Knall auf die Füße fällt, ist der Autonomiemotivierte trotz allem ein Machtmotivierter. Im Zweifelsfall geht ihm sein eigenes Interesse an seiner Unabhängigkeit über das am Produkt oder Projekt. In die Enge getrieben, wird er wesentlich eher als der Leistungsmotivierte bereit sein, sich anzulegen, seinen Standpunkt zu vertreten und Kontra zu geben. Das Arbeitsziel gerät dann schon mal ins Hintertreffen.

Das folgende Beispiel verdeutlicht dies: Ein stark wettbewerbsmotivierter Mitarbeiter überschreitet seine Kompetenzen. Er verteilt Aufgaben, gibt Anweisungen, erwartet vom restlichen Team Unterordnung und eckt damit immer wieder an. In einer solchen Situation wird der Leistungsmotivierte zwar genervt sein, aber weitgehend untätig bleiben (woher soll er auch die Zeit nehmen, den Querulanten in die Schranken zu weisen?). Tut der selbsternannte Chef aber etwas, das den Autonomiemotivierten in seinem Freiheitsdrang beschneidet (zum Beispiel, nachdem man ihm die Organisation der Messepräsentation des fertigen Produktes übertragen hat, Meeting nach Meeting einberufen, um dort seinen Führungsanspruch deutlich zu machen), wird dieser höchstwahrscheinlich zunächst passiven Widerstand leisten (sprich: nicht erscheinen oder nichts beitragen), und, wenn das nicht hilft, auf Konfrontationskurs gehen, um seinen Spielraum zu verteidigen. Immer nach dem Motto „Deine Freiheit hört da auf, wo meine anfängt".

12.1.3.2 Selbstbild/Fremdbild im Konfliktfall

Für den Autonomiemotivierten ist es logisch, anderen die Freiheiten zuzugestehen, die er für sich selbst auch einfordert. Ihm ist unverständlich, dass überhaupt jemand das anders sehen kann. Da in allen westlichen Kulturen die Freiheit des Individuums ein geachtetes Gut ist, stößt er damit oft auf größere Akzeptanz als der Wettbewerbsmotivierte mit seinem Bestimmungswillen oder der Visionsmotivierte mit seinem Anspruch, allein zu wissen, was für alle gut ist. Insofern ist die Deckung zwischen Selbst- und Fremdbild im Konfliktfall deutlich größer als bei anderen Motiven. Der Autonomiemotivierte empfindet sich selbst als ein friedlicher Mensch, der sich nur dann wehrt, wenn seine Bewegungsfreiheit auf dem Spiel steht, was auch viele Außenstehende für legitim halten.

Wenn er es übertreibt, kann er dabei aber auch als einsamer Steppenwolf und wunderlicher Eigenbrötler oder gar als Querulant erscheinen. Mancher mag ihm vorwerfen, dass er, ohne andere zu fragen, stur sein Ding durchzieht. Hält er Vorgaben für falsch, schlägt er seinen eigenen Weg ein. Teilweise kann der Eindruck entstehen, dass er aus reinem Protest dagegen ist, um jeden Preis anders sein will und dadurch im Rahmen seiner ganz persönlichen Obstruktionspolitik Ergebnisse behindert.

12.1.3.3 Konkrete Tipps und Handlungsempfehlungen

Da Sie erfolgreich sind, wenn Sie möglichst wenige Vorgaben und Rahmenbedingungen beachten müssen, sich Ihre Zeit frei einteilen können und nicht gezwungen werden, jeden Ihrer Schritte abzusprechen, besteht die einfachste Konfliktprävention darin, das Arbeitsumfeld entsprechend zu wählen. In der Realität bedeutet das, sich ein Umfeld zu suchen, das hohe Eigenverantwortung bietet. Empathisch und kommunikativ, wie Sie sind, sind Sie durchaus in der Lage, Ihre Bedürfnisse zu vermitteln. Wichtig ist dabei, dass Sie das auch tatsächlich tun, um nicht missverstanden zu werden.

Freundschaftsmotivierte können sich von Ihnen abgewiesen und wenig wertgeschätzt fühlen. Verstehen sie jedoch die Hintergründe, ist das Problem schnell behoben.

Schwieriger wird es, wenn Sie als Autonomiemotivierter es mit jemandem zu tun bekommen, der nichts lieber tut, als Vorschriften zu machen und Anweisungen zu erteilen. Führen Sie dann ein klärendes Gespräch auf einer niedrigen Eskalationsstufe. Dort, wo der Führungsanspruch des anderen berechtigt ist, müssen Sie ihn allerdings respektieren. Auch wenn Ihnen das noch so sehr gegen den Strich geht, bleibt Ihnen dann nur, die Zähne zusammenzubeißen und sich nicht durch allzu forsches Vorpreschen um die Chance zu bringen, möglichst schnell eine Position zu erreichen, in der Sie weniger Einflussnahme ausgesetzt sind und selbst das Sagen haben.

12.1.4   Konflikt und Wettbewerb

Die Auswirkung des Wettbewerbsmotivs auf die Dynamik in einem Team wurde schon ausführlich beleuchtet; ebenso wurden die hervorstechenden Merkmale dieses Typs anhand zahlreicher Beispiele illustriert. Damit ist offensichtlich, wo die „Minenfelder" liegen, wenn Wettbewerbsmotivierte im Team agieren.

Es wäre allerdings verfehlt anzunehmen, dass dieser Motivationstyp grundsätzlich Schwierigkeiten im Team verursacht. Wie wir gesehen haben, sind Wettbewerbsmotivierte nicht nur herrschsüchtige Machttypen, sondern im Gegenteil häufig charismatisch, motivierend und in der Lage, Gruppen hinter sich zu bringen und auf sich – und damit auch auf alles, was sie vorgeben, was auch die Arbeit an der Teamaufgabe sein kann – einzuschwören. Das ist der Idealfall. Voraussetzung ist, dass Wettbewerbsmotivierte in gewissem Maß entscheiden, aus dem Team herausragen und das Gefühl haben können, etwas zu bewegen. Wenn diese Motivationsvoraussetzungen stimmen, können sich die positiven Seiten des Motivs entfalten. Was passiert, wenn der Drang zum Wettkampf nicht legitim ausgelebt werden kann und sich deshalb anderweitig austobt, wurde hinlänglich geschildert.

12.1.4.1   Konfliktverhalten

Das Konfliktverhalten des Wettbewerbstyps ist erwartungsgemäß offensiv. Wer es wagt, sich ihm und seinem Entscheidungsanspruch zu widersetzen, lernt ihn kennen. Er hat durchaus eine Antenne für Missstimmungen. Anders als der Freundschaftsmotivierte hat er aber kein Problem damit, den Fall anzusprechen. Dass er dabei nicht immer besonders feinfühlig oder diplomatisch vorgeht und sehr verletzend sein kann, ist die Kehrseite der Medaille. Er regelt die Dinge gern schnell, effizient, zu seinem Vorteil und deshalb mitunter entsprechend unsachlich. Sein Motto: „Im Krieg sind alle Mittel erlaubt." Wo Leistungs- und Autonomiemotivierte den Konflikt schnellstmöglich hinter sich lassen wollen, wo Freundschaftsmotivierte Frieden und Harmonie wiederhergestellt sehen möchten, sind Wettbewerbsmotivierte in dem Element, das ihnen am meisten entspricht.

Konflikte, in die Wettbewerbsmotivierte verwickelt sind, werden in jedem Fall angegangen – gern in einer Lautstärke, die niemanden in der Umgebung im Zweifel darüber lässt, dass es ein Problem gibt. Potenzielle Konfliktgegner sind alle anderen Motivtypen, wobei die Zusammenarbeit mit Freundschaftsmotivierten am reibungslosesten funktioniert. Das gewinnende Wesen des Wettbewerbsmotivierten, seine Empathie und seine Menschenkenntnis werden vom Freundschaftsmotivierten geschätzt, wenn auch mitunter fehlinterpretiert. Leistungs- und Autonomiemotivierte dagegen hassen Machtkämpfe und weigern sich beharrlich, sich in ihrer Entscheidungsfreiheit begrenzen zu lassen. Visionsmotivierte wollen selbst den „Hut aufhaben" und stellen somit eine ernste Konkurrenz dar, insbesondere, weil sie gerechtigkeitsliebender und deshalb oft beliebter sind.

12.1.4.2 Selbstbild/Fremdbild im Konfliktfall

Selbstkritik und Zweifel zählen nicht zu den stärksten Seiten des Wettbewerbsmotivierten. Folglich fühlt er sich in der Konfliktsituation im Recht, und das rechtfertigt auch, den Konflikt fortzusetzen – und zwar so lange, bis er gewonnen ist.

Für andere ist es oft schwierig, mit dieser kompromisslosen Einstellung umzugehen. Im positiven Fall sehen die anderen im Team einen willensstarken, konsequenten Menschen vor sich, für den sie guten Gewissens Partei ergreifen. Im negativen Fall erleben sie einen sturen, anmaßenden und kompromissunfähigen Unruhestifter und sympathisieren eher mit der anderen Konfliktpartei – endlich mal jemand, der diesem Quertreiber die Stirn bietet!

12.1.4.3 Konkrete Tipps und Handlungsempfehlungen

Wenn Sie als Wettbewerbsmotivierter im Interesse von Teamzielen einen Konflikt lösen wollen und müssen, werden Sie gezwungen sein, anders zu handeln, als Ihr Motiv das vorsieht, denn jedem Konflikt wohnt ein gewisses Wettbewerbsmoment inne. Das ist eigentlich ganz nach Ihrem Gusto, nur eben nicht in jedem Fall konstruktiv. Konfliktkompetenz ist für Sie deshalb das wichtigste Entwicklungsfeld – die Teamarbeit bringt es mit sich, dass Kooperation gefragt ist und nicht Konkurrenz.

In diesem Zusammenhang gilt es zu akzeptieren, dass Sie nicht in jeder Situation entscheiden und bestimmen können. Insbesondere muss alles vermieden werden, wodurch Ihr Gegenüber das Gesicht verliert. So sehr es Sie reizen mag, ihn als Verlierer aus der Situation hervorgehen zu sehen: Sie sind nicht im Boxring oder auf dem Tennisplatz, und von Ihrer Kooperation mit genau diesem Menschen hängt die Qualität von Ergebnissen ab, was sich letztlich auch auf Ihre persönlichen Ziele auswirkt.

Konflikte können nur dann wirksam beigelegt werden, wenn eine Win-Win-Situation geschaffen wird, es also beiden Seiten möglich ist, einen Teil ihres Standpunktes oder Anspruches durchzusetzen. Hier helfen schriftliche Vereinbarungen mit klaren Zeitvorgaben, was bis wann wie verbessert werden soll, Sie und die andere Konfliktpartei auch langfristig an das zu binden, worauf Sie sich im Gespräch geeinigt haben. Verabschieden Sie sich im Konfliktfall von der Vorstellung, gewinnen zu müssen.

12.1.5 Konflikt und Vision

Ein Visionsmotivierter fühlt sich der Gemeinschaft verpflichtet. Doch Visionsmotivierte können dennoch in geradezu vernichtende, existenzbedrohende Auseinandersetzungen geraten, insbesondere, wenn sie im Übereifer ihrer Überzeugung vorübergehend den Blick für Rahmenbedingungen und Realitäten verlieren und alle, die das im Gegensatz zu ihnen erkennen, auf taube Ohren stoßen. Für Visionsmotivierte ist es auch von größter Bedeutung, dass Regeln und Vorgaben für alle gelten.

Zu Konflikten kommt es typischerweise vor allem mit Leistungs- und Wettbewerbs- motivierten. Erstere wollen realistische, sachliche und machbare Ziele und eben keine Visionen, die sie häufig mit Träumen und Hirngespinsten gleichsetzen. Besonders brenzlig kann die Lage zwischen einem Leistungsmotivierten und einem Visionsmotivierten werden, wenn Letzterer zum Missionieren und Belehren neigt. Allerdings darf nicht vergessen werden, dass sich die beiden Motive, wenn die Zusammenarbeit gelingt, auch sehr gut ergänzen. Insofern lohnt es sich also, potenzielle Konfliktherde im Vorfeld zu kennen und aus dem Weg zu räumen.

Geraten Visions- und Wettbewerbsmotiv aneinander, treffen sich zwei Machtmenschen, die sich nichts schenken werden (siehe Jobs und Sculley; gleiches gilt übrigens, wenn es zur Konfrontation zwischen zwei Wettbewerbs- oder zwei Visionsmotivierten kommt). Bei einem solchen Konflikt ist das Risiko, dass er tatsächlich mit der völligen Niederlage und dem Rückzug einer Partei endet, überdurchschnittlich hoch.

12.1.5.1   Konfliktverhalten

Wer die Prinzipien dieses Typs verletzt, macht ihn sich zum Feind. Befinden sich Visionsmotivierte erst einmal im Konflikt, neigen sie ähnlich wie Wettbewerbsmotivierte dazu, unter Verdrängung der Sachargumente, die zum Streit geführt haben, die Niederlage des Gegners anzustreben.

Ihre ausgeprägten sozialen Fähigkeiten und ihr starker Wunsch zu entwickeln und zu fördern, macht sie allerdings oft zu guten Konfliktschlichtern. Gar nicht so selten sind sie deshalb in der Rolle des professionellen Mediators zu finden.

12.1.5.2   Selbstbild/Fremdbild im Konfliktfall

Mit der Haltung, dass sie im Dienst der Gemeinschaft stehen und ihr Handeln deshalb richtig und gerechtfertigt ist, gehen Visionsmotivierte auch an Konflikte heran. Wenn sie sich einmal dazu entschieden haben, ist die Auseinandersetzung aus ihrer Sicht gerechtfertigt, weil sie – wie alles, mit dem sie sich befassen – einem übergeordneten Ziel dient.

Wer den Visionsmotivierten von außen beobachtet, lässt sich davon anstecken, mitreißen und zur Solidarität überzeugen. Gerade Leistungs- oder Autonomiemotivierte neigen aber auch dazu, sich zu distanzieren, da das Überlegenheitsgefühl und der Drang zu belehren in einer Konfliktsituation noch stärker in den Vordergrund treten. Visionsmotivierte wirken dann auf ihre Umgebung penetrant, missionarisch und aufdringlich.

12.1.5.3   Konkrete Tipps und Handlungsempfehlungen

Hier gilt im Wesentlichen dasselbe wie für Wettbewerbsmotivierte. Akzeptieren Sie zusätzlich die Tatsache, dass Sie nicht alle von der Richtigkeit und Bedeutung Ihres Anliegens überzeugen können und dass andere ein Recht haben, Ihrer Vision nicht denselben Stellenwert beizumessen wie Sie. Dabei kann Ihnen das Wissen helfen, dass Sie größere Chancen haben, Ihr Ziel zu erreichen, wenn Sie sich nicht damit aufreiben, Menschen mitzunehmen, die einfach kein Interesse haben. Das kostet Sie Energie, die Sie anders viel gewinnbringender einsetzen können. Gleichzeitig erscheinen Sie in den Augen derjenigen, die Sie bereits überzeugen konnten, seriöser, souveräner und glaubwürdiger, wenn Sie die Gelassenheit besitzen, eben nicht jeden „bekehren" zu müssen.

12.2 Kommunikation

Gespräche prägen unseren (beruflichen) Alltag. Wir kommunizieren mit Kollegen und Geschäftspartnern, beraten Kunden, beantworten Fragen, argumentieren und verhandeln Rahmenbedingungen. Viele Gespräche verlaufen angenehm und sind Routine. Manche fordern uns heraus, etwa, wenn wir Fachthemen professionell präsentieren, unseren Standpunkt verteidigen oder versuchen müssen, uns in andere hineinzuversetzen. Im Folgenden erfahren Sie, wo die Stärken und Lernfelder der Motivtypen auf kommunikativer Ebene liegen.

12.2.1 Kommunikation und Leistung

Leistungsmotivierte sind Meister des Fachgesprächs. Sie bestechen durch ihre klare, gut strukturierte Darstellung der Themen, durch die Tiefe und Exaktheit der vorgebrachten Informationen und durch ihr analytisches Denken. Für andere Experten ist der Austausch mit ihnen deshalb sehr erkenntnisreich.

Im Gespräch mit Laien oder einfach mit anderen Motivgruppen hingegen stoßen sie an ihre Grenzen. Ich durfte zum Beispiel häufig leistungsmotivierte IT-Kräfte trainieren, die, völlig fasziniert von den Möglichkeiten ihrer Software, ihr Gegenüber völlig vergaßen und einen weitschweifigen Vortrag mit vielen Fachbegriffen hielten, bei dem sie den Gesprächspartner nach kürzester Zeit vergessen hatten. Sie verloren sich in Details, die niemand außer ihnen verstand und die den Anwender nicht im Geringsten interessierten. Der nämlich wollte seinerseits nur, dass das Programm zuverlässig funktionierte und ihm die erhoffte Arbeitserleichterung verschaffte, ohne über jede technische Finesse informiert zu werden.

Zu große Detailverliebtheit und Ausführlichkeit führt also oft dazu, dass Zuhörer ohne fachliche Vorkenntnisse sich mental aus dem Gespräch verabschieden und in Gedanken die Einkaufsliste schreiben, während ihr leistungsmotivierter Gesprächspartner noch über die Anwendungsgebiete isolinearer Chips doziert.

Kommunikation ist ein Wechselspiel zwischen Sender und Empfänger, bei dem der Empfänger nur gewonnen werden kann, wenn dessen Sprache beherrscht wird. Dazu ist Empathie wichtig, denn Menschen werden nicht nur auf der sachlichen, sondern vor allem auf der emotionalen Ebene von etwas überzeugt. Diese herzustellen ist für den Leistungsmotivierten eine echte Herausforderung.

12.2.1.1 Kommunikationsverhalten

Smalltalk zählt nicht zu den Stärken von Leistungsmotivierten. Im Gespräch gilt ihre ganze Aufmerksamkeit Fachthemen, Aussagen werden dabei auf das Wesentliche reduziert. Dabei beweisen Leistungsmotivierte vor allem zwei Kommunikationsstärken: Sie bringen gute, fundierte und wohlüberlegte Argumente vor, und sie tun das (zumindest für Experten) strukturiert und gut verständlich.

Sich selbst zu vermarkten und gut darzustellen, ist allerdings nicht ihre Sache. So vergessen sie zum Beispiel, den Blickkontakt zum Zuhörer zu halten. Dass sie sich selbst für unwichtiger als das Produkt halten, signalisieren sie über ihre Körpersprache: Gesenkte Schultern, Hände am Dokument, Blick auf die Projektionsfläche, dem Zuhörer abgewandte Haltung, wenig Spannung im Körper und defensive Gestik hinterlassen beim Gesprächspartner oft zu Unrecht den Eindruck eines introvertierten oder sogar unsicheren Gegenübers.

12.2.1.2   Selbstbild/Fremdbild in der Kommunikation

Leistungsmotivierte sind auf Effizienz getrimmt, und so empfinden sie auch ihr Kommunikationsverhalten. Wozu etwas beschreiben oder erläutern, was ebenso gut in einer Formel präzise ausgedrückt werden kann? Wozu einen Satz formulieren, wenn ein einziger Fachterminus – der allerdings, und das vergisst der Leistungsmotivierte im Eifer des Gefechts gelegentlich, nicht allgemein bekannt ist – die Sache auf den Punkt bringt? Wozu das Interesse wecken, wenn jedem klar sein muss, wie großartig das Produkt ist? Wozu sich selbst in den Vordergrund drängen und vermarkten, wenn es um das Produkt geht?

Wie andere das Kommunikationsverhalten Leistungsmotivierter wahrnehmen, hängt sehr davon ab, inwieweit sie fachlich mit ihnen in einer Liga spielen. Andere Experten werden die Kürze, Klarheit und Nüchternheit ihres Stils zu schätzen wissen, anderen wiederum fehlt die Überzeugungskraft. Sie fühlen sich emotional nicht angesprochen und werden nicht mitgenommen. Die defensive Körpersprache interpretieren sie als mangelnde Souveränität und fälschlicherweise als Inkompetenz.

12.2.1.3   Konkrete Tipps und Handlungsempfehlungen

Der österreichische Kommunikationswissenschaftler Paul Watzlawick stellt im 2. Axiom seiner Kommunikationstheorie fest: „Jede Kommunikation hat einen Inhalts- und einen Beziehungsaspekt, derart, dass letzterer den ersteren bestimmt und daher eine Metakommunikation ist."[1] (Auch Watzlawick bedient sich übrigens der Metapher des Eisbergmodells; siehe 1.6.1.2. Dabei ist der sichtbare Bereich die Sachebene und der größere, unsichtbare Bereich die Beziehungsebene. Ist also die quasi unter der Wasserlinie liegende Beziehungsebene gestört, leidet die sichtbare Inhaltsebene.)

Diese Aussage widerspricht der häufigen Annahme, Kommunikation sei hauptsächlich Informationsvermittlung und hebt die Bedeutung der Beziehung der Gesprächspartner hervor. Stellen Sie also Kontakt zum Gesprächspartner her. In einem persönlichen Gespräch geschieht das über den kurzen Small Talk zu Beginn. Ebenfalls wichtig: Verwenden Sie den Namen Ihres Gegenübers und sprechen Sie ihn oder sie ganz direkt an! Überlegen Sie sich, wo der konkrete Nutzen Ihrer Darstellung für den Gesprächspartner liegt. Was erwartet er von Ihnen? Worauf kommt es in seiner Welt an? Welche Gründe hat er, Ihnen noch ein paar Minuten mehr einzuräumen, um ihn zu überzeugen?

---

[1] Watzlawick et al. (1996, S. 56).

Eine weitere Weisheit der erfolgreichen Gesprächsführung lautet, dass wir verbal und nonverbal kommunizieren. Achten Sie deshalb auf Ihre Körpersprache. Sie muss offen und dem anderen zugewandt sein, gleichzeitig sollte sie Selbstvertrauen signalisieren. Nehmen Sie die Schultern zurück, schauen Sie ihr Gegenüber an, setzen Sie Ihre Hände ein. Sie sind der Mittelpunkt – nicht die Projektion an der Wand!

Vergessen Sie auch nicht, auf die Reaktionen Ihres Gegenübers zu achten. Denn auch Ihr Gesprächspartner sendet Signale aus. Nutzen Sie diese! Folgt er Ihnen noch oder haben Sie ihn längst verloren? Mit Experten können Sie „fachchinesisch" sprechen, so viel Sie mögen, aber ein Laie macht sich nicht die Mühe, Ihnen weiter zuzuhören, wenn er zu dem Schluss gekommen ist, dass Sie eine Sprache benutzen, die er nicht versteht.

12.2.2   Kommunikation und Freundschaft

Kommunikation ist das Terrain des Freundschaftsmotivierten. Er beherrscht und pflegt sie in zahlreichen Facetten, ist empfänglich für Nuancen und besitzt ein herausragendes Talent, das Gegenüber einzuschätzen und abzuholen. Tatsächlich sind Freundschaftsmotivierte häufig in Berufen zu finden, die ein hohes Maß an Kommunikationskompetenz erfordern. Ihre Stärke ist dabei aber die zwischenmenschlich orientierte, nicht unbedingt die fachliche Kommunikation.

12.2.2.1   Kommunikationsverhalten

Das Kommunizieren auf der Beziehungsebene ist ideal geeignet, beim Gegenüber Interesse und Sympathie zu wecken. Freundschaftsmotivierte suchen immer wieder die Rückversicherung, dass der Gesprächspartner folgen kann und dass er mit dem Gesprächsverlauf einverstanden ist. Sie wollen wissen, ob er Fragen oder Einwände hat. Während der Gesprächsinhalt beim Leistungsmotivierten zu nahezu hundert Prozent aus Sachinformation minus wenige Zehntelprozent absolut notwendiger Höflichkeitsformeln besteht, verschiebt sich das Verhältnis harte/weiche Themen beim Freundschaftsmotivierten drastisch. Das ist einer der Gründe, warum er im Vergleich mehr Zeit für Kommunikation benötigt.

Zu den Stärken Freundschaftsmotivierter im Gespräch zählt es, gut erläutern und erklären zu können und alle Gesprächsteilnehmer einzubinden. Allerdings neigen sie dazu, sich die Gesprächsführung von anderen aus der Hand reißen zu lassen und zu schnell nachzugeben. Oft ist es für sie ein Balanceakt, die Kommunikationsstärke ihres Motivs zu nutzen, ohne sich von einem eloquenten Gesprächspartner übervorteilen zu lassen. Sie glänzen in Beratungsgesprächen und passen, wie wir bereits gesehen haben, gut ins Beschwerdemanagement, weil sie ausgleichend und vermittelnd wirken. Wenn es hingegen darum geht, die eigene Gehaltsverhandlung erfolgreich zu führen, wird es schon schwieriger.

12.2.2.2   Selbstbild/Fremdbild in der Kommunikation

Freundschaftsmotivierte erleben sich selbst als sozial, mitfühlend, gesprächsbereit, offen – und sind es auch. Allerdings stößt das nicht bei allen auf Zustimmung. Was der Freundschaftsmotivierte als beziehungsanknüpfendes oder -erhaltendes Kommunikationsverhalten sieht, wird von einem leistungsmotivierten Gegenüber als unangemessene Schwatzhaftigkeit ausgelegt und abgelehnt. Wenn der Freundschaftsmotivierte aus seiner Sicht ein wertschätzendes und respektvolles Mitarbeitergespräch mit gutem Ergebnis geführt hat, hält dieser sich vielleicht nicht an die getroffene Absprache, weil er sie, verpackt in zahlreiche „Weichmacher", gar nicht als bindend aufgefasst hat.

12.2.2.3   Konkrete Tipps und Handlungsempfehlungen

Im Grunde genommen können Sie sich als Freundschaftsmotivierter die Empfehlungen für Leistungsmotivierte durchlesen und dann jeweils das Gegenteil davon tun. Trainieren Sie, sachlicher, kürzer und knapper zu formulieren und sachbezogener zu argumentieren. Ganz wichtig: Überwinden Sie die motivtypische Bescheidenheit, wenn Sie sich zum Beispiel im Bewerbungs- oder Gehaltsgespräch befinden, und arbeiten Sie daran, selbstbewusster aufzutreten (auch auf der Ebene der Körpersprache). Machen Sie sich nicht klein, bereiten Sie sich bewusst auf Gegenargumente vor und auch darauf, selbst Kontra zu geben. Lassen Sie Ihren Standpunkt nicht beim ersten Anzeichen von Widerstand entkräften.

Diese Entwicklungsfelder sind für Ihren beruflichen Erfolg sehr wichtig, denn gerade in Gesprächssituationen gilt: „Der erste Eindruck zählt!" Haben der nörgelnde Kunde, der fordernde Chef oder der leistungsschwächere Kollege erst einmal abgespeichert, dass man Sie nur ein bisschen unter Druck setzen muss, um Sie umzustimmen, wird es mit jedem Gespräch schwieriger, den eigenen Standpunkt durchzusetzen. Vermitteln Sie durch dieses Verhalten einmal Inkonsequenz, vergisst Ihr Gegenüber das nicht. Nachgiebigkeit und Hilfsbereitschaft mögen sympathisch wirken, doch sie können Ihnen mitunter auch viel verbauen.

Da es sich auch dabei um eine Form von Machtspiel handelt und es Ihrem Wesen nicht entspricht, sich darauf einzulassen, fällt es Ihnen am Anfang vielleicht schwer, in dieser Hinsicht an sich zu arbeiten. Bedenken Sie aber, dass die Welt nicht aus lauter freundschaftlich gesonnenen Menschen besteht und Sie sich im Gespräch behaupten müssen, wenn Sie nicht erleben wollen, dass andere die Früchte Ihrer Arbeit ernten, Ihren guten Willen ausnutzen oder Ihnen verdiente Anerkennung verweigern.

12.2.3   Kommunikation und Autonomie

Autonomiemotivierte sind keineswegs wortkarge Eigenbrötler, die alles mit sich ausmachen. Da sie aber die eigene und die Selbstbestimmung anderer als hohes Gut achten, wird man selten erleben, dass sie hartnäckig versuchen, jemanden gegen seinen Willen zu überzeugen. Sie bewegen sich in der Kommunikation vorrangig „unter der Wasseroberfläche". Banale Themen sind nicht ihre Sache. Ihr Fokus liegt darauf, durch das Gespräch mehr über den anderen und dessen Beweggründe zu erfahren. Deshalb besteht ihre Stärke darin, Fragen zu stellen. Sie erzählen wenig von sich und machen sich nicht unnötig wichtig. Sie umgibt oft eine Aura des Geheimnisvollen.

12.2.3.1 Kommunikationsverhalten

Autonomiemotivierte haben mit den Leistungsmotivierten gemeinsam, dass Small Talk nicht ihre Welt ist. Da hören die Gemeinsamkeiten allerdings auch schon auf, denn ihr Gesprächsfokus liegt weniger stark auf harten Sachthemen. Stattdessen wählen sie wie Freundschaftsmotivierte einen eher beziehungsbezogenen Ansatz, gehen aber noch einen Schritt weiter und psychologisieren ihr Gegenüber bzw. das Gesagte. Ihre Sprache ist eher emotional.

12.2.3.2 Selbstbild/Fremdbild in der Kommunikation

In ihrer eigenen Wahrnehmung sind Autonomiemotivierte gute Berater und verständnisvolle Gesprächspartner. Völlig zu Recht halten sie sich zugute, dass sie anderen mit Toleranz begegnen und deren Standpunkte und Grenzen respektieren. Sie hören zu und geben Empfehlungen meist nur dann ab, wenn der andere sie einfordert. Dann allerdings sind sie sehr klar. Die Erwartungen, die sie an sich selbst haben, projizieren sie mitunter auf andere. Das kann beim Gegenüber Bewunderung auslösen, aber auch ein Gefühl der Unterlegenheit.

In den Augen eines Wettbewerbsmotivierten etwa sind sie angenehme und durchaus schillernde Gesprächspartner. Sie nehmen sie deshalb tendenziell ernster als einen Freundschaftsmotivierten, aber nicht so ernst, dass sie in ihnen eine Gefahr für die eigene Machtposition sehen. Dazu prahlen sie zu wenig. In den Augen des Leistungsmotivierten sind sie eine Mischung aus interessant und nicht greifbar.

12.2.3.3 Konkrete Tipps und Handlungsempfehlungen

Als Autonomiemotivierter können Sie lernen, mehr über sich preiszugeben. Das kann manchmal notwendig sein, insbesondere dann, wenn Sie Ihre Leistungen verkaufen möchten. Trauen Sie sich, mal ein wenig auf den Putz zu hauen. Sprechen Sie von sich und Ihren Erfolgen und reagieren Sie nicht nur auf Nachfragen.

Zeigen Sie Ihrem Gegenüber außerdem nicht so deutlich, dass Sie kein Interesse an Small Talk haben. Das kann arrogant wirken oder dazu führen, dass sich der andere angesichts Ihrer hohen Selbstdisziplin minderwertig und unterprivilegiert fühlt. Auch wenn es Ihnen noch so lästig ist: Reden Sie ruhig auch mal übers Wetter oder die Bundesliga-Ergebnisse! Und bedenken Sie, die Welt besteht nicht nur aus reflektierenden Menschen.

12.2.4 Kommunikation und Wettbewerb

Kommunikation ist ein weiteres Feld, um die eigenen Kräfte mit denen anderer zu messen – so sieht der Wettbewerbsmotivierte die Sache. Wollte man es etwas überspitzt ausdrücken, könnte man auch sagen, dass er in der Lage ist, eine Diskussion allein anzufangen, allein zu führen, allein wieder zu beenden und siegreich den Ort des Geschehens zu verlassen, während alle anderen sich fragen, welcher Hochgeschwindigkeitszug sie soeben überfahren hat.

Da Wettbewerbsmotivierte hervorragend überzeugen und überreden können, glänzen sie in Verhandlungen. Sie sind von sich überzeugt und signalisieren das über Sprache und Körpersprache.

12.2.4.1   Kommunikationsverhalten

Im Gespräch macht der Wettbewerbsmotivierte das, was er auch sonst am besten kann: Er dominiert. Seine Stellungnahmen sind klar und lassen keinen Raum für Interpretationen. Auch aus diesem Grund polarisiert er. Man ist entweder seiner Meinung oder nicht. Die Diplomatie und das verbale Abwägen des Freundschaftsmotivierten kann man ihm ganz gewiss nicht unterstellen, dafür ist er aber ein mindestens ebenso guter Menschenkenner und kann auf dieser Basis gezielt die Emotionen seiner Gesprächspartner ansprechen.

Sein Element ist die Kontroverse. Er läuft immer dann zur Hochform auf, wenn es darauf ankommt, sich zu behaupten, zu diskutieren und zu überzeugen. Wie in jeder anderen Lebenslage auch kommt es ihm nicht darauf an, das Gespräch durch das objektiv beste Argument zu „gewinnen" – stattdessen kann er auf ein großes Register rhetorischer Kniffe zurückgreifen. Erinnern Sie sich an die berühmten Fernsehbilder, wie Nikita Chruschtschow vor der UNO-Versammlung seinen Schuh auszog und damit auf den Tisch haute, um seinen Worten Nachdruck zu verleihen? Das kann sich zwar nicht jeder Mensch in jeder Gesprächssituation leisten, aber gehen Sie ruhig davon aus, dass der Wettbewerbsmotivierte bei Bedarf einen inneren Schuh auspackt und nicht mehr durch Argumente, sondern durch geballte Durchsetzungskraft zu überzeugen versucht.

12.2.4.2   Selbstbild/Fremdbild in der Kommunikation

Die Selbstwahrnehmung des Wettbewerbsmotivierten ist, dass sein Führungsanspruch berechtigt ist – folglich ist es auch seine energische Überzeugungsarbeit. Seine Haltung ist offen, sein Körper weist Spannung auf, er hält den Blickkontakt zum Gegenüber und unterstreicht seine Aussagen mit den Händen. Die Fremdwahrnehmung hingegen ist, wie immer wenn es um das Verhalten von Wettbewerbsmotivierten geht, gespalten. Während die einen sich mitreißen lassen und ihn als faszinierend, schillernd, überzeugend und charismatisch erleben, empfinden andere seinen Auftritt als übertrieben und werden eher abgestoßen. Grauzonen dazwischen gibt es kaum.

12.2.4.3   Konkrete Tipps und Handlungsempfehlungen

Wenn Sie auch diejenigen erreichen wollen, die bis jetzt noch nicht an Ihren Lippen hängen, müssen Sie lernen, weniger aggressiv zu kommunizieren. Akzeptieren Sie: Es lohnt sich durchaus, den anderen um seine Meinung zu bitten und zuzuhören. Ist er nicht Ihrer Ansicht, haben Sie ja durch Ihr mit dem Motiv quasi mitgeliefertes Überzeugungstalent glücklicherweise gute Chancen, ihn zu gewinnen. Dafür ist es aber unerlässlich, auf Einschüchterungen zu verzichten und Ihr Temperament zu zügeln. Geben Sie Ihrem Gegenüber Raum, seine Argumente darzulegen. Denken Sie daran, dass das, was für Sie und diejenigen, die Sie schon gewinnen konnten, Eloquenz und Strahlkraft sein mag, bei anderen Zeitgenossen als Aufschneiderei ankommen könnte. Wenn Ihr Gesprächspartner zum

Beispiel ein Leistungsmotivierter ist, gewinnen Sie ihn eher mit leisen sachlichen Tönen als mit lauter Rhetorik.

12.2.5 Kommunikation und Vision

Sie möchten als Unternehmer öffentliche Fördergelder für ein von Ihnen co-finanziertes gemeinnütziges Projekt beantragen und werden aufgefordert, dessen Wert und Nutzen vor einem Auswahl-Komitee mündlich darzustellen? Bitten Sie einen Visionsmotivierten, die Aufgabe zu übernehmen! Kein anderer kann ein auch nur annähernd ähnliches Maß an Brillanz entfalten, wenn es darum geht, die Zuhörer vom höheren Wert einer Sache zu überzeugen und ihre Unterstützung dafür zu gewinnen. Ebenso kann er Kunden binden, Mitarbeiter zu Höchstleistungen anspornen, vor ganzen Teams seine Vision zum Leben erwecken und diese dafür begeistern. Er kann buchstäblich mit Engelszungen reden und Berge versetzen.

Die Kehrseite kennen Sie bereits. Driften Visionsmotivierte ins Missionarische ab, verkehrt sich der Effekt im Extremfall ins Gegenteil: Sie schlagen ihre Gesprächspartner mit ihren „Bekehrungsversuchen" in die Flucht.

12.2.5.1 Kommunikationsverhalten
Visionsmotivierte reden gern und viel. Sie sind Meister darin, eine emotionale Reaktion zu provozieren, die noch lange nachwirkt. Einige der berühmtesten und beeindruckendsten Reden der jüngeren Geschichte wurden von Visionsmotivierten gehalten – dazu zählen z. B. Martin Luther Kings „I Have a Dream"-Ansprache, Steve Jobs' Stanford-Rede und John F. Kennedys Ansprache vor dem Schöneberger Rathaus, bei der er die Herzen der Menschen am 26. Juni 1963 mit den vier Worten „Ich bin ein Berliner!" im Sturm eroberte.

Der Optimismus und der Zukunftsglaube der Visionsmotivierten schlagen sich auch in ihrem kommunikativen Verhalten nieder und lassen sie positiv formulieren und positive Erwartungen ausdrücken. Sie sind prädestiniert, anderen zuzuhören und sie einzubinden. Wenn sie etwas darlegen, reden sie weitschweifig, bildhaft und plakativ. Auch sie haben mitunter durchaus Schwierigkeiten, sich an einen sachlichen Kern zu halten.

Ihre Sprache ist selbstbewusst. Anders als der Wettbewerbsmotivierte spricht der Visionsmotivierte weniger von sich, als dass er andere anspricht. Seine Körpersprache spiegelt seine innere Haltung – sie ist offen und aktiv!

12.2.5.2 Selbstbild/Fremdbild in der Kommunikation
Visionsmotivierte sind von ihrer Idee überzeugt. Da auch Kommunikation und Interaktion im Dienst dieser Idee stehen, können sie ihrer Selbsteinschätzung nach eigentlich nichts falsch machen. Wer noch nicht auf ihrer Seite ist, muss sich doch überzeugen lassen! Die Außenwahrnehmung entspricht der beim Wettbewerbsmotiv; Gesprächspartner sind entweder tatsächlich begeistert, oder sie fühlen sich belehrt, bedrängt und bevormundet und ziehen sich entsprechend zurück. Der Missionierungsdrang Visionsmotivierter kann ihre

Darstellungen sehr weitschweifig werden lassen. Sie neigen dazu sich zu wiederholen, in dem Drang, auch den Letzten noch zu überzeugen. Ihre Emotionalität spricht nicht jeden an, Leistungsmotivierte etwa sind hin- und hergerissen: Sie sind der Meinung, man hätte es auch kürzer fassen können.

12.2.5.3   Konkrete Tipps und Handlungsempfehlungen

Für Sie kommt es vor allem darauf an, von Ihrer grundsätzlichen Tendenz zum Überreden wegzukommen. Nicht alle möchten mit Ihnen gemeinsam die Welt, den Tag oder sonst etwas retten – das müssen Sie akzeptieren. Es gelten die gleichen Empfehlungen wie für die beiden anderen Machtmotive: Argumentieren Sie stärker sachlich und weniger emotional, nehmen Sie sich selbst mehr zurück und lassen Sie den anderen selbst entscheiden, ob er Ihrer Linie folgen möchte, auch wenn Sie selbst diese für noch so gerechtfertigt halten.

Exkurs: Beispiel für eine Motivanalyse, auf deren Basis mehr Erfolg und Zufriedenheit erreicht wurden

13

Zusammenfassung

In den vergangenen zwölf Kapiteln wurden die theoretischen Grundlagen der Motivtheorie, die einzelnen Motivtypen und die Anwendung dieses Wissens im Abgleich von Motivations- und Jobprofil vorgestellt. Nachfolgend lernen Sie nun im Exkurs zwei Personen kennen, die mit der Motivanalyse gearbeitet haben und damit positive Effekte im Berufsleben erzielen konnten. Bei den vorgestellten Beispielen handelt es sich um anonymisierte Fälle aus meiner eigenen Coachingpraxis, in denen aHead erfolgreich eingesetzt wurde, um die vorab formulierten Ziele gezielt und schnell zu erreichen.

13.1 Fallbeispiel 1: Marion Bender, Head of Development

Marion Bender wurde 1974 in Dortmund geboren. Ihr Abitur legte sie mit der Traumnote 1,1 ab. Zunächst für Volkswirtschaft eingeschrieben, entschied sie sich nach dem ersten Semester, in ein Ingenieursstudium mit dem Schwerpunkt Maschinenbau zu wechseln, das sie mit dem Diplom abschloss. Im Alter von 29 Jahren promovierte sie und war im Anschluss zwei Jahre lang als wissenschaftliche Mitarbeiterin an verschiedenen Hochschulen im In- und Ausland tätig.

13.1.1 Persönlichkeit und Verhalten

Frau Dr. Bender legt beruflich wie privat ein enormes Maß an Ehrgeiz an den Tag. Ihre schnelle Auffassungsgabe und ihr analytisches Denken kamen ihr im Studium und während ihrer ersten Berufserfahrungen in der akademischen Welt zugute. Für sie steht fest, dass sie ihre Fähigkeiten nutzen und Karriere machen möchte. Extrovertiert, mutig, konflikt- und risikofreudig zeigt sie ein selbstbewusstes Auftreten, wirkt auf Außenstehende forsch. Als Triathletin nimmt sie regelmäßig an entsprechenden Wettkämpfen teil. Sie hat

B. Haag, *Authentische Karriereplanung,*
DOI 10.1007/978-3-658-02513-7_13, © Springer Fachmedien Wiesbaden 2013

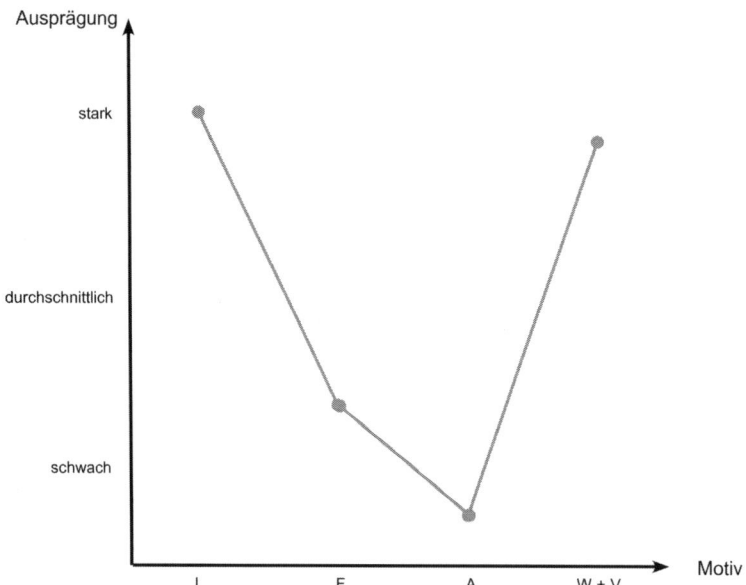

Abb. 13.1 Das Anforderungsprofil. (© kopfarbeit, Barbara Haag)

in jeglicher Hinsicht Spaß am Gewinnen. All das deutet bereits auf ein starkes Wettbewerbsmotiv hin, was Sie im grafischen Profil (siehe Abb. 13.1) bestätigt finden.

13.1.2 Das Arbeitsumfeld

Frau Dr. Bender ist in einem Unternehmen beschäftigt, das hoch spezialisierte High-Tech-
Maschinen sowie Serviceleistungen rund um deren Betrieb und Wartung anbietet. Das
Haus beschäftigt ca. 130 Mitarbeiter, wobei es sich bei ihnen mehrheitlich um Ingenieure
und Techniker handelt – das Gros der Belegschaft wird also von hoch qualifizierten Menschen gestellt.

Gegründet wurde das Unternehmen vor acht Jahren, sodass nicht mehr unbedingt von
einem Start-up gesprochen werden kann. Allerdings musste zwischenzeitlich ein Insolven-
zantrag gestellt werden. Die Ablösung der damaligen Geschäftsleitung zog den Weggang
zahlreicher Experten aus der Gründerzeit nach sich. Damit ging der Firma nicht nur wert-
volles Expertenwissen verloren, sondern auch sogenanntes „historisches Mitarbeiterwis-
sen", Insiderkenntnisse, die nirgends dokumentiert worden waren. Der Geschäftsführer
hatte unter den Mitarbeitern als versierter Experte für seine Fachkompetenz großen Respekt genossen, ihre Beschreibungen („einer, der das meiste selbst macht", „einer, der bei
allem mitmischt") deuten auf eine stark leistungsmotivierte Persönlichkeit hin.

Für das insolvente Unternehmen fand sich glücklicherweise ein Käufer. Nach dem In-
haberwechsel wurde ein neuer Geschäftsführer eingesetzt. Mit ihm hielt auch eine neue
Unternehmensphilosophie Einzug.

13.1.3   Die Stelle

Frau Dr. Bender wird in ihrer neuen Funktion als Head of Development unmittelbar dem CEO unterstehen und ist im Rahmen ihrer Tätigkeit für 25 Mitarbeiter verantwortlich.

13.1.4   Unsere Aufgabe

Da es sich um ihre erste Führungsposition handelt, soll Frau Dr. Bender im Rahmen eines sogenannten Transition Coachings auf ihre neue Aufgabe vorbereitet werden. Dabei handelt es sich um Coachings, die speziell darauf ausgelegt sind, (angehende) Führungskräfte bei Antritt einer neuen Position oder beim Übergang auf eine neue Hierarchieebene zu unterstützen, und auch eine Stärken-/Schwächen-Analyse sowie eine Chance-/Risikoanalyse für die neue Stelle vorsehen. Das Coaching ist auf einen Zeitraum von sechs Monaten angelegt.

13.1.5   Anforderungsprofil

Anhand der Stellenbeschreibung des Head of Development wird das aHead-Jobprofil erstellt, um den Abgleich mit der Motivstruktur von Frau Dr. Bender zu ermöglichen. Im Fokus des Coachings steht zunächst der bewusste Rollenwechsel von der Fach- zur Führungskraft. In ihrer Funktion als Head of Development wird Frau Dr. Bender in Zukunft – ganz anders als in ihrer vorherigen Position als wissenschaftliche Mitarbeiterin an einer Hochschule – als prima inter pares agieren. Was das in der Praxis bedeutet, sei nachfolgend kurz skizziert.

13.1.5.1   Konzeption

Als Führungskraft ist Frau Dr. Bender dafür verantwortlich, die Unternehmensziele auf ihren Bereich anzuwenden und für die Realisierung des Anteils zu sorgen, den ihre Abteilung zur Verwirklichung dieser Ziele beitragen soll. Dabei plant sie den Einsatz der verfügbaren Ressourcen, organisiert und koordiniert alle Schritte und Maßnahmen, die erforderlich sind, um das definierte Ziel zu erreichen. Sie trifft die nötigen Entscheidungen unter Einbindung ihrer Mitarbeiter, nutzt die Kompetenzen des Teams, delegiert Fachaufgaben, anstatt sie selbst zu erledigen, und sorgt dafür, dass Informationen in ihrem Bereich ungestört fließen.

Weiterhin kontrolliert sie Arbeitsergebnisse und achtet darauf, dass von ihr delegierte Aufgaben der getroffenen Absprache gemäß erledigt werden. Sie kommuniziert nach innen und außen. Natürlich obliegt ihr auch die Motivation und Entwicklung der Mitarbeiter entsprechend deren Kompetenzen und Hoffnungen. Es handelt sich also mit anderen Worten um eine klassische Führungsposition mit einem im Vergleich zu Frau Dr. Benders vorheriger Tätigkeit niedrigen fachlichen Anteil. Wie Sie selbst nach der Lektüre der vorangehenden Kapitel sicherlich ableiten können, werden dabei typische Motive eines Wettbewerbsmotivierten angesprochen. Das klassische Anforderungsprofil von Führungskräften weist ein hohes Machtmotiv auf, was vermutlich zu der hartnäckigen Überzeugung vieler beigetragen hat, dass ausschließlich Wettbewerbsmotivierte geeignete Führungskräfte abgeben.

Gerade im vorliegenden Fall gibt es jedoch ein sehr konkretes Aber. Denn das (künftige) Team von Frau Dr. Bender ist nach der erlebten Insolvenz in jeder Hinsicht verunsichert. Die Teammitglieder haben den Verlust des Unternehmensgründers und Vordenkers zu verkraften. Sie werden von der Sorge umgetrieben, dass das Unternehmen ohne dessen unbestrittene Fachkompetenz und ohne seine Ideen Schwierigkeiten haben wird, sich zu behaupten. Hinzu kommt der Verlust weiterer kompetenter Kollegen. Der Betrieb gleicht ein wenig einem Organismus, der entscheidende Teile seines Skelettes eingebüßt hat und nun ohne rechten Halt versucht, die Balance zu wahren. Die Perspektiven sind für viele Mitarbeiter im Moment nicht erkennbar.

Das bedeutet, dass auf Frau Dr. Bender über die regulären Führungsaufgaben hinaus weitere Anforderungen zukommen. Sie steht vor der – selbst für erfahrene Führungskräfte nicht unbedingt leicht zu bewältigenden – Herausforderung, in ihrem Bereich ein verloren gegangenes Wir-Gefühl erst wieder aufbauen zu müssen. Das bedeutet, dass sie Perspektiven entwickeln und diese glaubwürdig vermitteln muss, und sie muss das Team auf den Gedanken einschwören, dass es nicht um Partikularinteressen des neuen Vorstands geht, sondern schließlich und endlich um die Zukunft des ganzen Hauses, seiner Belegschaft – und damit auch jedes einzelnen Individuums. Wie Sie an dieser Stelle wahrscheinlich bereits vermuten, werden dabei die Stärken des Visionsmotivierten angesprochen.

Schnell kristallisiert sich allerdings heraus, dass sogar noch mehr auf dem Spiel steht. Denn durch den erlebten „Brain Drain", den Weggang der erfahrensten Kollegen (für sie ist es typischerweise am einfachsten, sich in einer Krisensituation neu zu orientieren), ist das Team auch fachlich stark verunsichert. Mit den Mitarbeitern verschwand Wissen, das nirgendwo dokumentiert war. Das Team besteht nun – von wenigen Ausnahmen abgesehen – aus Berufseinsteigern, die zwar hoch motiviert und engagiert, aber eben auch unerfahren sind. Ihnen fehlt es in vielen Zusammenhängen an Hintergrundwissen. So ist ihnen zum Beispiel die Kundenhistorie nur lückenhaft bekannt, ebenso können sie nicht auf frühere persönliche Kontakte zu Kunden zurückgreifen. Entsprechend besteht bei ihnen auch ein sehr hoher Bedarf an fachlicher und inhaltlicher Unterstützung und Anleitung.

Das kann dazu führen, dass das Team einer Führungskraft, die das nicht erkennt oder nicht danach handelt, die Anerkennung verweigert. Ihrer Forderung nach fachlichem Rat und konkreter, verlässlicher Unterstützung bei der Umsetzung von Projekten und der Erledigung von Arbeitsaufgaben haben sie zu dem Zeitpunkt, als Frau Dr. Bender als neue Führungskraft die Bühne betritt, laut Ausdruck verliehen – durch ein kollektives Schreiben und Vorsprachen. Klar ist: Die neue Führungskraft wird sich dem nicht verschließen können, ohne zu scheitern. Denn die Teammitglieder sind inzwischen „gebrannte Kinder" und messen ihre neue Vorgesetzte daran, wie gut sie auf ihre Bedürfnisse nach neuen Perspektiven, der Integration verunsicherter Individuen zu einem „Wir" und fachlicher Unter-

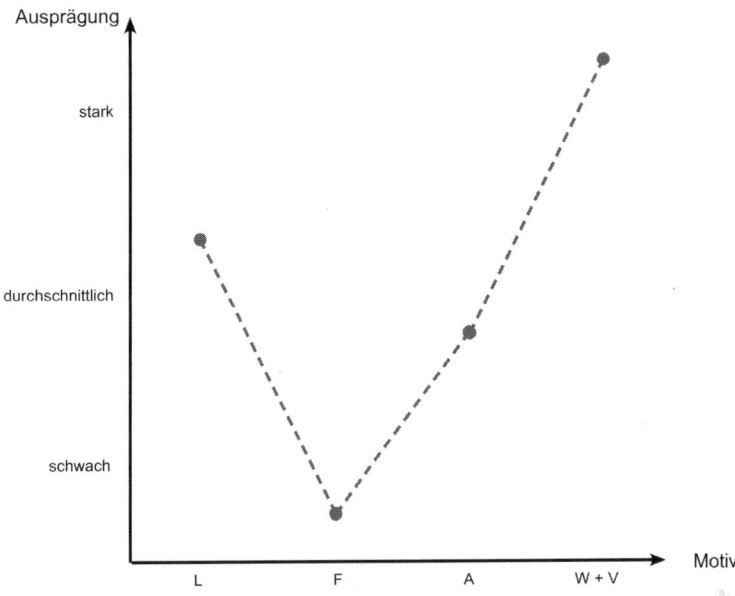

Abb. 13.2 Das Motivprofil. (© kopfarbeit, Barbara Haag)

stützung eingehen kann. Wie Sie sehen, gewinnen in diesem konkreten Fall also Visions-
und Leistungsmotiv gegenüber dem Wettbewerbsmotiv deutlich an Relevanz.

Damit sind wir wiederum bei dem Fazit angelangt, dass Führung situativ ist und es
„die geborene Führungskraft" nicht gibt. Auf der genannten Position wird ein rein Wettbewerbsmotivierter vermutlich scheitern, weil er die Teammitglieder in ihrer persönlichen
und fachlichen Unsicherheit nicht ernst nimmt oder ihnen keine fachliche Hilfestellung
bietet. Diese Tatsache sei noch einmal ganz deutlich herausgestellt, denn viel zu oft lassen
sich fähige potenzielle Führungskräfte, deren Profil ein schwaches Wettbewerbsmotiv auf-
weist, vorschnell entmutigen und von ihrem Vorhaben abbringen.

13.1.5.2   Grafische Darstellung des Anforderungsprofils

13.1.5.3   Grafische Darstellung des Profils von Frau Dr. Bender (Abb. 13.2)

13.1.5.4   Grafische Darstellung des Abgleichs beider Profile (Abb. 13.3)

13.1.5.5   Analyse des Abgleichs
Der Abgleich zwischen den beiden Profilen zeigt deutlich folgende Entwicklungsfelder
von Frau Dr. Bender:

1. Entwicklungsfeld: Im Verhältnis zu den Anforderungen dieser konkreten Position ist
   ihr Leistungsmotiv unterausgeprägt. In einem anderen Umfeld als dem beschriebe-

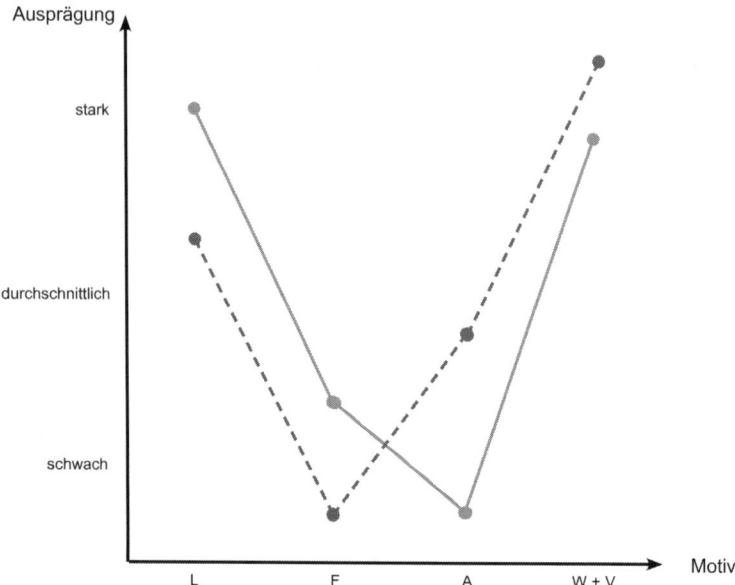

Abb. 13.3 Der Abgleich der beiden Profile. (© kopfarbeit, Barbara Haag)

nen wäre es für eine Führungskraft vermutlich ausreichend und würde sie sogar davor schützen, zu viel Zeit mit der Erledigung von Fachaufgaben zu verbringen, zu wenig zu delegieren und sich damit zu überfordern. In diesem Umfeld und in der konkreten Situation wird ihr fachlicher Einsatz jedoch stärker gefordert als bei mancher anderen Führungsposition.

Maßnahmen Mit diesem Wissen kann Frau Dr. Bender gezielt agieren und auf den Bedarf an fachlicher Mitarbeit eingehen, den die Situation erfordert. Sie bietet ihren Mitarbeitern Unterstützung an, wenn sie erkennt, dass diese Probleme haben, sich überfordert oder hilflos fühlen. Sie signalisiert ihnen, dass sie mit fachlichen Schwierigkeiten und Fragen jederzeit zu ihr kommen können. Sie delegiert weniger, als ein Machtmotivierter das eigentlich tut.

Ebenso begleitet sie ihre Consultants am Anfang zu wichtigen Kundenterminen. Durch ihre Präsenz stärkt sie ihnen den Rücken und erleichtert ihnen die Einführung insbesondere bei Schlüsselkunden. Sie hilft, wo Detailwissen fehlt, und gibt den Teammitgliedern zu verstehen, dass sie von ihnen erst dann die Übernahme der vollen Verantwortung für ihre jeweiligen Bereiche erwartet, wenn sie sich ausreichend eingearbeitet und sicher fühlen. Kurz: Sie wirft sie nicht ins sprichwörtliche kalte Wasser, sondern nimmt sich außergewöhnlich viel Zeit, ihnen zu zeigen, dass sie schwimmen können. Sie kommuniziert aber auch klar, dass ihre hohe fachliche „Einmischung" nur für eine Übergangsphase gilt – eben so lange, bis das Team auch daran glaubt, dass es nicht ertrinkt.

Intern arbeitet sie auch selbst in Projektteams mit und beeindruckt das Team mit ihrem hohen Sachverstand. Das schafft Vertrauen. Sie arbeitet sich deutlich tiefer in die Materie ein, als es ursprünglich ihre Absicht war, weil ihr bewusst ist, dass sie vor dem Hintergrund der Historie des Teams – das übrigens, ganz im Geist der alten Unternehmensführung, auch ausschließlich aus Leistungsmotivierten besteht – nur so dessen Anerkennung gewinnen kann.

Fazit: Der Abgleich hat Frau Dr. Bender im Vorfeld auf einen möglichen Fallstrick hingewiesen. So wurde sie in die Lage versetzt zu reagieren, bevor die Diskrepanz zwischen ihrem eigenen – schwächeren – Leistungsmotiv und dem für die Stelle erforderlichen hohen Leistungsmotiv überhaupt zum Problem werden konnte. Wäre sie ohne dieses Wissen ihrem Motiv entsprechend als „klassische" Führungskraft gestartet, hätte daraus für sie schnell eine existenzbedrohende Situation werden können.

2. Entwicklungsfeld: Auch das Visionsmotiv von Frau Dr. Bender ist mit Blick auf eine Position, in der von ihr erwartet wird, mehr oder minder orientierungslose Individuen zu einer Einheit zusammenzuschweißen, deutlich unterausgeprägt. Ihr wird bewusst, dass sie ihre eigene Position nur dann langfristig sichern kann, wenn das Wohl des Unternehmens und der Belegschaft gleichermaßen gewährleistet sind, und gerät darüber ins Grübeln. Ihr wird immer klarer, dass ihr Erfolg davon abhängt, wie gut es ihr gelingt, ihre Mitarbeiter geschlossen hinter sich zu vereinen. Ich verdeutliche ihr auch, wie ihr auf Eigeninteressen ausgerichtetes Machtstreben auf andere Menschen wirkt. Hier könnte sie Gefahr laufen, die Motivation ihres Teams gänzlich zu untergraben.

Sie sieht zunehmend, dass „Führen im klassischen Sinn" – sprich: mit den typischen Verhaltensmustern des Wettbewerbsmotivierten – in diesem Fall nicht zum Erfolg führen wird. Was das Team jetzt braucht, ist der Glaube an eine Zukunft – an eine Vision. Gelingt es Frau Dr. Bender, das zu vermitteln, kann sie mit dem vollen Einsatz des Teams rechnen.

Maßnahmen Im Rahmen eines Workshops entwickelt Frau Dr. Bender gemeinsam mit dem Team eine Vision für ihren Bereich. So erhöht sie ihre eigene Präsenz, und ihre Tür ist immer offen. Gleichzeitig steigert sie die Frequenz von Meetings, in denen es neben der fachlichen Arbeit auch um das Team als solches und Zwischenmenschliches geht.

So wächst sie in einen Führungsstil hinein, der von persönlicher Wertschätzung und Gerechtigkeit geprägt ist. Sie stellt Fragen, hört zu, interessiert sich dafür, wie es ihren Mitarbeitern geht und was sie tun kann, um ihnen die Unterstützung zu geben, die sie jetzt von ihr brauchen. Wenn mal etwas schief geht, vermittelt sie Mut und Zuversicht, anstatt sofort zu kritisieren oder gar aus der Haut zu fahren, wofür sie auch an ihrer Selbstbeherrschung arbeiten muss. Passieren Fehler, lässt sie diese nicht einfach durchgehen, findet jedoch – ausschließlich im Vier-Augen-Gespräch – klare Worte und kritisiert wertschätzend und konstruktiv. Gleichzeitig spart sie nicht mit berechtigtem Lob.

Fazit: Auch beim zweiten Fall hat ihr der Abgleich die Augen geöffnet und ihr ermöglicht, präventiv auf eine mögliche „Tretmine" ihrer gerade erst gestarteten Führungslaufbahn zu reagieren. Sie verstand, dass ihre Motive ihr Verhalten prägten, aber auch, dass die bevorstehende Aufgabe ihr ein anderes Verhalten abverlangte, wenn sie erfolgreich sein wollte.

An dieser Stelle kommen wir noch einmal auf die Fragen „Können sich Motive ändern?"
bzw. „Können wir Motive lernen?" zurück. Um es ganz klar zu sagen: Frau Dr. Bender wird
nun natürlich nicht zur Leistungs- und Visionsmotivierten mit nur noch schwachem Wettbewerbsmotiv, und schon gar nicht über Nacht. Sie kann jedoch Verhaltensweisen trainieren, die eher anderen Motiven entsprechen, und diese in ihren Führungsstil integrieren.
Damit „verrät" sie ihre Motive keinesfalls, denn durch ihr Wettbewerbsmotiv ist sie quasi
„auf Karriere programmiert" und bereit, alles zu geben, um eine Niederlage zu vermeiden –
erst recht eine unnötige. Mit diesem Wissen fällt ihr die Arbeit an ihren Herangehensweisen
nicht einmal sonderlich schwer. Sie muss den Weg zum Ziel modifizieren, weiß aber dafür
sicher, dass sie es erreichen kann. Das Beispiel zeigt insofern, dass sich mithilfe des Motiv-
abgleichs Untiefen und Stromschnellen im Karriereleben umschiffen lassen.

13.2   Fallbeispiel 2: Ingenieur John Foster, Abteilungsleiter Qualitätssicherung

John Foster wurde im Jahr 1965 in den USA geboren. Nach dem Schulabschluss entschied
er sich nicht nur für das Studium der Ingenieurwissenschaften, für das er ein Stipendium
erhielt, sondern auch dafür, umfassende Auslandserfahrungen zu sammeln. Daher schrieb
er sich an der Technischen Universität in München ein. Er absolvierte sein Ingenieurstudium mit Auszeichnung.

13.2.1   Persönlichkeit und Verhalten

Auch Herr Foster zeichnet sich durch eine sehr analytische und pragmatische Denkweise
aus. Ansonsten steht für ihn neben dem Beruf vor allem seine Familie im Mittelpunkt.
Hobbys hat er nicht, seine knappe Freizeit lässt ihm auch keinen Raum dafür. Im Gespräch
drückt er häufig großen Stolz auf seine Frau und seine Kinder aus; Loyalität zählt zu seinen
hervorstechenden Charaktermerkmalen. Das sind erste Hinweise auf ein stark ausgeprägtes Freundschaftsmotiv.

Auch sein höfliches und bescheidenes Wesen fällt auf. Er macht nicht viel Aufheben
von sich, wirkt auf andere eher introvertiert, ist aber dennoch hochgradig ehrgeizig und
ergebnisorientiert. Damit weist er sich als Leistungsmotivierter aus.

13.2.2   Das Arbeitsumfeld

Herr Foster ist bei einem Hersteller medizinischer Geräte tätig. Das Schweizer Unternehmen blickt auf eine lange Tradition zurück, beschäftigt inzwischen 5.000 Mitarbeiter an
mehreren Standorten und ist international tätig. Dabei war es lange Zeit außerordentlich
erfolgreich. Aktuell sieht man sich jedoch mit stagnierenden Exportmärkten konfrontiert,
weil in vielen Ländern Einsparungen im Gesundheitssektor zu Ausgabenkürzungen führen.

Dadurch wandelte sich in den vergangenen Jahren auch die einst stark mitarbeiterorientierte Unternehmensphilosophie mit ihren stabilen, nahezu unkündbaren Anstellungsverträgen und großzügigen betrieblichen Sozialleistungen. Durch die verschärften Rahmenbedingungen steht nun die Kostenoptimierung im Vordergrund, was sich für die Mitarbeiter in Form eines Einstellungsstopps und zunehmender Outsourcing-Maßnahmen bemerkbar macht.

13.2.3 Die Stelle

Herr Foster leitet den Bereich Qualitätssicherung und ist in dieser Funktion für zwanzig Mitarbeiter verantwortlich.

13.2.4 Unsere Aufgabe

Das Coaching erfolgte auf Initiative des Vorgesetzten von Herrn Foster. Auslöser war die Beschwerde eines Mitarbeiters über Herrn Fosters Führungsstil. Dieser fühlte sich mehrfach übergangen. Es war bereits die zweite Beschwerde dieser Art, die an den Betriebsrat herangetragen wurde. Daraufhin wurde die Geschäftsleitung informiert.

Vor dem Hintergrund eines bereits entstandenen Konfliktes war von Anfang an klar, dass die Maßnahme unter hohem Erfolgsdruck stand. Gleichzeitig verband sich mit dem Coaching ein weiteres Anliegen des Vorgesetzten: Er wollte, dass Herr Foster seinen wöchentlichen Arbeitseinsatz auf ein „vernünftiges" Maß reduzierte. Denn von ihm war bekannt, dass er unter der Woche häufig bis spät in die Nacht hinein arbeitete und auch am Wochenende keine Ruhepause einlegte.

Beides spricht stark für das bereits vermutete Leistungsmotiv. Mitarbeiter erleben leistungsmotivierte Führungskräfte häufig als wenig wertschätzend und als im zwischenmenschlichen Bereich unzulänglich. Da sie nur andere Experten anerkennen und ihrerseits selbst vor allem von diesen respektiert werden, sind Beschwerden von Mitarbeitern mit einem anderen Motivationsprofil durchaus nicht ungewöhnlich. Gleichzeitig neigt dieser Typ dazu, zu sich selbst schonungslos bis zur Gesundheitsgefährdung zu sein, nicht zu delegieren, besonders in „heißen Phasen" jede Form von Erholung abzulehnen und sich und seiner Arbeitskraft damit langfristig zu schaden (von der Gefährdung außerberuflicher sozialer Strukturen durch die fehlende Work-Life-Balance nicht zu sprechen).

13.2.5 Das Anforderungsprofil

Im Fokus des Coachings stehen die Bewältigung einer konkret aufgetretenen Konfliktsituation im Berufsalltag sowie die langfristige Verbesserung der Work-Life-Balance von Herrn Foster. Schwerpunkte bilden somit das Erlernen von Strategien des Umgangs mit leistungsschwachen Mitarbeitern und das Delegieren von Aufgaben. Wenn es Herrn

Foster gelingt, im Rahmen der Achtsamkeit mit sich selbst auch notwendige Ruhe- und Erholungsphasen zu akzeptieren und den Freiraum dafür zu schaffen, indem er anfallende Arbeit an andere weiterreicht, kann er insgesamt mehr Gelassenheit entwickeln.

13.2.5.1 Konzeption

Bei den Mitarbeitern von Herrn Foster handelt es sich sowohl um Wissenschaftler als auch um kaufmännisch ausgebildete Kräfte. Das wissenschaftliche Personal verantwortet die Erstellung der Dokumentation zur Erprobung der Geräte. Die kaufmännischen Mitarbeiter archivieren, protokollieren und bereiten die Ergebnisse statistisch auf.

Herrn Fosters Aufgabe als Abteilungsleiter besteht darin, Arbeitsabläufe zu planen und zu organisieren, die Schnittstellen zwischen seinen Mitarbeitern zu koordinieren, Prüfungsaufträge zu delegieren und Ergebnisse zu kontrollieren. Dabei ist seine Fähigkeit, Prioritäten vorzugeben, in hohem Maß gefordert, weil stets mehrere Projekte parallel ablaufen.

Die fachliche Unterstützung der Wissenschaftler ist ein fester Bestandteil seiner Aufgabe, die ihm ermöglicht, sein Expertenwissen einzubringen. Allerdings darf dies nicht darin münden, dass er deren Job macht, wozu er in dem Fall des leistungsschwachen Mitarbeiters überging. Stattdessen muss er sich der Führungsaufgabe widmen, den Mitarbeiter zu einem leistungsstarken Teammitglied zu entwickeln. Das bedeutet, dass er individuell dort ansetzen muss, wo es von Nöten ist. Grundsätzlich muss er Ziele vorgeben und sein Team motivieren. Letzteres ist nicht immer einfach, weil es durchaus vorkommt, dass die Mitarbeiter unter dem Eindruck leiden, aufwendige Prüfungsarbeit umsonst geleistet zu haben – etwa, weil der Vertrieb ein Produkt aus markttechnischen Gründen wieder verwirft oder sich dessen Einführung aufgrund der sich rasch ändernden Vorschriften und Auflagen im Gesundheitswesen verzögert.

Herrn Foster kommt gleichzeitig auch in Sachen Kommunikation die Funktion der „Spinne im Netz" zu. Seine Position bildet die selbstverständliche Schnittstelle zwischen seiner Abteilung sowie mehreren anderen Fachabteilungen und Gremien. Zusätzlich repräsentiert er seinen Bereich auch auf zahlreichen Fachkongressen.

Damit wird klar, dass es sich bei Herrn Foster keineswegs um das Beispiel eines ausgeprägt Leistungsmotivierten handelt, der „am liebsten alles selbst macht" und deshalb wichtige Führungsaufgaben vernachlässigt. Diese spezielle Position stellt tatsächlich hohe Anforderungen an die Fachkompetenz des Stelleninhabers. Sie ist somit keineswegs zu vergleichen mit der einer Führungskraft in einem weniger wissenschaftlich geprägten Umfeld, etwa im Bereich der industriellen Fertigung. Herr Foster muss den schwierigen Balanceakt bewältigen, einerseits tief in die Materie einzutauchen, fachlich immer auf dem Laufenden zu sein – und dabei doch nicht in die klassische „Führungsfalle" zu gehen, seine Teammitglieder zu entmündigen und sich selbst zu überlasten, indem er deren Aufgaben übernimmt. Seine Mitarbeiter sind bis auf wenige Assistenten alle akademisch gebildet und häufig promovierte Naturwissenschaftler, sodass auch sie über ein hohes Maß an Fachwissen verfügen.

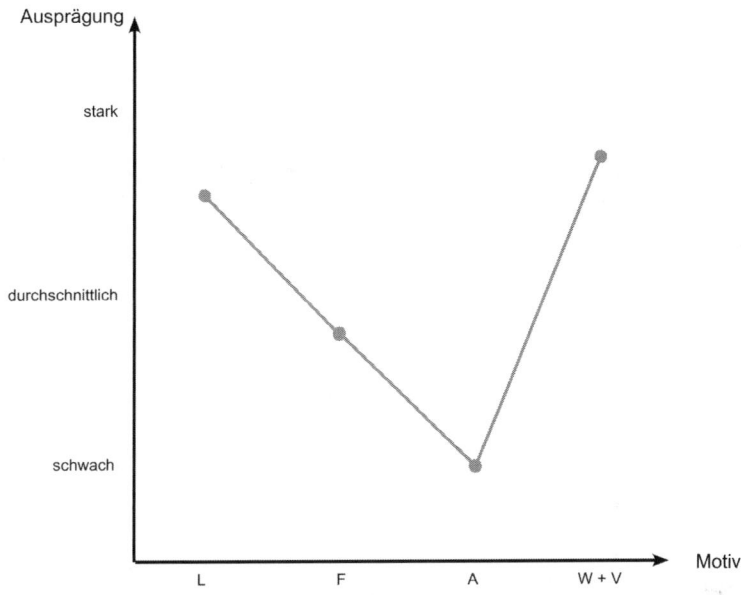

Abb. 13.4 Das Anforderungsprofil. (© kopfarbeit, Barbara Haag)

Von Herrn Foster wird erwartet, den Bereich Qualitätssicherung gegenüber anderen Fachabteilungen zu vertreten und gegen Angriffe zu verteidigen, etwa, wenn der Vertrieb seinem Bereich vorwirft, die Einführung neuer Produkte durch aufwendige Prüfungsverfahren zu behindern, anstatt sie zu unterstützen. Dabei handelt es sich um eine Kommunikations- und Repräsentationsaufgabe, die Durchsetzungsstärke und Verkaufstalent erfordert und somit grundsätzlich nicht an das Motiv eines Leistungsmotivierten denken lässt.

Dessen Präzision, Detailgenauigkeit und Einsatz für nicht irgendein, sondern das beste Ergebnis wird andererseits aber dringend gebraucht. Schließlich verantwortet gerade diese Abteilung maßgeblich die Qualität neuer Arzneimittel und bestimmt somit indirekt über das Leben von Menschen und den Ruf des Unternehmens. Das erfordert verantwortungsbewusste, präzise Forschungsarbeit auf höchstem Niveau bei praktisch nicht vorhandener Fehlertoleranz.

13.2.5.2 Grafische Darstellung des Anforderungsprofils (Abb. 13.4)

13.2.5.3 Grafische Darstellung des Profils von Herrn Foster (Abb. 13.5)

13.2.5.4 Grafische Darstellung des Abgleichs beider Profile (Abb. 13.6)

13.2.5.5 Analyse des Abgleichs
Der Abgleich zwischen den beiden Profilen zeigt deutlich folgende Entwicklungsfelder von Herrn Foster.

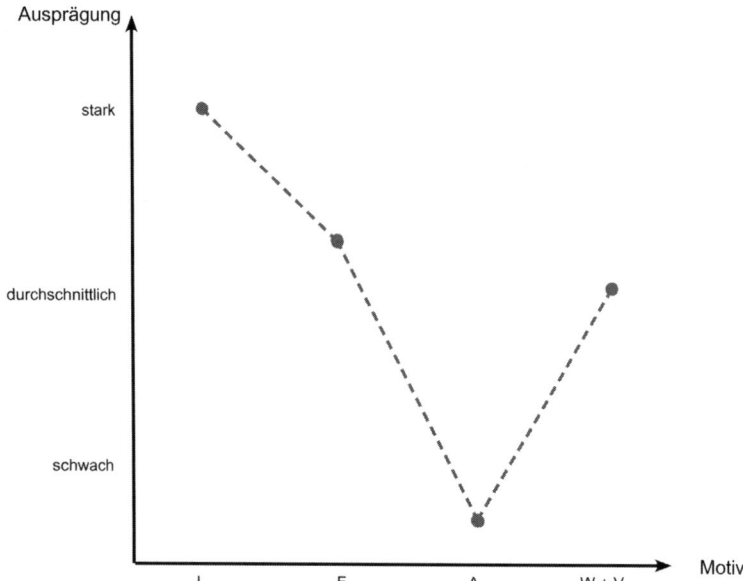

Abb. 13.5 Das Motivprofil. (© kopfarbeit, Barbara Haag)

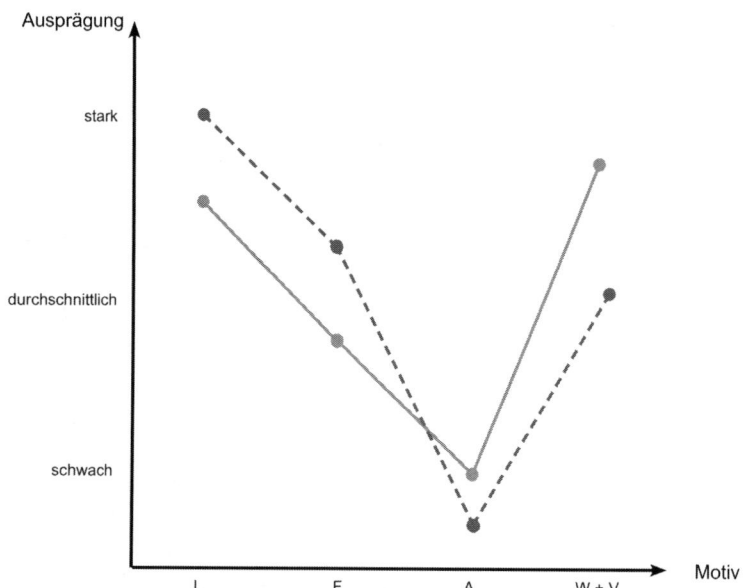

Abb. 13.6 Der Abgleich der beiden Profile. (© kopfarbeit, Barbara Haag)

1. Entwicklungsfeld: Selbst im Verhältnis zu den für eine Führungsposition vergleichsweise hohen Anforderungen an das Leistungsmotiv ist dieses bei Herrn Foster überausgeprägt. Auch wenn im beschriebenen Umfeld ein starkes Leistungsmotiv angebracht
   und hilfreich ist, lässt es Herrn Foster immer wieder in die Rolle eines Wissenschaft-
   lers aus seinem Team verfallen. Das hat zwei nachteilige Konsequenzen: erstens seine
   immer deutlicher werdende Überarbeitung, die dem Vorgesetzten zu Recht Sorgen
   bereitet (Überstunden bis in die Nacht, Wochenendarbeit als Regel und nicht als Ausnahme etc.), zweitens Irritation und Frustration auf Seiten des betroffenen Mitarbeiters,
   der sich so übergangen, entmündigt und nicht wertgeschätzt fühlt.

Das entsprechend des Führungsauftrages von Herrn Foster angemessene Verhalten wäre,
seine Energie in die Weiterentwicklung und Förderung des – zugegeben tendenziell unter-
qualifizierten – Mitarbeiters zu stecken und seinerseits für diesen Qualifizierungsmaßnahmen in die Wege zu leiten. Stattdessen nimmt er dem Mitarbeiter dessen Sachaufgaben
ab und gerät dadurch unter Stress. So wird das Verhältnis zwischen beiden zunehmend
gereizt und unfreundlich.

Maßnahme Als Konsequenz aus dem mit Hilfe von aHead ermittelten Motivprofil setzt
Herr Foster nun Folgendes um:

1. Schritt: Er listet wesentliche Aufgaben und Tätigkeitsfelder des Mitarbeiters auf. Dazu
   zählen das Erstellen und Überprüfen von Verträgen, die eigenverantwortliche fachliche
   Betreuung von Forschungsprojekten und die Konzeption neuer Studiendesigns.
2. Schritt: Er schätzt den tatsächlichen Kompetenzgrad des Mitarbeiters ein.
3. Schritt: Er leitet daraus konkrete Maßnahmen zur Mitarbeiterentwicklung ab. Dazu
   zählen die Unterstützung durch mich, der Besuch von fachspezifischen Seminaren,
   regelmäßige Projekt-Besprechungen, sowie die zunehmende Übernahme der eigenver-
   antwortlichen Betreuung von Forschungsprojekten (z. B konkrete Unterstützung durch
   Kollegen im Fachbereich).
4. Schritt: Er benennt konkrete Umsetzungstermine.
5. Entwicklungsfeld: Herrn Fosters Freundschaftsmotiv ist im Verhältnis zum Anforderungsprofil überausgeprägt. Das verschafft ihm einen engen Kontakt zu den meisten
   seiner Mitarbeiter. Aufgrund des Freundschaftsmotivs sucht er die Nähe zur Belegschaft
   und entwickelt ein gutes Gespür für die einzelnen Teammitglieder. Damit besitzt er die
   eigentlich glückliche und beneidenswerte Kombination der analytischen Kompetenzen
   des Leistungsmotivs und der empathischen Fähigkeiten des Freundschaftsmotivs. In
   den Augen der meisten Mitarbeiter – insbesondere der fachlich guten – macht ihn das
   zu einem beliebten, wertschätzenden und angenehmen Chef.

Das Freundschaftsmotiv ist es aber auch, das ihn aufgrund seines Idealbildes der immer-
während en Harmonie in seinem Umfeld vor Konflikten zurückscheuen lässt. Die un-
zulänglichen Leistungen des Fachreferenten hätte er klar und eindeutig im Vier-Augen-

Gespräch thematisieren müssen. Das wäre damit verbunden gewesen, ebenso eindeutige Erwartungen zu formulieren und Zielvereinbarungen zu treffen – auch gegen den Widerstand des Mitarbeiters. Stattdessen geht Herr Foster Konflikten, die sich deutlich abzeichnen, schon im Vorfeld aus dem Weg. Er reduziert den Kontakt zu dem „schwierigen" Mitarbeiter und agiert nach dem Motto: „Ich mache es lieber gleich selbst."

Maßnahme Auf Basis seines Motivprofils geht Herr Foster nun genau diese Probleme an und ändert sein Verhalten. Zuerst spricht er die Leistungsdefizite des Referenten ganz konkret an und plant gemeinsam mit ihm konkrete Entwicklungsschritte (siehe Auflistung oben). Dabei versäumt er auch nicht, seine Erwartungen deutlich zum Ausdruck zu bringen. Zielvereinbarungen dokumentiert er und lässt sie von seinem Mitarbeiter unterzeichnen.

Das klingt in Ihren Ohren hart für einen Freundschaftsmotivierten? In dem Moment, in dem ein Bewusstsein dafür entsteht, dass diese Verhaltensmuster im Führungszusammenhang ein Defizit darstellen, ist es möglich, bewusst anders zu handeln. Herr Foster hat seine Motive kennengelernt und begriffen, dass er seinem Harmoniestreben mit der Vorgehensweise, die für den Freundschaftsmotivierten typisch ist, buchstäblich einen Bärendienst erweist: Er verhinderte den Konflikt nicht, sondern verdrängte ihn lediglich, bis eine unkontrollierte Eskalation, die in der formellen Beschwerde gipfelte, unvermeidlich war. Er weiß nun, dass es für eine langfristige harmonische und reibungslose Zusammenarbeit besser ist, gleich offene Worte zu finden. Nur so hat der Mitarbeiter eine Chance, das Feedback zu nutzen und sich weiterzuentwickeln.

1. Entwicklungsfeld: In Bezug auf seine Führungsaufgaben, die auch bei einer so stark leistungsgeprägten Position notwendigerweise etwas mit der Ausübung von Einfluss zu tun haben, ist Herrn Fosters Machtmotiv unterausgeprägt. Das resultiert in einer permanenten Selbstüberlastung. Herr Foster bewältigt seit Langem ein unmenschliches Arbeitspensum, das ihn zunehmend unter Stress setzt. Auch seine eigenen Arbeitsergebnisse leiden zunehmend unter dem Missverhältnis aus Arbeitseinsatz und Erholungsphasen. Ganz typisch für eine Persönlichkeit, deren Leistungsmotiv stärker ist als die Machtmotive, delegiert er nicht oder bearbeitet delegierte Aufgaben selbst noch einmal nach.

Maßnahme Auch dieses Problem wird Herrn Foster anhand der Analyse seines Motivprofils klar. Er muss einsehen, dass selbst bei einer 80-Stunden-Woche kein Mensch in der Lage ist, die Arbeit von drei oder noch mehr Mitarbeitern zu stemmen, ohne dabei Fehler zu machen – auch er nicht, bei aller Einsatz- und Leistungsbereitschaft.

Deshalb konzentriert er sich nun stärker auf seine eigentlichen Führungsaufgaben. Was das bedeutet, hat er im Rahmen unserer Maßnahme theoretisch verinnerlicht. Zu Beginn kostet es ihn zwar etwas Mühe, dieses Wissen konsequent in die Praxis umzusetzen und nicht wieder in alte Muster zu verfallen, doch er lernt schnell und gewinnt zunehmend an Sicherheit.

Ihm ist auch bewusst geworden, dass er bei der künftigen Mitarbeiterauswahl hohe Ansprüche an die fachliche Qualifikation der Bewerber stellen muss. Denn nur exzellente Mitarbeiter werden den Ansprüchen leistungsmotivierter Führungskräfte auf Dauer gerecht.

Fazit: Für Herrn Foster bildete die Kenntnis seiner Motivstruktur und der Abgleich mit den Anforderungen seiner Aufgabe die Basis dafür, die entstandene Situation zu meistern und sein Verhalten bewusst so zu modifizieren, dass vergleichbare Probleme nicht mehr entstehen. Er ist heute in der Lage, die Stärken von Leistungs- und Freundschaftsmotiv effektiv zu nutzen, gleichzeitig aber auch eher „machttypische" Verhaltensweisen, die er sich angeeignet hat, einzusetzen. Das ermöglicht es ihm, seiner Aufgabe in einer Weise gerecht zu werden, die die Unternehmensinteressen voranbringt und seine Mitarbeiter motiviert, sich dabei aber auch selbst notwendige Ruhephasen zu gönnen und so einer erneuten Überlastung vorzubeugen.

In beiden vorgestellten Fällen gelang es mithilfe des aHead-Testverfahrens und des Abgleichs von Anforderungs- und Motivprofil, die Coachingziele umzusetzen.

Die Macht der Motive

14

Zusammenfassung

Inzwischen wissen Sie, wo Ihre Entwicklungsfelder liegen. Vielleicht haben Sie als Leistungsmotivierter erkannt, dass Sie an Ihrer Sozialkompetenz arbeiten müssen oder als Freundschaftsmotivierte an Ihrer Durchsetzungskraft und Entscheidungsstärke. Das Wissen darum allein nützt aber noch nichts – vielleicht frustriert es Sie sogar, nun quasi schwarz auf weiß zu sehen, wo Ihre Achillesfersen sind. Deshalb geht es im letzten Kapitel dieses Buches um die nächsten Schritte; um das, was Sie mit Motiv- und Jobprofil in der Hand unternehmen können und sollten, um Ihre momentane Karrieresituation zu verbessern – also um alles, was nach Buchlektüre und Test kommt. Dabei stellen wir Ihnen unterschiedliche Verfahren der Persönlichkeitsentwicklung vor, aus denen Sie wählen können, um dann Schritt für Schritt Ihrem Ziel näher zu kommen: Erfüllung und Zufriedenheit im Job.

14.1 Arbeit mit Motiven: Handlungsempfehlungen für die Bearbeitung Ihrer Entwicklungsfelder

Mancher erfolgreiche Team-, Abteilungs- oder Konzernchef wäre heute nicht da, wo er ist, wenn er nicht an einem entscheidenden Punkt seiner Laufbahn konkrete Verhaltensweisen bewusst geändert hätte. Denken Sie an freundschaftsmotivierte Vorgesetzte wie Catherine von Fürstenberg-Dussmann, die einsah, dass Empathie allein sie nicht zum Ziel führt, oder auch an den im letzten Kapitel untersuchten Herrn Foster, den eine Beibehaltung seines ausgeprägt leistungsmotivierten Verhaltens sogar den Job hätte kosten können. Nicht umsonst sprechen wir von den Chancen, die Krisen bieten, und möchten Ihnen raten, mutlose Gedanken gar nicht erst die Oberhand gewinnen zu lassen. Stattdessen sollten Sie nun konsequent daran gehen, erkannte Schwachstellen schnell und effektiv zu bearbeiten.

B. Haag, *Authentische Karriereplanung*,
DOI 10.1007/978-3-658-02513-7_14, © Springer Fachmedien Wiesbaden 2013

14.1.1   Werden Sie aktiv!

Wie erläutert gibt es keine grundsätzlich besseren und schlechteren Motive. Jedes der fünf möglichen Motive kann in Bezug auf bestimmte Situationen Defizite aufweisen. Es gibt also keinen Grund, aufgrund Ihrer Testergebnisse an sich zu zweifeln – oder gar zu verzweifeln. Vielmehr können Sie heute damit beginnen, Ihrem Traum „Karriere" oder „mehr Erfüllung im aktuellen Job" näher zu kommen.

Ergreifen Sie Maßnahmen, um Ihr Verhalten in konkreten Situationen zu verändern. Nutzen Sie den vorgenommenen Abgleich, um mehr Empathie, mehr Zielorientierung oder mehr Konsequenz zu erlernen, andere fachlich stärker anzuleiten oder zwischenmenschlichen Belangen mehr Raum zu geben.

Was noch zu klären bleibt, ist das „Wie". Wege kann man auf unterschiedliche Weise zurücklegen – zu Fuß, mit dem Fahrrad, per Flugzeug oder per Anhalter. Die folgende Zusammenstellung soll Ihnen abschließend als Entscheidungshilfe dienen, welches Vehikel für Sie in Frage kommt.

14.1.2   42,195 km – Zu den Chancen und Grenzen von Selbstcoaching

„Der Wille versetzt Berge." Den Wahrheitsgehalt dieser Volksweisheit haben Sie vermutlich bereits am eigenen Leib erfahren. Sicher können Sie auf Situationen zurückblicken, in denen Sie ungeahnte Kräfte mobilisiert haben, weil das Ziel so erstrebenswert für Sie war. Doch können Sie solche Kräfte „per Knopfdruck" aktivieren, wenn Sie sie brauchen? Reicht Ihre eigene Willenskraft aus, um Ihr Verhalten zu beeinflussen? Und wenn ja, unter welchen Bedingungen?

Ich möchte Ihnen die Erfolgsaussichten anhand eines Bildes verdeutlichen. Angenommen, Sie haben sich vorgenommen, einen Marathon zu laufen. Aber nicht irgendeinen beliebigen Stadtmarathon, sondern einen Lauf um den Tegernsee, wo zahlreiche Gefälle zu bewältigen sind. Um die Herausforderung zu vergrößern, haben Sie sich auch noch vorgenommen, dass Sie die Strecke in dreieinhalb Stunden schaffen wollen. Wie gehen Sie vor?

Option A: Sie starten in Gmund, laufen drauflos und sind enttäuscht, weil Sie es nicht weiter schaffen als bis nach Rottach-Egern, was ungefähr die Hälfte der Strecke von 42,195 km ausmacht. Als Nächstes werfen Sie frustriert die Joggingschuhe in die Ecke und werten die Schlappe als persönliches Versagen. Oder Sie hadern mit sich, weil die ganze Idee im Vorfeld zum Scheitern verurteilt und blödsinnig war.

Option B: Sie erstellen einen systematischen Trainingsplan – etwa mit Hilfe entsprechender Vorlagen aus dem Internet – und bauen Ihre Kondition Schritt für Schritt auf. Entsprechend dieses Schemas beginnen Sie Ihr Training zum Beispiel mit drei Kilometern pro Einheit und steigern das Pensum schrittweise, um dann ein Jahr später rechtzeitig zum Marathon bei den angepeilten 42,195 km anzukommen. Das klingt vernünftig und planvoll, birgt aber auch ein Risiko. Denn vermutlich verlieren Sie im Lauf des Jahres die Lust. Der Zeitraum ist lang, Sie fühlen sich je nach Trainingsphase unter- oder auch überfordert, andere Verpflichtungen kollidieren mit dem starren Programm. Sie halten mit zusammengebissenen Zähnen fünf Monate konsequent durch, merken dann einige Wochen lang, dass sie es zeitlich nicht schaffen, sich an Ihren Plan zu halten, und geben nach sechs Monaten auf. Was bleibt, ist das frustrierende Gefühl, Ihr ehrgeiziges Vorhaben nicht durchgezogen und versagt zu haben.

Option C: Anstatt sich einen beliebigen Trainingsplan zu beschaffen, analysieren Sie Ihre Ist-Situation, nehmen also eine Art Standortbestimmung vor. Sie verschaffen sich so ein realistisches Bild von Ihrem Fitnesszustand, um dann zu entscheiden, ob Sie mit drei oder zehn Kilometern Distanz starten sollten, ob Sie es bereits gewohnt sind, Steigungen zu bewältigen oder ob Sie hier Nachholbedarf haben, weil Sie bisher ausschließlich in der Ebene gelaufen sind. Darauf basierend erstellen Sie ebenfalls einen Trainingsplan – aber einen mit Blick auf Ihre Bedürfnisse maßgeschneiderten. Sie stecken sich Etappenziele und überprüfen immer wieder, wie erfolgreich Sie diese gemeistert haben und um wie viel näher Sie dem großen Ziel 42,195 km schon gekommen sind. Sie wägen ab, welcher Zeitumfang benötigt wird und wie er in Ihrem Fall mit Job und Familie vereinbart werden kann. Bei Bedarf passen Sie den Plan an. Vielleicht entscheiden Sie, erst einmal den Halbmarathon zu laufen. So stellen Sie Ihre Fortschritte unter realistischen Bedingungen auf den Prüfstand und feiern erste Erfolgserlebnisse.

Welche Bedingungen motivieren Sie am meisten? Trainieren Sie lieber allein oder in der Gruppe? Brauchen Sie jemanden, der Sie bestärkt, mit dem Sie sich messen können, oder genügt Ihnen als Feedback die Stoppuhr? (Sie sehen – Ihr Motivprofil gibt Ihnen auch in dieser Situation Aufschluss darüber, was Sie motiviert!) Möchten Sie sich nach dem Training mit einem Besuch in der Sauna oder einem gemütlichen Leseabend belohnen?

14.1.2.1   Tipp 1: Gehen Sie analog zu Option C vor!

In Sachen Karriere brauchen Sie weder einen bunten Haufen Kleider noch eine Lösung von der Stange, sondern den Maßanzug. Die Frage „Ist Selbstcoaching überhaupt möglich?" lässt sich mit einem „Ja" und zwei „Wenns" beantworten: wenn Sie der richtige Typ dafür sind und gern ohne fachliche Anleitung und autodidaktisch Wissen erwerben (Sie ahnen vermutlich, auf welchen Motivtyp das zutrifft), und wenn Sie sich den Spielraum gewähren, Ihr Trainingsschema an Ihren Bedürfnissen auszurichten und im Hinblick auf diese zu überprüfen und zu modifizieren.

Wenn Sie erkannt haben, dass Sie für Ihre angestrebte Position z. B. als Freundschaftsmotivierter mehr Konfliktbereitschaft entwickeln müssen, sollten Sie dieses Ziel realistisch ansteuern und den Vergleich mit einem Sportler, der seine Kondition erst langsam aufbauen muss, im Hinterkopf behalten. Wie aussichtsreich ist es, sich vorzunehmen, bei nächster Gelegenheit mal so richtig mit der Faust auf den Tisch zu schlagen? Vielleicht bekommen Sie das sogar hin (der Läufer unter Option A kam ja auch bis Rottach-Egern). Die große Gefahr besteht jedoch darin, dass Ihr – in diesem speziellen Moment vielleicht tatsächlich überzogenes – Verhalten Sie im Nachhinein belastet, weil Sie es als fremd und wenig authentisch empfinden, weil Sie, wie es im angelsächsischen Sprachraum so schön heißt, „out of character" agieren.

Und so versuchen Sie bei nächster Gelegenheit, Ihre Unbeherrschtheit wieder gutzumachen und noch großzügiger und freundlicher zu sein als zuvor. Sie reagieren wie ein untrainierter Läufer auf Belastung: Er kann zwar mit viel Willenskraft einen Spurt hinlegen, doch dann folgen Zerrungen, Muskelkater und Erschöpfung. Die Wahrscheinlichkeit, dass er mit dieser Erfahrung zu einem zweiten Spurt ansetzt, sinkt, dagegen steigt die Gefahr, dass er entnervt die Trainingsschuhe an den Nagel hängt. Denn unsere Psyche merkt sich negative Konsequenzen in Form von Reue und Zweifeln genauso, wie sie sich positive Verstärker in Form von Erfolgserlebnissen merkt.

14.1.2.2   Tipp 2: Folgen Sie dem S.M.A.R.T.-Prinzip!

S.M.A.R.T. steht für folgende Eigenschaften und Rahmenbedingungen, die auf Ihr definiertes Ziel zutreffen sollten: S = Specific (spezifisch), M = Measurable (messbar), A = Attractive (erreichbar), R = Realistic (realistisch) und T = Timeline (Zeitplan).

Schritt 1 lautet folglich: Formulieren Sie Ihre Ziele spezifisch. Bei den Zielen handelt es sich um die Entwicklungsfelder, die der Abgleich zwischen Stellen- und Motivprofil ergeben hat.

Beispiel: Der Abgleich zeigt eine Überausprägung des Freundschaftsmotivs und damit einhergehende Verhaltensweisen. Ihre spezifischen Ziele lauten also:

1. künftig auch kontroverse Sachverhalte anzusprechen,
2. Kritik zu üben, wo es angebracht ist,
3. Sachentscheidungen stärker zu gewichten als bisher,
4. selbst weniger empfindlich auf Kritik zu reagieren,
5. weniger nachtragend zu sein,
6. Grenzen aufzuzeigen,
7. Ziele auch gegen Widerstand zu verfolgen.

Schritt 2 lautet: Machen Sie diese Ziele messbar. Das geschieht, indem Sie real auftretende Situationen benennen, in denen Sie die neuen Verhaltensweisen anwenden wollen.

Beispiel: Greifen Sie sich die Punkte „kontroverse Sachverhalte ansprechen" und „Grenzen aufzeigen" heraus. Ihr Mitarbeiter kommt zum wiederholten Mal zu spät zur Arbeit. Bisher haben Sie immer ein Auge zugedrückt, um eine Auseinandersetzung zu vermeiden. Schließlich ist der Mitarbeiter ein netter Kerl, und an seinen Arbeitsergebnissen gibt es ja im Großen und Ganzen auch nichts auszusetzen. Allerdings hat Ihre Nachgiebigkeit dazu geführt, dass er die Grenze immer weiter zu seinen Gunsten verschoben und sein „Revier" immer weiter ausgedehnt hat. Er kommt nun immer häufiger immer später und erlebt, dass Sie die Sache auf sich beruhen lassen. Sie ärgern sich zunehmend, auch, weil Ihr Mitarbeiter sein Verhalten inzwischen nicht einmal mehr zu erklären oder zu entschuldigen versucht.

Typisch für einen Freundschaftsmotivierten haben Sie das Fehlverhalten jedoch bisher nicht angesprochen. Nun nehmen Sie sich vor, beim nächsten Vorfall den Mitarbeiter ins Gebet zu nehmen und Ihre Erwartung, dass er pünktlich erscheint, zum Ausdruck zu bringen. In dem Moment, in dem Sie dieses Vorhaben umsetzen, haben Sie eine messbare Änderung Ihres Verhaltens erzielt.

Schritt 3 heißt: Gestalten Sie das Ziel attraktiv. Es muss für Sie erstrebenswert sein, damit Sie in der Lage sind, gegen Ihre Motive zu agieren. Wenn Sie zum ersten Mal klare und unmissverständliche Worte sprechen, haben Sie vermutlich Bedenken, wie Ihre Umwelt auf Ihre veränderte Reaktion anspricht. Deshalb ist es so wichtig, dass Sie sich verdeutlichen, inwiefern Sie langfristig profitieren, wenn Sie dieses Mal nicht die vermeintlich bequemere Lösung wählen, dem Konflikt auszuweichen.

Beispiel: Im konkreten Fall winkt Ihnen eine doppelte Belohnung: Erstens werden Sie eher die dauerhafte Harmonie erzielen, die Sie anstreben, wenn Sie Ihrem Mitarbeiter Grenzen setzen und Ihre Erwartung vermitteln, dass er künftig pünktlich erscheint. Denn so verhindern Sie Schlimmeres. Warten Sie passiv ab, bis sich der Ärger über einen langen Zeitraum in Ihnen aufgestaut hat, wird eines Tages das Fass überlaufen, und sei es nur, weil der verspätete Mitarbeiter Ihnen nach einem kleinen Streit zu Hause und einer Autopanne auf dem Weg zur Arbeit den letzten Anlass liefert, aus der Haut zu fahren. In diesem Moment würden Sie allerdings höchstwahrscheinlich überreagieren und den Mitarbeiter unverhältnismäßig anfahren. Vielleicht würden Sie sogar persönlich werden und damit die Basis für die weitere Zusammenarbeit aufs Spiel setzen. Eine rechtzeitige und sachlich vorgebrachte Kritik gibt Ihrem Gegenüber dagegen die Chance, sein Fehlverhalten abzustellen, bevor es zum großen Knall kommt. Ihre Belohnung besteht also auf lange Sicht in mehr Harmonie und einem besseren Arbeitsklima.

Zweitens gewinnen Sie an Achtung und Ansehen – in Ihren eigenen Augen wie in denen Ihrer Umgebung, die nun weiß, dass man mit Ihnen keinesfalls alles machen kann. Mitarbeiter wünschen sich Vorgesetzte mit klaren Erwartungen und können gut mit Grenzen leben, solange diese als fair empfunden werden. Daher sind Ängste vor Reaktionen auf klare Ansagen auch häufig überzogen. In Seminaren stelle ich Teilnehmern gern die Frage nach der „besten Führungskraft, die sie je erleben durften". Die Ergebnisse ähneln sich verblüffend stark von Gruppe zu Gruppe. Noch nie hat jemand eine Führungskraft erwähnt, die zu allem Ja und Amen sagte.

Schritt 4 lautet: Formulieren Sie Ihre Ziele realistisch. Versuchen Sie nie, nach Jahren ohne körperliches Training den Tegernsee-Marathon zu laufen oder zu einer anderen Persönlichkeit zu werden. Sie werden in beiden Fällen enttäuscht werden. Aus einem Säbelzahntiger wird ja auch kein verschmuster Hauskater – und umgekehrt.

Beispiel: Wenn Sie versuchen, sich über Nacht in eine autoritäre Führungskraft zu verwandeln, die ab sofort jeden Widerspruch unterbindet, dann ist das zum einen der falsche Weg und zum anderen sowieso zum Scheitern verurteilt. Sie werden sich unwohl fühlen, und Ihre Umgebung wird entweder amüsiert oder irritiert reagieren. So gewinnen Sie nicht an Autorität, sondern verlieren an Glaubwürdigkeit. Gerade die ist aber außerordentlich wichtig. Sie haben bereits gesehen, dass sich durch willentliche Verhaltensänderungen (zunächst) nicht das Motiv als solches verändert. Setzen Sie sich also nicht zum Ziel, künftig grundsätzlich Härte zu demonstrieren.

Überlegen Sie stattdessen ganz konkret, was Sie in der Vergangenheit geärgert hat, ohne dass Sie reagiert haben, und knöpfen Sie sich diese „Baustellen" eine nach der anderen vor. Bleiben Sie beispielsweise beim Thema Pünktlichkeit und sprechen Sie nach dem notorischen Zuspätkommer den Kollegen an, der immer seine Berichte nach der Abgabefrist einreicht. Sie werden sehen, dass Sie sich mit jedem „Grenzen-Gespräch" mehr zutrauen und sich irgendwann gar nicht mehr überwinden müssen, sondern Ihre Unzufriedenheit gleich in Worte fassen.

Schritt 5: Setzen Sie sich Termine. Das ist leider unausweichlich, um den inneren Schweinehund zu überwinden. Sie wissen ja auch, an welchem Datum Sie 42,195 km in dreieinhalb Stunden laufen wollen. Da sollte es möglich sein, sich für die Umsetzung Ihres Vorhabens eine Deadline zu setzen. Es kommt nicht von ungefähr, dass viele Menschen für gute Vorsätze ein markantes Datum wie den Jahreswechsel wählen – irgendwann müssen sie ja anfangen.

Beispiel: Sind Sie nach ersten Trainingserfolgen zu dem Schluss gekommen, das (potenzielle) Konfliktgespräch zum Thema Pünktlichkeit angehen zu wollen, dann vereinbaren Sie dafür einen nicht allzu weit in der Zukunft liegenden Termin. Bereiten Sie sich vor und verbuchen Sie die Tatsache, dass Sie es endlich geführt haben, als Erfolg. Dokumentieren Sie Ihre Entwicklung ruhig schriftlich und halten Sie einen solchen konkreten Etappensieg mit Datum fest. So können Sie in Momenten nachlassender Motivation abrufen, was Sie bereits erreicht haben und nähern sich genau wie der Marathonläufer Schritt für Schritt dem Ziel.

14.1.2.3 Fazit

Wenden Sie die Methoden „maßgeschneiderter Trainingsplan" und S.M.A.R.T. an, wenn Ihr Selbstcoaching gelingen soll. Machen Sie sich bewusst, dass neu erlerntes Verhalten regelmäßig trainiert werden muss. Erstaunlicherweise akzeptieren wir die Notwendigkeit des Übens ohne Weiteres, wenn es etwa darum geht, unsere Rückhand im Tennis, unsere Aussprache in Französisch oder unser Klavierspiel zu verbessern, tun uns aber schwer mit diesem Konzept, wenn es um Verhaltensweisen geht. Dabei können – und müssen – wir diese ganz genauso einüben, wenn wir sie zu einem gegebenen Zeitpunkt abrufen wollen. Vergessen Sie aber auch nicht, Ihre Erfolge zu feiern – Sie haben es sich verdient.

14.1.3   Coaching, Seminare, Workshops – Persönlichkeitsentwicklung unter Anleitung

Gehören Sie zu den Menschen, die lieber eine Ski- oder Segelschule besuchen, als die Theorie einem Lehrbuch zu entnehmen und sich dann auf eigene Faust an die Praxis zu wagen? Dann werden Sie sich vermutlich auch in Sachen Verhaltenstraining lieber von einem erfahrenen Fachmann anleiten lassen. In diesem Fall handelt es sich dabei um einen Coach oder einen für dieses spezielle Gebiet psychologisch geschulten Trainer.

Es überrascht, dass selbst heutzutage diese Vorstellung noch bei vielen Menschen ein gewisses Unbehagen auslöst. Zu tief sitzen verbreitete Vorurteile, die glauben machen wollen, dass etwas nicht „richtig" ist, wenn man sich mit Fragen zu Lebensführung, Konfliktbewältigung, Partnerschaft und Erziehung oder eben auch Karriereplanung an einen Profi wendet. Oft geschieht das erst, wenn der Leidensdruck aufgrund einer konkreten Belastung unerträglich hoch geworden ist. Das ist ungefähr so logisch, als würde man erst dann den Zahnarzt aufsuchen, wenn man vor lauter Schmerzen nichts mehr essen kann oder aus einer Entzündung bereits eine Blutvergiftung geworden ist. Tatsächlich unterzieht man sich im physischen Bereich sogar regelmäßigen Vorsorgeuntersuchungen, um bereits kleine Schäden zu entdecken und Schlimmeres zu vermeiden. Dieser Vergleich sollte eigentlich helfen, rechtzeitig zu handeln: Wer präventiv agiert, erspart sich die schmerzhafte Wurzelbehandlung.

Bezogen auf das Thema des Buches soll damit gesagt sein, dass Ihnen der Weg in ein professionelles Coaching, ein Seminar oder einen Workshop nicht erst dann offensteht, wenn Mitarbeiter kündigen, Ihnen von anderen (meist dem Arbeitgeber) nahegelegt wird, sich Unterstützung zu holen oder Sie so verzweifelt sind, dass sie kurz davor stehen, alles hinzuwerfen. Sie können durchaus von Zeit zu Zeit eine Standortbestimmung mit Hilfe eines professionellen Angebotes vornehmen und so in Analogie zur Zahnprophylaxe gleich gegensteuern, wenn dabei Fallstricke zutage treten. Dass Sie sich im akuten Fall – etwa bei einem eskalierenden Konflikt oder außergewöhnlichen Belastungen wie Umstrukturierungen, Personalabbau usw. – insbesondere Rat und Hilfe suchen sollten, versteht sich von selbst.

aHead kann Ihnen nicht nur helfen, Ihre Motive zu erkennen und Abweichungen vom Anforderungsprofil zu identifizieren, sondern auch, aus der Vielzahl der vorhandenen Angebote das für Sie passende zu finden. Schließlich kennen Sie jetzt Ihre Entwicklungsthemen und können den „Dschungel" unter dieser Prämisse durchforsten.

Passen Seminare oder Einzelcoachings besser zu Ihnen? Nachfolgend finden Sie eine kleine Entscheidungshilfe:

Ihre Wahl (x)		
1. Arbeitsumgebung	Ich bevorzuge das diskrete Gespräch unter vier Augen	Ich bevorzuge den offenen Austausch in der Gruppe
2. Kostenaspekt	Der Kostenaspekt ist eher zweitrangig – Zeit ist Geld!	Mir ist es wichtig, die Kosten so gering wie möglich zu halten
3. Flexibilität	Ich möchte bzgl. Ort und Zeit flexibel sein	Ich habe kein Problem damit, mich auf einen Seminartermin und -ort festzulegen
4. Betreuung	Ich möchte eine individuelle Betreuung, die ganz auf mich zugeschnitten ist	Ich möchte gar nicht immer im Mittelpunkt stehen, profitiere davon, auch andere Seminarteilnehmer zu beobachten
5. Austausch	Der Austausch mit anderen Teilnehmern ist für mich eher zweitrangig	Der Austausch mit anderen ist für mich ein Erfolgskriterium
6. Themen	Meine Themen sind vielschichtig – das passt nicht in ein Seminarkonzept	Ich habe ein klar umrissenes Themengebiet
7. Methoden	Ich arbeite gern konsequent und zügig an meinen eigenen Fragestellungen	Ich nehme mich auch gerne bewusst zurück und lerne durch die Beobachtung
Summe (x)		
Ergebnis		
	Bei vier oder mehr x: Entscheiden Sie sich für ein Coaching	Bei vier oder mehr x: Entscheiden Sie sich für ein Seminar oder einen Workshop

Auch, wenn Sie sich entscheiden, Ihre Entwicklungsfelder unter Anleitung zu bearbeiten, sollten Sie zunächst Ihre Ziele auf Basis von S.M.A.R.T. (siehe oben) definieren und als Erwartung mit in das Seminar oder Coaching bringen.

Seminare und Coachings sind sehr hilfreich, wenn es darum geht, neues Verhalten einzuüben und Ihnen Tools an die Hand zu geben, mit deren Hilfe Sie Ihre Ziele erreichen können. Erinnern Sie sich an das Beispiel des Freundschaftsmotivierten, der künftig konfliktträchtige Themen ansprechen und Grenzen setzen will. Sie wissen bereits, dass der Wille allein nicht genügt – auch die Ausrüstung muss stimmen. Einen Marathon kann nur laufen, wer für diesen Zweck geeignete Laufschuhe hat. Wer das falsche Schuhwerk mitbringt, holt sich schnell Blasen und verliert die Lust.

Es geht also nicht nur darum, künftig Konfliktgespräche zu führen, sondern auch, das auf die richtige Weise zu tun: Das Gegenüber muss den Ernst der Lage begreifen, ohne sich angegriffen zu fühlen und dadurch sofort auf Konfrontationskurs „programmiert" zu werden, Einwände müssen professionell gehandhabt werden und auch die Körpersprache muss „stimmen". Sonst ist die Erfolgschance gering und das Risiko der Demotivation hoch.

14.1.3.1   Coaching

Seien Sie bei der Auswahl des Coachs kritisch. Der Begriff ist, wie manch andere Berufsbe-
zeichnung auch, nicht geschützt. Deshalb gibt es leider genug selbst ernannte Motivations-
coachs, um die Sie einen großen Bogen machen sollten. Wichtige Hinweise liefert Ihnen das
Erstgespräch: Ein guter Coach stellt nicht sich selbst in den Mittelpunkt, sondern Sie und
Ihr Anliegen. Selbstdarstellern sollten Sie eine Absage erteilen. Achten Sie darauf, ob der
Coach Ihnen zuhört, nachfragt, ob Sie das Gefühl bekommen, mit Ihrem Anliegen ernst genommen zu werden. Überprüfen Sie unbedingt, ob er oder sie eine Coaching-Ausbildung
durchlaufen hat und wenn ja, welche. Welches Studium hat Ihr Coach absolviert? Mit welchen Methoden arbeitet er oder sie? Gibt es Referenzen? Wie läuft der Coaching-Prozess
ab, gibt es eine klare Struktur und deutliche Zielvereinbarungen? Fragen Sie ganz gezielt
nach! Ein kostenloses, ausführliches Kennenlernen ist ein Muss. Trauen Sie sich ruhig,
Nein zu sagen, wenn die Chemie nicht stimmt. Denn davon hängt in einem Coaching viel
ab, und nicht immer ist der erste Ansprechpartner auch der richtige.

14.1.3.2   Seminare

Die Zahl der Seminaranbieter ist unüberschaubar groß. Auch hier gilt es, eine sorgfältige
Auswahl zu treffen. Gütesiegel und Testergebnisse von Verbraucherschutz- und Kunden-
verbänden sowie eine umfangreiche Referenzliste geben Ihnen eine erste Orientierung
und helfen, eine Vorauswahl zu treffen. Möchten Sie Ihre Testergebnisse und die während
der Lektüre dieses Buches gewonnenen Erkenntnisse nutzen, sollte das fragliche Institut
Trainings auf Basis von Motiven durchführen. Bislang handelt es sich dabei eher um eine
Seltenheit am Markt.

Welche Seminare für Sie und Ihr Anliegen infrage kommen, beantwortet Ihnen ein
professioneller Kundenberater individuell – auch daran erkennen Sie einen seriösen Anbieter. Für die vorgestellten Motivtypen kommen grundsätzlich folgende Seminare in die
engere Auswahl:

Motivtypen:	Eine Auswahl passender Seminarthemen:
Leistungsmotivierte	Konfliktmanagement Selbstmarketing Work-Life-Balance
Freundschaftsmotivierte	On Command – Sicher und schnell entscheiden Konfliktmanagement
Autonomiemotivierte	Dauerhaft leistungsstark Erfolgreiche Zusammenarbeit im Team
Wettbewerbsmotivierte	Erfolgreiche Zusammenarbeit im Team Heikle Themen erfolgreich angehen
Visionsmotivierte	Dauerhaft leistungsstark

14.1.3.3   Fazit

Für eine unterstützende Maßnahme – ob Coaching oder Seminar – sollten Sie sich auf jeden Fall immer dann entscheiden, wenn Sie das Gefühl haben, Ihre benötigten Instrumente nicht sicher zu beherrschen oder nicht bei Bedarf abrufen zu können. Sämtliche Maßnahmen können Ihnen auch helfen, sich leichter und schneller in einer neuen Rolle zurechtzufinden, etwa als frisch gebackene Führungskraft oder im Rahmen der ersten Stelle nach dem Hochschulabschluss. Zusätzlich sollten Sie Seminare oder ein Coaching in Erwägung ziehen, wenn Sie eine entscheidende berufliche Veränderung anstreben und systematisch vorbereiten wollen, etwa den Sprung in die Selbstständigkeit, den nächsten Karriereschritt oder einen Arbeitgeberwechsel.

14.2   Nachlassende Motivation: Ursachen und Reaktionsmöglichkeiten

Motivationstiefs, aber auch lang anhaltender Frust im Arbeitsleben sind leider keine Seltenheit. Der Gallup-Studie 2011 zufolge hat bereits jeder vierte Arbeitnehmer in Deutschland innerlich gekündigt. So heißt es in einer vom Kompetenznetzwerk Fachkreis Führung Akademie vorgelegten Zusammenfassung der Studienergebnisse:

> Bei 23 % der Beschäftigten in Deutschland ist eine geringe Arbeitszufriedenheit festzustellen. Sie finden das Betriebsklima schlecht, können sich mit ihrer Arbeit nicht identifizieren und gehen gegenüber ihrem Unternehmen auf Distanz. In einer seit dem Jahr 2001 jährlich durchgeführten Befragung von deutschen Arbeitnehmern stellt das Gallup-Institut einen durchgehenden Trend fest: Die Identifikation mit dem eigenen Arbeitsplatz ist erschreckend gering. Gallup bezeichnet diese Beschäftigten als ,unengagiert bis hin zur inneren Kündigung‘. Als Hauptverursacher dieses Trends benennt das Institut das Management: Viele Beschäftigte haben das Gefühl, dass ihre **zentralen Bedürfnisse und Erwartungen** von ihren direkten Vorgesetzten teilweise oder völlig ignoriert werden. Das hat finanzielle Folgen. Gallup errechnet jährliche Kosten durch **Fehltage, Fluktuation und schlechte Produktivität** in Höhe von über 122 Milliarden Euro und empfiehlt den Unternehmensleitungen, ihren Beschäftigten gegenüber an Stelle von Verschleißstrategien mehr auf die Pflege der Humanressourcen zu setzen.[1]

Die Gallup-Studie verdeutlicht vor allem, welcher volkswirtschaftliche Schaden entsteht, wenn die Motive von Menschen nicht berücksichtigt werden. Doch dabei handelt es sich nur um eine Seite der Medaille. Viel wichtiger erscheint die Frage, was der Zustand der inneren Kündigung eigentlich bei den betroffenen Menschen bewirkt. Wie geht es Arbeitnehmern und Führungskräften, die sich nur noch durch den Arbeitstag quälen, obwohl sie früher voller Energie und Tatendrang waren? Wie fühlen sie sich, wenn sie nur noch für Wochenende und Urlaub leben und hoffen, den Tag im Büro irgendwie zu überstehen? Wie kann es sein, dass wir zum Mond fliegen und immer komplexere Computer bauen

---

[1] Gallup-Institut (2011).

können, es aber in vielen Unternehmen eine echte Herausforderung zu sein scheint, für Menschen langfristig gesunde und motivierende Arbeitsbedingungen herzustellen?

Eine Schreckensmeldung über die Häufung psychischer Erkrankungen jagt die nächste, und immer häufiger ist es der Job, der Ängste, Depressionen oder körperliche Beschwerden als Folge unterdrückter Bedürfnisse hervorruft. Oft erkennen die Betroffenen nicht einmal selbst, wie es so weit kommen konnte oder woran es liegt, dass aus Energie Lethargie und aus Lust Frust wird. Wohlmeinende Ratschläge oder vermeintlich konstruktive Kritik des Umfeldes („Reiß dich zusammen, es gibt schließlich immer Durststrecken." „Denk doch mal nach, wie gut du es mit deinem sicheren Job im Vergleich zu anderen hast.") verstärken in einer solchen Situation nur das Gefühl, versagt zu haben und selbst an allem Schuld zu sein.

14.2.1   Eigentlich läuft doch alles gut …: „Unerklärliche" Motivationstiefs?

Lassen Sie Ihren bisherigen Berufsweg Revue passieren. Vielleicht stellen Sie fest, dass vieles nach Plan verlief. Der Arbeitgeber, für den Sie sich nach Ihrem Studium entschieden haben, hat Ihre Erwartungen weitgehend erfüllt. Der Job machte Spaß, Ihre Kompetenzen konnten Sie einsetzen, und wo Fachwissen fehlte, wurden Sie weiterqualifiziert. Auch der nächste Karriereschritt zur Führungskraft war eine ganz bewusste Entscheidung Ihrerseits und wurde durch Seminare unterstützt. Mit Ihrem Team kommen Sie klar – Sie sind lange genug dabei, um zu wissen, dass nicht jeden Tag die Sonne scheint und dass auch Ärgernisse und Fehlschläge im Job unvermeidbar sind. Ihre bisherigen Jahre im Arbeitsleben haben Sie gelehrt, dass das ganz normal ist. Sie lassen sich nicht mehr so leicht aus der Bahn werfen wie noch zu Anfang.

Und dennoch: Seit einiger Zeit fühlen Sie sich blockiert, unmotiviert und antriebslos. Die Freude am Job, das Gefühl der Zufriedenheit, wenn eine Aufgabe erfolgreich abgeschlossen ist, der Enthusiasmus angesichts eines neuen Projektes – all das ist Ihnen verloren gegangen. Dabei gehörten Sie einst zu denen, denen man nachsagte, dass sie für den Beruf lebten. Motiv- und Anforderungsprofil passen grundsätzlich zusammen, denn sonst wären Sie nicht lange Zeit so hoch motiviert und leistungsstark gewesen. Damit stehen Sie – auch mit den bisher gewonnenen Erkenntnissen dieses Buches – vor einer unerklärlichen Krise. Wirklich? Im Folgenden finden Sie ein paar Faktoren jenseits der ursprünglichen Übereinstimmung von Motiv- und Jobprofil, die Leistungs- und Motivationstiefs auslösen können.

14.2.1.1   Umstrukturierungen und die Folgen

Umstrukturierungsmaßnahmen sind heute eher Regel als Ausnahme. Dazu zählt z. B. die Ausgliederung (Outsourcing) von Geschäftsbereichen bzw. Abteilungen, die nicht zum Kerngeschäft gehören oder verlustbehaftet sind. Sie erfolgt, um Verluste zu vermeiden oder zu verringern und wirkt sich auf die Belegschaft häufig in Form des Abbaus von Stellen aus. Auch Kommunikation und Arbeitsabläufe gestalten sich mit externen Kooperationspartnern anders und mitunter umständlicher, als wenn die entsprechende Abteilung im Haus sitzt.

Die Optimierung von Prozessen, die die Neugestaltung oder Verschlankung der internen Arbeitsabläufe zum Ziel hat, zählt zu den Umstrukturierungen. Ziel ist die Optimierung von Kosten, also z. B. die Reduzierung der Zeit zwischen Auftragseingang und Auslieferung („throughput"). Auch die Änderung von Marktausrichtung, Geschäftsmodell oder Produktspektrum bringt tiefgreifende Umwälzungen für die Mitarbeiter mit sich. Neue Kompetenzen werden benötigt, alte überflüssig gemacht. Die Auflistung solcher „Changeprozesse" lässt sich beliebig fortführen. Wandel in der Arbeitswelt ist kein Phänomen der letzten zehn Jahre; schon immer verschwanden Berufe oder Produkte, wurden ganze Gewerbe- und Industriebereiche marginalisiert und schließlich verdrängt. Übergreifende Prozesse wie Globalisierung oder europäische Integration tragen jedoch dazu bei, auch das „Change-Tempo" gewaltig zu beschleunigen und das Berufsleben für viele Menschen unberechenbarer zu machen.

Beispiel Textilindustrie: Wer sich in den sechziger Jahren in diesem Bereich ausbildete, konnte sich nur schwer vorstellen, dass die ganze Produktion innerhalb weniger Jahrzehnte zuerst nach Nordafrika und dann in den asiatischen Raum verlegt werden würde. Mancher fähige und gut ausgebildete Textilingenieur sah sich vor die Wahl gestellt, nach China zu ziehen, in seinem Bereich einen völlig anderen Job zu ergreifen, der seinen Kompetenzen nicht entsprach (etwa als Einkäufer), oder gleich zur Gänze „umzusatteln".

Gemeinsam ist allen Changeprozessen die Tatsache, dass die von dem raschen Wandel Betroffenen in diesem Prozess die Orientierung verlieren und – manchmal – verloren gehen. Was früher galt, gilt heute nicht mehr. Aufgaben und Anforderungen verändern sich, Teams brechen auseinander, alles, woran man glaubte und wofür man kämpfte, wird in Frage gestellt.

Die psychosozialen Folgen sind deutlich fühlbar. Zukunfts- und Existenzängste, Unsicherheit gegenüber neuen Aufgaben und Anforderungen, Arbeitsverdichtung, der Verlust vertrauter Arbeitsumfelder und Kollegen – all das sind Faktoren, die die Stressbelastung von Beschäftigten und Führungskräften zumindest zeitweilig erhöhen. Auf die resultierenden Probleme en detail einzugehen, führt hier zu weit. Es sei lediglich auf den Bericht der europäischen Expertengruppe zu health in restructuring/HIRES verwiesen, der explizit den Zusammenhang von erlebter Restrukturierung und gesundheitlichen Folgen aufzeigt.

Dass Umstrukturierungen die Betroffenen in ein Motivationsloch und manchmal sogar in eine anhaltende Krise stürzen können, erlebe ich Tag für Tag. Leider versäumen Unternehmen es häufig, die Beteiligten rechtzeitig in Entscheidungen einzubinden und ihnen so das Gefühl des völligen Ausgeliefertseins zu nehmen. Die Ressource Mensch wird vergessen.

14.2.1.2   Was tun bei Umbrüchen?

Wenn Sie in den Strudel einer solchen Umstrukturierung geraten und Ihr Arbeitgeber es versäumt, die Mitarbeiter in Entscheidungsprozesse einzubeziehen, sollten Sie selbst die Initiative ergreifen: Gleichen Sie das neue Anforderungsprofil mit Ihrem Motivationsprofil ab. So können Sie schnell feststellen, ob aufgrund der neuen Struktur Diskrepanzen entstanden sind, die es so vorher nicht gab.

Suchen Sie dann das Gespräch mit den Verantwortlichen, um festzustellen, ob Modifizierungen der veränderten Rahmenbedingungen möglich sind. Ist das nicht der Fall, stehen Sie vor der Herausforderung, sachlich und nüchtern abzuwägen, wie es nun für Sie weitergehen soll. Können und wollen Sie an sich arbeiten und neue Kompetenzen, neue Verhaltensmuster erwerben? Oder hat sich zwischen Motiv- und Anforderungsprofil eine so große Kluft aufgetan, dass Sie nur noch die Möglichkeit sehen, sich eine andere Aufgabe zu suchen und den Arbeitgeber zu wechseln?

Fazit: Motivationseinbrüche während und nach Umstrukturierungen sind an der Tagesordnung. Dennoch sollten Sie nie zulassen, dass sie quasi „nur noch Passagier" sind und – vermeintlich oder tatsächlich – keinerlei Gestaltungsmöglichkeit mehr haben.

14.2.1.3 Eigenes Bedürfnis nach Wandel oder Neuerung, veränderte Lebensumstände

Vielleicht haben sich aber auch Ihre eigenen Ziele im Lauf Ihres Berufslebens verändert. Wer gerade in die erste Stelle einsteigt, will oft den schnellen Aufstieg um jeden Preis. Doch schon fünf oder zehn Jahre später gewinnen andere Themen an Bedeutung. Ziele ändern sich mit den Lebensabschnitten, in denen wir uns befinden.

Zu diesem Thema haben Hannes Zacher, Manuela Degner, Robert Seevaldt, Michael Frese und Jörg Lüdde einen interessanten Artikel in der Zeitschrift für Personalpsychologie veröffentlicht.[2] Die Forscher legen darin ihre im Verlauf von Studien gewonnene Erkenntnis dar, dass jüngeren Mitarbeitern Bezahlung und Karriere sowie Weiterbildung am wichtigsten sind. Demgegenüber stehen für ältere Mitarbeiter eher Aspekte wie Zusammenarbeit, betriebliches Engagement und Betriebsklima im Vordergrund. Unter „betrieblichem Engagement" verstanden die Befragten den Versuch, Arbeitsabläufe in der Firma langfristig zu verbessern, die Organisationsstrukturen effizienter zu gestalten, aber auch, innerhalb des Unternehmens andere zu entwickeln und zu beraten. Bei der Zusammenarbeit ging es ihnen unter anderem darum, das „Wir"-Gefühl aufrechtzuerhalten und zu fördern und zur Verbesserung des Arbeitsklimas beizutragen.

In meiner Tätigkeit als Managementcoach erlebe ich dieses dargestellte Phänomen sehr häufig. Viele Manager, die früher ein starkes Wettbewerbsmotiv hatten, verlieren mehr und mehr das Interesse an Statussymbolen, die einmal ihre größten Motivatoren waren. Der Firmenwagen und der Titel auf der Visitenkarte haben nicht mehr den gleichen Stellenwert wie früher. Diese „gereiften" Wettbewerbstypen wollen zwar immer noch Einfluss ausüben, aber Sie brauchen dabei das Gefühl, Prozesse zu gestalten und am „großen Ganzen" mitzuwirken. Der Fokus in ihrem Motivationsprofil verlagert sich also, wie Sie in diesem Buch mehrfach gesehen haben, mit der Zeit vom Wettbewerb zur Vision hin. Bill Gates oder Warren Buffet zählen sicher zu den bekanntesten Beispielen für diesen Effekt.

---

[2] Zacher et al. (2009, S. 191–200).

Fazit: Motive verändern sich zwar nicht über Nacht und auf Knopfdruck, wenn wir es gerne hätten, wohl aber über Lebensphasen hinweg. Wenn Sie also unerklärlicherweise und scheinbar plötzlich unzufrieden sind, sich leer und unausgefüllt fühlen oder apathisch und lustlos werden, scheuen Sie sich nicht, Ihr Motivationsprofil neu zu erstellen.

14.2.1.4 Wie geht man mit plötzlich auftretenden Abweichungen zwischen den Profilen um?

Mit anderen Worten kann es also passieren, dass Anforderungs- und Motivprofil selbst dann, wenn sie einmal annähernd deckungsgleich waren, nun auseinanderklaffen – sei es, weil Umstrukturierungen das Jobprofil bis zur Unkenntlichkeit verändern oder weil sich mit dem Eintritt in eine neue Lebensphase mit veränderten Rahmenbedingungen unsere eigenen Bedürfnisse verwandeln. Aber müssen wir uns deshalb gleich einen neuen Job suchen? Wie gehen wir mit solchen „Sinnkrisen" um?

Diese Fragen werden in der Praxis häufig an mich herangetragen. Mein Rat lautet dann, die geänderten Bedingungen analytisch zu beleuchten. Für vorschnelle Entscheidungen ist das Risiko zu hoch. Auch wenn der Leidensdruck in einer solchen Situation erheblich sein kann, gehören doch nur wenige von uns zu den Glücklichen, die finanziell unabhängig genug sind, um gleich alles hinzuwerfen.

Wichtig ist aber, dass Sie den Zustand nicht erdulden, sondern aktiv nach Lösungen suchen. Kein Karriereleitfaden bietet eine schnelle Lösung für die Probleme, mit denen sich so viele Menschen im Kontext von Umbrüchen konfrontiert sehen. Es gibt keine Patentlösungen, und auch die Motivlehre ist kein „quick fix" für die oft erheblichen Verwerfungen, die entstehen, wenn entweder Sie oder Ihre Umwelt sich so dramatisch verändern, dass nichts mehr zusammenzupassen scheint.

Richtig angewendet kann die Motivlehre Ihnen aber helfen, das dadurch entstandene Problem mit kühlem Kopf anzugehen. Deshalb sollten Sie auch in einer unerwartet eingetretenen Diskrepanzsituation zunächst wieder Motive und Anforderungen abgleichen und identifizieren, wo neue Brüche entstanden sind. Danach können Sie gezielt eine Strategie entwickeln, die eine Wiederannäherung der beiden Profile zum Ziel hat – innerhalb des gegebenen Arbeitsrahmens oder indem Sie im privaten Umfeld kompensieren, was beruflich nicht mehr geht. Beides können unter Umständen auch Überbrückungsmaßnahmen für die Phase bis zum Arbeitgeberwechsel sein, wenn der Abgleich Sie zu der Erkenntnis bringt, dass es wirklich keine Perspektive mehr gibt.

14.2.2 Was tun, wenn's brennt? – Wenn der gefürchtete Burnout doch eingetreten ist

Der Begriff Burnout gewinnt immer mehr an Bedeutung, wenn von arbeitsbezogenen psychischen Erkrankungen die Rede ist – und wird gleichzeitig kontrovers diskutiert. Burnout, was ist das überhaupt? Handelt es sich um eine ernstzunehmende Volkskrankheit oder doch um eine allzu inflationär gestellte Diagnose übereifriger Ärzte und Psychologen, die mehr der Vermarktung entsprechender Medikamente und nichtmedikamentöser Therapien dient als dem Patientenwohl? Oder wurde der Begriff vielleicht nur geprägt, weil er einfach besser klingt und für Betroffene leichter zu akzeptieren ist als die vielfach noch immer stigmatisierte Depression?

14.2.2.1 Burnout: Was ist das eigentlich?

Der Begriff ist älter, als man annimmt. Schon in den siebziger Jahren wurde damit eine schwerwiegende emotionale Erschöpfung beschrieben, die vor allem bei Angehörigen pflegender Berufe zu beobachten war. Der bekannte Schriftsteller Graham Greene schrieb seinen Roman „A Burnt-Out Case" sogar bereits 1960 und schilderte darin die durch Frust und Überlastung im Beruf motivierte Aussteigerkarriere des Stararchitekten Querry, der sich, gepeinigt von Überdruss, Selbstzweifeln und dem Gefühl völliger Sinnlosigkeit, dem Aufbau eines Lepra-Krankenhauses in Afrika widmen will, aber doch von seiner Vergangenheit eingeholt wird.[3]

Das Burnout-Syndrom wird häufig nur in einen beruflichen Kontext gestellt. Untersuchungen haben aber gezeigt, dass keineswegs nur Manager, sondern z. B. auch alleinerziehende Mütter, die keinen Job finden, oder Hausfrauen bzw. -männer, die quasi als „Familienmanager" dem Partner und den Kindern den Rücken freihalten und sich ganz für diese aufopfern, hochgradig gefährdet und zunehmend betroffen sind.

Burnout wird allgemein als Reaktion auf lang anhaltenden Stress gesehen. Präventive Angebote konzentrieren sich deshalb vorrangig auf die Vermittlung von Methoden der Stressbewältigung. Ich persönlich glaube, dass die Motivlehre auch zum besseren Verständnis des Phänomens Burnout einen wichtigen Beitrag leisten kann. Bereits in den achtziger Jahren wiesen Studien nämlich darauf hin, dass im Zusammenarbeit mit Burnout die eigene Aufgabe nicht mehr als sinnvoll empfunden wird, und dass eine Diskrepanz zwischen extrinsischer und intrinsischer Motivation zu den entscheidenden Auslösern gehört.[4] Schon damals zogen die Autoren den Schluss, dass Aufgaben, aus denen langfristig keine Zufriedenheit geschöpft werden kann, das Potenzial haben, Menschen krank zu machen. Aktuell greift diesen Gedanken z. B. Ruth Tröster in ihrem Buch „Der Weg zu Burnout-freien Arbeitswelten"[5] auf. Damit ist nichts anderes gesagt, als dass die Übereinstimmung zwischen Motiv und Anforderungsprofil nicht nur erfolgskritisch ist, sondern eine zu große Abweichung sogar ernste gesundheitliche Folgen nach sich ziehen kann. Es erstaunt, wie wenig diese Erkenntnisse bislang zu praktischen Konsequenzen geführt haben.

Mehr und mehr setzt sich auch die Erkenntnis durch, dass nicht nur Über-, sondern auch chronische Unterforderung die typischen Symptome – Erschöpfung, Reizbarkeit, Desinteresse an Dingen, die früher wichtig waren, Apathie, „Dienst nach Vorschrift" bzw.

---

[3] Greene (1992).

[4] Glicken und Janka (1982, S. 67 f.).

[5] Tröster (2013).

„innere Kündigung", körperliche Beschwerden wie Verspannungen, Kopf- und Magen-
schmerzen, Schlafstörungen usw. – auslösen kann. Nicht umsonst führten die Autoren
Philippe Rothlin und Peter R. Werder im Jahr 2007 bewusst provozierend im gleichnami-
gen Buch die „Diagnose Boreout" als Gegenbegriff in die Debatte ein.[6]

All das deutet aus meiner Sicht darauf hin, dass Burnout nicht oder doch nur in wenigen Fällen durch eine objektiv zu hohe Arbeitsbelastung im Sinne regelmäßig wiederkeh-
render 70-Stunden-Wochen verursacht wird. Vielmehr geht es um die gute alte Sinnfrage,
die den Menschen bekanntermaßen sein ganzes Leben lang umtreibt: Als sinnvoll und
erfüllend empfinden wir eine Tätigkeit nur dann, wenn unsere inneren Motivatoren auf
äußere Bedingungen stoßen, die es uns erlauben, diese als unsere größte Ressource zu
nutzen. Das vorliegende Buchprojekt zielt unter anderem darauf ab, mehr Menschen für
diese Tatsache die Augen zu öffnen und so unnötiges Leiden und Verzweifeln an Arbeitsbedingungen, Konflikten oder Motivationsproblemen vermeiden zu können.

Doch ob man nun von Burnout, Boreout, Erschöpfungssyndrom oder Depression
spricht: Chronische Erschöpfung, Schlafprobleme, Antriebs- und Lustlosigkeit, Desinteresse an und Rückzug von Familie, Freunden und Hobbys sind Symptome, die auf
eine ernste Erkrankung hindeuten können. Warten Sie deshalb nicht, bis Sie tiefer in den
Strudel negativer Empfindungen gezogen werden. Sollten Sie bei sich solche Symptome
entdecken, so handeln Sie schnell – je eher, desto besser. Burnout-Krisen können unter
fachlicher Anleitung bewältigt werden; Depressionen und Ängste (deren Symptome, wie
gesagt, nicht leicht von denen des Ausgebranntseins zu unterscheiden sind, weswegen
einem Laien meist keine zuverlässige Diagnose möglich ist) sind gut behandelbar. Machen
Sie sich von dem Gedanken frei, dass es sich um ein Stigma, eine Schwäche, ein Versagen
oder schlechterdings eine Katastrophe handelt. Niemand – auch nicht die erfolgreichsten
Manager, Wirtschaftsbosse oder Spitzensportler – sind vor solchen Krisen gefeit. Holen
Sie sich Rat.

14.2.2.2   Der Weg zurück – Die Wiedereingliederung nach Burnout

Zusammenbruch, Auszeit – und was kommt dann? Die Rückkehr in den Job nach einem
erlittenen Burnout ist für viele Betroffene eine der größten Herausforderungen des Hei-
lungsprozesses. Oft ist sie mit großen Ängsten und Unsicherheiten verbunden. Das gilt sowohl für die Betroffenen als auch für das Arbeitsumfeld. Denn auch für das Team und den
oder die Vorgesetzten stellen sich Fragen: Was kann man dem Mitarbeiter zumuten? Was
passiert in hektischen Projektphasen? Darf der Kollege auf seine Situation angesprochen
werden? Wie sollte man damit umgehen?

Viele Ängste sind auch in diesem Fall unbegründet oder übertrieben. Die Wiedereingliederung nach längeren Krankheitsphasen regelt das Arbeitsrecht – auch bei einem
Burnout. Laut Gesetz ist der Arbeitgeber verpflichtet, erkrankten Mitarbeitern eine stu-
fenweise Rückkehr zu ermöglichen. Dieser Re-Integrationsprozess verläuft nach einem
bundesweit standardisierten Verfahren, dem sogenannten Hamburger Modell. Diesem

---

[6] Rothlin und Werder (2007).

Programm müssen Arbeitgeber und Krankenkasse zustimmen. Der erkrankte Mitarbeiter spricht dann mit seinem Arzt einen Eingliederungsplan ab, der einen schrittweisen Wiedereinstieg vorsieht. Anfangs arbeitet der Mitarbeiter nur wenige Stunden täglich, steigert seine Arbeitszeit langsam und steigt schließlich wieder voll ein.

Ob die Wiedereingliederung tatsächlich gelingt und ein Rückfall vermieden werden kann, hängt auch von Faktoren ab, die in einem formalen Schema nicht erfasst und berücksichtigt werden können. Von zentraler Bedeutung ist, wie gut die Abstimmung zwischen den einzelnen Akteuren verläuft.

Im Kasten finden Sie einige Kontakte zu Anlaufstellen und Ambulanzen mit Expertise auf dem Gebiet der Burnout-Begleitung. Vereinbaren Sie dort ggf. einen Termin. Ebenso können Sie sich natürlich an entsprechend spezialisierte Privatpraxen sowie Psychologen und psychologische Psychotherapeuten der kassenärztlichen Vereinigung wenden, wobei hier oft mit längeren Wartezeiten zu rechnen ist.

▶ **Anlaufstellen und Ambulanzen bei Burnout:**

- CIP (Centrum für integrative Psychotherapie), www.cip-medien.com
- VFKV (Verein zur Förderung der klinischen Verhaltenstherapie), www.vfkv.de
- AVM Psychotherapeutische Ambulanz, www.psychotherapie-ambulanzen.de
- Burnout-Ambulanz, www.burnout-ambulanz.de (Raum Berlin)
- Burnout-Ambulanz, www.burnoutambulanz.de (Raum Stuttgart)
- Burnout-Zentrum e. V., www.burnoutzentrum.com
- Hilfe bei Burnout, www.hilfe-bei-burnout.de

Ausblick

Dieses Buch ist aus den Resultaten meiner Arbeit als Coach und Managementtrainerin entstanden. Es zeigt einen neuen und innovativen Ansatz zur Karriereplanung auf und soll Ihnen zu mehr Motivation verhelfen und mehr Handlungsfähigkeit in schwierigen Situationen ermöglichen. Gehen Sie dafür Ihren Motiven auf den Grund. Sie werden sehen, dass vermeintliche Fälle von „Fehlern" oder „Pech" in der Vergangenheit plötzlich in einem ganz anderen Licht erscheinen, und dass Sie selbst die Macht haben, solche Fallstricke künftig zu vermeiden.

Mit diesem Buch erhalten Sie das nötige Handwerkszeug, um Ihre Motive zu bestimmen und zu verstehen. Nachdem Sie den Motivtest durchgeführt und die Kriterien zur Erstellung Ihres Jobprofils eingegeben haben, erhalten Sie Ihr persönliches Motivprofil und den Abgleich zwischen Ihrem Motiv- und Ihrem Jobprofil. Aufgrund der benutzerfreundlichen und übersichtlichen grafischen Darstellung sind Sie damit in der Lage, Abweichungen zu erkennen, an entsprechender Stelle im Buch nachzulesen und festzulegen, wie Ihre beiden Profile besser angenähert werden können.

Kennen Sie erst einmal Ihre Motive, können Sie nach Arbeitsbedingungen suchen, die wirklich zu Ihnen passen. Die Übereinstimmung zwischen Motiv- und Jobprofil wird Sie langfristig zufriedener und ausgeglichener machen. Und wenn Sie Unterstützung benötigen und sich auf Basis der Empfehlungen in Kap. 14 für den Weg eines Coachings oder eines Seminars entscheiden, stehen mein Team und ich Ihnen natürlich gern für ein unverbindliches Erstgespräch zur Verfügung. Unser Angebot finden Sie auf www. kopfarbeit-seminare.de. Sprechen Sie uns einfach an.

Ich wünsche Ihnen viel Erfolg – und ich bin mir ganz sicher, dass Sie ihn haben werden.

B. Haag, *Authentische Karriereplanung*,
DOI 10.1007/978-3-658-02513-7, © Springer Fachmedien Wiesbaden 2013

Literatur

1. Monographien

Arnold F (2010) Management – Von den Besten lernen. Carl Hanser Verlag GmbH & Co., München

Asendorpf J (2007) Psychologie der Persönlichkeit, 4. Aufl. Springer, Heidelberg

Breitbart S (2008) Strategische Karriereplanung. Cornelsen, Berlin

Chomsky N (2001) Language and problems of knowledge: the managua lectures. Reihe: current studies in linguistics. The MIT Press, Cambridge

Dekeyser B, Krücken S (2012) Unverkäuflich: Schulabbrecher, Fußballprofi, Weltunternehmer. Ankerherz Verlag, Hollenstedt

Feldenkirchen W (1996) Werner von Siemens – Erfinder und internationaler Unternehmer. Piper, München

Fergus F (2002) Ninety degrees North. The quest for the North pole. Grove Press, New York, S 285

Fleming F (2002) Ninety degrees North. The quest for the North pole. Grove Press, New York

Gandhi MK (1983) Mein Leben. Leipzig. S 70

Geiling VW, Sauter MA (2000) Zeppelins Erben: Friedrichshafen und seine Industrie. Stadler Verlagsgesellschaft mbH, Konstanz

Glicken MD, Janka K (1982) Executives under Fire. The Burnout Syndrome. California Manage Rev 19(3)

Greene G (1992) A burnt-out case. Penguin Classics, Reprint

Griffin RW, Moorhead G (2006) Organizational behavior. Managing people and organizations. Houghton Mifflin, Boston

Halperin I (2009) Unmasked. Die letzten Jahre des Michael Jackson. Hoffmann und Campe, Hamburg

Herbert W (1989) The noose of laurels. Hodder & Stoughton, London, S 45

Heuss T (1946) Robert Bosch. Leben und Leistung. Verlag Hermann Leins, Tübingen, S 185

Heuss T (2002) Robert Bosch. Leben und Leistung. Erweiterte Neuausgabe. Deutsche Verlags-Anstalt, Stuttgart

Huntford R (1985) Shackleton. Hodder & Stoughton, London

Huntford R (1997) Nansen. Duckworth, London

Isaacson W (2011) Steve Jobs. Die autorisierte Biografie des Apple-Gründers. Bertelsmann, München

Jackson M (2009) Moonwalk. Heyne, München

Kaltenbach HG (2008) Persönliches Karrieremanagement. Springer, Wiesbaden

Kracauer J (2000) In eisige Höhen. Das Drama am Mount Everest. Piper, München

Krug JS, Ulrich K (2006) Macht, Leistung, Freundschaft. Motive als Erfolgsfaktoren in Wirtschaft, Politik und Spitzensport. Kohlhammer, Stuttgart

B. Haag, *Authentische Karriereplanung*,
DOI 10.1007/978-3-658-02513-7, © Springer Fachmedien Wiesbaden 2013

Leinemann J (2009) Höhenrausch. Die wirklichkeitsleere Welt der Politiker. Google eBook

Maslow A (1973) Psychologie des Seins. Ein Entwurf. Kindler, München

McClelland D (1961) The achieving society. Van Nostrand, Princeton

Mell H (2005) Erfolgreiche Karriereplanung. Springer, Heidelberg

Meyer D (2010) Gandhi – Im Zeichen von Ahimsa und Satyagraha. GRIN-Verlag, München S 10

Morrell M, Capparell S (2003) Shackletons Führungskunst. Was Manager von dem großen Polarfor-scher lernen können, 10.Aufl. Hamburg: Rowohlt (2012)

Ousland B (2007) Solo durchs ewige Eis. Erstdurchquerung der Pole im Alleingang. Frederking und Thaler, München

Reynolds EE (1932) Nansen. Geoffrey Bles, London

Riffenburgh B, Mill HR (2006) Nimrod. Berlin Verlag, Berlin

Rothlin P, Werder PR (2007) Diagnose Boreout. Redline Wirtschaft, München

Ruch FL, Zimbardo PG (1974) Lehrbuch der Psychologie. Eine Einführung für Studenten der Psy-chologie, Medizin und Pädagogik. Springer, Berlin, S 366

Schiller F (1980) Sämtliche Werke. Bd. 5, 6. Aufl. Hanser, München

Schweizer J (2010) Warum Menschen fliegen können müssen. Riva, München

Sculley J, Byrne JA (1988) Odyssey. Pepsi to Apple. The journey of a marketing impresario. Har-perCollins, New York

Tröster R (2013) Der Weg zu Burnout-freien Arbeitswelten. Springer, Wiesbaden

Ware S (1993) Still missing. Amelia Earhart and the search for modern feminism. Norton, New York

Watzlawick Paul et al (1996) Menschliche Kommunikation: Formen, Störungen, Paradoxien. Huber-Verlag, Stuttgart

Winterbottom R (2012) Jamie Oliver: Die exklusive Biografie. mvg Verlag, München

2. Zeitschriften-Artikel Druck- und Onlineausgaben

Buse U (2006) Die Achse des Guten. DER SPIEGEL 48/2006 vom 17.11.2006. http://www.spiegel.de/spiegel/print/d-49691752.html. Zugegriffen: 14. Jan 2013

Etscheit G (2012) Niko Paech. Aufklärung 2.0. DIE ZEIT 49/2012 vom 29.11.2012. http://www.zeit.de/2012/49/Wachstumskritiker-Oekonom-Niko-Paech/seite-2. Zugegriffen: 27. Jan 2013

Feldenkirchen M (2012) Das Gewicht des Lebens. DER SPIEGEL 06/2011 vom 07.02.2012. http://www.spiegel.de/spiegel/print/d-76764154.html. Zugegriffen: 25. Jan 2012

Hage S (2011) Kick it like Herbert. Manager Magazin vom 02.02.2011. http://www.manager-maga-zin.de/magazin/artikel/0,2828,737720,00.html. Zugegriffen: 24. Jan 2013

Hammer D, Copeland P (1998) Persönlichkeit. Die Suche nach dem Kern des Ich. Psychologie Heute 08/1998 vom 08.07.1998. http://www.genethik.de/psychogen.htm. Zugegriffen: 06. Dez 2012

Hansen A (2012) Catherine von Fürstenberg-Dussmann. Girlie-Girl ganz oben. DIE ZEIT 09/12 vom 23.02.2012. http://www.zeit.de/2012/09/P-Dussmann. Zugegriffen: 28. Nov 2012

Heuser UJ (2012) Unternehmer Richard Branson. „Wir ziehen das durch". DIE ZEIT 39/2012 vom 20.09.2012. http://www.zeit.de/2012/39/Unternehmer-Richard-Branson. Zugegriffen: 26. Jan 2013.

Hoffmann M (2013) Amazon: Nummer eins. FOCUS-MONEY 03/2013 vom 09.01.2013. http://www.focus.de/finanzen/boerse/amazon-nummer-eins_aid_894203.html. Zugegriffen: 19. März 2013

Jänz H (2005) Victoria Hale. Das Herz der Pharmazeutin schlägt für Afrika und Asien. Die Welt vom 12.07.2005. www.welt.de/print-welt/article681918/Victoria-Hale-Das-Herz-der-Pharmazeutin-schlaegt-fuer-Afrika-und-Asien.html. Zugegriffen: 14. Jan 2013

Köck SH (2009) Michael Jackson. Der selbstzerstörerische Perfektionist. Die Presse 18.555 vom 29.10.2009. http://diepresse.com/home/kultur/popco/517983/Jackson_Der-selbstzerstoererische-Perfektionist. Zugegriffen: 22. Jan 2013

Kost M (2012) „Ich bin ein softer Rebell". BZ-Interview mit Selfmade-Unternehmer Bobby Dekeyser. Badische Zeitung vom 08.12.2012. www.badische-zeitung.de/panorama/ich-bin-ein-softer-rebell–66611993.html. Zugegriffen: 22. Jan 2013

Kriener N, Thomma M (2012) „Sehe ich aus wie ein Hippie?" Interview mit Niko Paech. Potsdamer Neueste Nachrichten vom 24.11.2012. www.pnn.de/kultur/700897/. Zugegriffen: 27. Jan 2913

Schiller F (2000) Über die ästhetische Erziehung des Menschen in einer Reihe von Briefen. Mit den Augustenburger Briefen. Reclam, Stuttgart, S 149

Strauß F-J (1976) Wortlaut der Wienerwald-Rede. DER SPIEGEL 49/1976 vom 29.11.1976. www.spiegel.de/spiegel/print/d-41124834.html. Zugegriffen: 20. März 2013

Wehrle M (2012) Jobprofile. Serie: Das Zitat… und Ihr Gewinn. DIE ZEIT 37/2012 vom 06.09.2012. http://www.zeit.de/2012/37/C-Beruf-Coach-optimaler-Personaleinsatz-Emerson. Zugegriffen: 18. März 2013

Zacher H et al (2013) Was wollen jüngere und ältere Erwerbstätige erreichen? Altersbezogene Unterschiede in den Inhalten und Merkmalen beruflicher Ziele. Zeitschrift für Personalpsychologie Jahrgang 8, 04/2009. S 191–200. http://www.hanneszacher.de/index-Dateien/AlterZiele.pdf. Zugegriffen: 25. Feb 2013

Zeitgeschichte (2013) Feindliches Ausland. DER SPIEGEL 31/1995, S 42 ff. http://www.spiegel.de/spiegel/print/index-1995-31.html. Zugegriffen: 21. März 2013

3. Zeitschriften-Artikel Online-Ausgaben

Böll S (2009) Milliardär Branson. Der Herr des Fliegens. DER SPIEGEL Online vom 08.12.2009. www.spiegel.de/wirtschaft/unternehmen/milliardaer-branson-der-herr-des-fliegens-a-665882.html. Zugegriffen: 26. Jan 2013

Borchers D (2000) Mythos Garage. DIE ZEIT Online vom 10.02.2000. www.zeit.de/2000/07/200007.bulkware.xml. Zugegriffen: 19. März 2013

Borgstedt N (2010) „Glück zu haben ist kein Zufall" – Interview mit Extremsportler und Unternehmer Jochen Schweizer. Netzathleten-Magazin vom 22.12.2010. http://www.netzathleten.de/Sportmagazin/Star-Interviews/Glueck-zu-haben-ist-kein-Zufall-Interview-mit-Extremsportler-und-Unternehmer-Jochen/6483940307541424680/head. Zugegriffen: 18. Jan 2013

Crolly H (2012) König Kurt strahlt schon lange nicht mehr. DIE WELT Online vom 25.12.2012. http://www.welt.de/politik/deutschland/article112214139/Koenig-Kurt-strahlt-schon-lange-nicht-mehr.html. Zugegriffen: 15. Jan 2013

Doll N (2009) Die öffentliche Demontage des Wendelin Wiedeking. DIE WELT Online vom 18.07.2009. http://www.welt.de/wirtschaft/article4145572/Die-oeffentliche-Demontage-des-Wendelin-Wiedeking.html. Zugegriffen: 16. Jan 2013

El-Sharif Y (2012) Facebook-Börsengang. Brief von Mark. DER SPIEGEL Online vom 02.02.2012. http://www.spiegel.de/wirtschaft/unternehmen/facebook-boersengang-brief-von-mark-a-812893.html. Zugegriffen: 27. Jan 2013

Emerson RW (1878) Fortune of the Republic. Houghton, Osgood & Company, Boston

Feldhaus K, Schirmer S (2012) Die Zuckerbergs. Gestatten, Familie Facebook. BILD online vom 09.05.2012. http://www.bild.de/digital/internet/mark-zuckerberg/familie-zuckerberg-24060202.bild.html. Zugegriffen: 27. Jan 2013

Finsterbusch S, Steve J (2011) Pionier und Visionär. FAZ.NET vom 06.10.2011. www.faz.net/aktu-
ell/wirtschaft/netzwirtschaft/apple-steve-jobs/steve-jobs-pionier-und-visionaer-11483989.html.
Zugegriffen: 17. Nov 2012

Fleig J (2011) Mitarbeitern tagtäglich die Vision vermitteln. FTD Bussiness-Wissen vom 08.04.2011.
http://www.business-wissen.de/?id = 7781. Zugegriffen: 21. Jan 2013

Furber P (2008) Jobs Inc. Brainstorm Magazine Web vom 01.07.2008. http://www.brainstormmag.
co.za/index.php?option = com_content&view = article&id = 277:jobs-inc. Zugegriffen: 27. Nov
2012

Giersch T, Stock O (2012) Was Manager von Steve Jobs lernen können. Handelsblatt Online vom
03.09.2012. http://www.handelsblatt.com/unternehmen/management/koepfe/aussergewoehnli-
che-manager-was-manager-von-steve-jobs-lernen-koennen/7079812.html. Zugegriffen: 17. Jan
2013

Griese I (2012) Bobby Dekeyser. Das neue Leben des gescheiterten Bayern-Torwarts. DIE WELT
Online vom 21.05.2012. http://www.welt.de/vermischtes/prominente/article106350569/Das-
neue-Leben-des-gescheiterten-Bayern-Torwarts.html. Zugegriffen: 14. Jan 2013

Gusenbauer B (2012) Dietrich Mateschitz – Die unglaubliche Erfolgsgeschichte von Red Bull. Mo-
tivationsgeschichten-Blog vom 17.12.2012. http://motivationsgeschichten.blog.de/2012/12/17/
dietrich-mateschitz-unglaubliche-erfolgsgeschichte-red-bull-15325587/. Zugegriffen: 26. Jan
2013

Hage S (2006) Götz Werner. Gegen den Strom. Manager Magazin Online vom 10.03.2006. http://
www.manager-magazin.de/unternehmen/karriere/0,2828,404775,00.html. Zugegriffen: 23. Jan
2013

Jobs S (2011) Wortlaut der Stanford-Rede. Stern Online vom 06.10.2011. http://www.stern.de/di-
gital/computer/3-rede-in-stanford-steve-jobs-ueber-leben-und-tod-1735741.html. Zugegriffen:
27. Nov 2012

Jopson B (2012) Jeff Bezos – So tickt der Amazon-Chef. Stern Online vom 15.07.2012. http://www.
stern.de/wirtschaft/news/jeff-bezos-so-tickt-der-amazon-chef-1858123.html. Zugegriffen: 26.
Nov 2012

Kuhn T (2011) Apple: Der geniale Diktator wird fehlen. WirtschaftsWoche Online vom 25.08.2011.
www.wiwo.de/unternehmen/apple-der-geniale-diktator-wird-fehlen/5156006.html. Zugegriffen:
17. Nov 2012

Luef W (2010) Abrechnung mit Franz Josef Strauß. Süddeutsche Zeitung online vom 17.05.2010. www.
sueddeutsche.de/politik/csu-autor-schloetterer-abrechnung-mit-franz-josef-strauss-1.119369-2.
Zugegriffen: 04. Feb 2013

Meck G (2009) Milliardär Würth im Interview: „Blicke ich in den Spiegel, sehe ich einen Gauner."
FAZ.NET vom 23.03.2009. http://www.faz.net/aktuell/wirtschaft/unternehmen/milliardaer-
wuerth-im-interview-blicke-ich-in-den-spiegel-sehe-ich-einen-gauner-1924204.html. Zugegriffen: 26. Jan 2013

Paech N (2012) Rettet die Welt vor den Weltrettern. Süddeutsche Zeitung Online vom 08.06.2012.
http://www.sueddeutsche.de/kultur/sz-serie-die-gruene-frage-rettet-die-welt-vor-den-weltret-
tern-1.1106177. Zugegriffen: 27. Jan 2013

Pausch S (2011) Boris Becker: „Ich kann auf dem Niveau wie Pius Heinz spielen." DIE WELT Online
vom 12.11.2011. http://www.welt.de/sport/article13713677/Ich-kann-auf-dem-Niveau-wie-Pius-
Heinz-spielen.html. Zugegriffen: 18. Jan 2013

Postinett A et al (2011) Apple-Chef Tim Cook. Steve Jobs Schattenmann übernimmt schweres Erbe.
Handelsblatt Online vom 06.10.2011. http://www.handelsblatt.com/unternehmen/management/
koepfe/apple-chef-tim-cook-steve-jobs-schattenmann-uebernimmt-schweres-erbe-/4690866.
html. Zugegriffen: 12. Dez 2012

Richmond S (2011) Steve Jobs. in his own words. The Telegraph Online vom 06.10.2011. www.tele-graph.co.uk/technology/steve-jobs.8811892/Steve-Jobs-in-his-own-words.html#hash. Zugegrif-fen: 17. Nov 2012

Schacht M (2011) Jamie Oliver und Tim Mälzer. BILD im Sandwich mit den Superköchen. BILD online vom 03.12.2011. http://www.bild.de/unterhaltung/tv/tim-maelzer/superkoeche-im-inter-view-21352730.bild.html. Zugegriffen: 25. Jan 2013

Scherr R, Boris B (2012) „Pokern hat Tennis ersetzt!" Pokerstarsblog vom 06.11.2012. http://www.pokerstarsblog.de/2012/boris-becker-pokern-hat-tennis-ersetzt-123781.html. Zugegriffen: 18. Jan 2013

Schipp A (2009) Boris Becker. Noch einmal Sieger sein. FAZ.NET vom 13.05.2009. http://www.faz.net/aktuell/gesellschaft/menschen/boris-becker-noch-einmal-sieger-sein-1801181.html. Zuge-griffen: 18. Jan 2013

Schmitt-Sausen N (2012) Barack Obama im Wahlkampf. Der einstige Heilsbringer ist müde. Stern online vom 28.06.2012. Zugegriffen: 02. Feb 2013

Scholz M (2012) Jeff Bezos. Ich wollte Mr. Spock sein. Mitteldeutsche Zeitung Online vom 25.11.2012. http://www.mz-web.de/wirtschaft/jeff-bezos-ich-wollte-mr-spock-sein-,20642182,21202230.html. Zugegriffen: 26. Nov 2012

Schroeder A (2012) „Schlecker fehlt mir nicht". Drogeriemarkt-Gründer Götz Werner profitiert von der Pleite des Konkurrenten. Märkische Allgemeine Online vom 30.06.2012. http://www.maer-kischeallgemeine.de/cms/beitrag/12352479/485072/Drogeriemarkt-Gruender-Goetz-Werner-profitiert-von-der-Pleite.html. Zugegriffen: 23. Jan 2013

Solomon A (2012) Searching for Magic in India and Silicon Valley: An Interview with Daniel Kottke, Apple Employee #12. Boingboing.net vom 09.08.2012. http://boingboing.net/2012/08/09/kottke.html. Zugegriffen: 27. Nov 2012

Stolle O (2013) Der beste Chef der Welt. http://www.neon.de/artikel/wissen/job/der-beste-chef-der-welt/685012. Zugegriffen: 26. Jan 2013

Teevs C (2011) Patziger Top-Manager. VW-Chef Winterkorn mault sich zum YouTube-Star. DER SPIEGEL Online vom 28.09.2011. http://www.spiegel.de/wirtschaft/unternehmen/patziger-top-manager-vw-chef-winterkorn-mault-sich-zum-youtube-star-a-788946.html. Zugegriffen: 24. Jan 2013

Weigelt N (2009) Michael Jackson und sein Vater: Eine traurige Beziehung. Stern Online vom 01.07.2009. http://www.stern.de/lifestyle/leute/michael-jackson-und-sein-vater-eine-traurige-beziehung-705109.html. Zugegriffen: 27. Jan 2013

Zeitler N (2011) Analysten. Wie Meg Whitman HP führen wird. CIO Online vom 26.09.2011. http://www.cio.de/strategien/analysen/2289800/. Zugegriffen: 28. Nov 2012

4. Weitere Quellen: Stiftungen, Online-Portale, Gesetzestexte, Studien etc.

Berend P (2012) Strategische Analyse von Kundenbedürfnissen. Die Maslowsche Bedürfnispyra-mide (Maslow-Pyramide). http://www.experto.de/b2b/Marketing/strategische-analyse-von-kun-denbeduerfnissen-die-maslow-pyramide.html. Zugegriffen: 19. Nov 2012

Branson R (2013) Leap from space Virgin-style. www.virgin.com/richard-branson/blog/leap-from-space-virgin-style. Zugegriffen: 26. Jan 2013

Dekeyser & Friends Foundation (2013) http://www.dekeyserandfriends.org. Zugegriffen: 14. Jan 2013

Erbacher F (2012) Unternehmensleitlinien. www.erbacher-dinkel.de/seiten/115/unsere-unterneh-mensleitlinien/1/. Zugegriffen: 28. Nov 2012

Gallup-Institut. Gallup-Studie (2011) Jeder vierte Arbeit hat innerlich gekündigt. Einsehbar unter http://www.download.ff-akademie.com/Gallup-Studie.pdf. Zugegriffen: 19. Feb 2013.

Galton F (2012) http://www.dradio.de/dlf/sendungen/wib/628951/. Zugegriffen: 26. Nov 2012

Hertzfeld A (2012) Reality Distortion Field. http://folklore.org/StoryView.py?project = Macin-tosh&story = Reality_Distortion_Field.txt&characters = Steve%20Jobs&sortOrder = Sort%20 by%20Date&detail = medium. Zugegriffen: 17. Nov 2012

Mac History (2012) www.mac-history.net. Zugegriffen: 17. Nov 2012

Massoth ME (2009) Michael Jackson war ein absoluter Perfektionist. Viviano.de, 26.10.2009. http://www.viviano.de/ak/News-Prominente/akon-43903.shtml. Zugegriffen: 22. Jan 2013

OneWorld Health (2013) http://www.oneworldhealth.org. Zugegriffen: 13. Jan 2013

Patterson-Neubert A (2013) Public to get first look at Amelia Earhart's private life. https://news.uns.purdue.edu/html4ever/030224.Mobley.Earhart.html. Zugegriffen: 29. Jan 2013

Robert B-S (2013) http://www.bosch-stiftung.de/content/language1/html/8618.asp. Zugegriffen: 11. Jan 2013

Schmidt E (2011) Wer ist Götz W. Werner? 29.09.2011. http://www.unternimm-die-zukunft.de/de/ goetz-werner/langer-text-goetz-w-werner/. Zugegriffen: 23. Jan 2013

Sculley J (2012) http://www.youtube.com/watch?v = _FZ-WT-Kzfg. Zugegriffen: 27. Nov 2012

Simonton D (2012) http://karrierebibel.de/ambition-wie-viel-ehrgeiz-braucht-der-mensch/. Zuge-griffen: 06. Dez 2012

UCSF School of Pharmacy (2006) Hale named MacArthur Fellow. 19.09.2006. http://pharmacy.ucsf.edu/news/2006/09/19/1/. Zugegriffen: 23. Jan 2013

Wirtschaftsprüferkammer (1961) Gesetz über eine Berufsordnung der Wirtschaftsprüfer vom 24. Juli 1961. http://www.wpk.de/pdf/wpo.pdf. Zugegriffen: 21. März 2013

Wozniak S (2012) Does Steve Jobs know how to code? www.woz.org/letters/does-steve-jobs-know-how-code. Zugegriffen: 27. Nov 2012

Druck:
Customized Business Services GmbH
im Auftrag der
KNV Zeitfracht GmbH
Ein Unternehmen der Zeitfracht - Gruppe
Ferdinand-Jühlke-Str. 7
99095 Erfurt